高职高专国家示范性院校"十三五"规划教材

Creo 3.0 项目化教学
上机指导

主　编　吴勤保　南　欢

副主编　王　颖

参　编　刘　清　杨延波

　　　　祁　伟　王　晓

西安电子科技大学出版社

内 容 简 介

本书以项目化教学的思路进行编写，以目前广泛使用的 Creo 3.0 版本为介绍对象，是针对《Creo 3.0 项目化教学任务教程》中 115 道练习题而编写的上机指导书。书中对练习题中的思考题和操作题均给出了参考答案，便于读者在学习过程中复习和上机操作。

全书分为 9 个项目，内容涵盖 Creo 3.0 系统的基本操作、草图设计及基准特征的建立、零件设计、三维实体特征的编辑及操作、曲面特征的建立、装配设计、工程图、模具设计、数控加工等。通过对练习题的解答，本书将 Creo 3.0 常用的基本命令融合在一起。本书具有较强的实用性和可操作性，读者按照练习题的步骤进行操作，即可绘制出相应的图形。

本书作者可提供书中所有练习题的图形文件，需要的读者可以与出版社或主编联系。本书与同时出版的《Creo 3.0 项目化教学任务教程》配合使用，效果更佳。

本书可作为高职高专院校、成人高校、本科院校的机电大类专业的教学用书，也可作为培训教材及工程技术人员的自学参考书。

图书在版编目(CIP)数据

Creo 3.0 项目化教学上机指导/吴勤保，南欢主编． —西安：西安电子科技大学出版社，2016.12
高职高专国家示范性院校"十三五"规划教材
ISBN 978–7–5606–4289–5

Ⅰ．① C…　Ⅱ．① 吴…　② 南…　Ⅲ．① 计算机辅助设计—应用软件—教学参考资料
Ⅳ．① TP391.72

中国版本图书馆 CIP 数据核字(2016)第 241070 号

策　　划　秦志峰
责任编辑　秦志峰　马　静
出版发行　西安电子科技大学出版社(西安市太白南路 2 号)
电　　话　(029) 88242885　88201467　　　邮　　编　710071
网　　址　www.xduph.com　　　　　　电子邮箱　xdupfxb001@163.com
经　　销　新华书店
印刷单位　陕西利达印务有限责任公司
版　　次　2016 年 12 月第 1 版　　2016 年 12 月第 1 次印刷
开　　本　787 毫米×1092 毫米　1/16　印　张　17.5
字　　数　417 千字
印　　数　1～3000 册
定　　价　31.00 元
ISBN 978–7–5606–4289–5/TP
XDUP　4581001-1
如有印装问题可调换

前　言

　　本指导书以项目化教学的基本思路编写，以目前广泛使用的 Creo 3.0 版本为介绍对象，是针对《Creo 3.0 项目化教学任务教程》中的练习题而编写的上机指导书。本书对主教材中所有 115 道练习题中的思考题和操作题均给出了参考答案，便于学生在学习过程中复习和上机操作。

　　本书与同时出版的《Creo 3.0 项目化教学任务教程》配合使用，效果更佳。

　　全书分为 9 个项目，内容涵盖 Creo 3.0 系统的基本操作、草图设计及基准特征的建立、零件设计、三维实体特征的编辑及操作、曲面特征的建立、装配设计、工程图、模具设计、数控加工等。本书通过对各个练习题的分析解答将 Creo 3.0 常用的基本指令融合在一起，突出了实用性和可操作性。书中任务的可模仿性强，读者按照各个练习题的步骤进行操作，即可绘制出相应的图形，实现即学即用。

　　本指导书可作为高职高专院校、成人高校、本科院校的机械、数控、模具、CAD、材料、电气等专业的教学用书，也可作为培训教材及工程技术人员的学习参考书。

　　本指导书由吴勤保教授、南欢副教授任主编，王颖副教授任副主编，刘清、杨延波、祁伟、王晓参加了具体编写工作。其中项目一、项目七由吴勤保编写；项目二、项目三的 1～21 题由王晓编写；项目三的 22～33 题由刘清编写；项目四由祁伟编写；项目六由王颖编写；项目八由南欢编写；项目五、项目九由杨延波编写。全书由吴勤保、南欢统稿。

　　本书的内容参考和引用了参考文献中所列的文献资料，在此向这些文献资料的作者表示诚挚的感谢。

　　本书虽经反复推敲、斟酌，但因编者水平有限，书中不足之处在所难免，敬请广大读者和同仁批评指正。

编　者

2016 年 6 月

目　录

项目一　Creo 3.0 系统的基本操作

一、学习目的

(1) 掌握 Creo 3.0 系统的启动和退出。

(2) 认识 Creo 3.0 系统的环境界面。

(3) 熟悉 Creo 3.0 系统的文件操作。

二、知识点

1. Creo 3.0 系统的启动

启动 Creo 3.0 系统有多种方法，启动后才能进入 Creo 3.0 系统的环境界面，才能进行后续的操作。

2. Creo 3.0 系统的退出

不用 Creo 3.0 系统时就需要退出系统，退出系统也有多种方法。

3. Creo 3.0 系统的环境界面

启动 Creo 3.0 系统后就进入其环境界面。其环境界面分为快速访问工具栏、标题栏、功能区、文件夹浏览器、信息提示区、浏览器区、文件夹树等区域。

4. 设置工作目录

设置工作目录是为了方便保存已经绘制的图形，或者打开已经保存的图形文件，便于用户操作。

5. 保存

及时对绘制的图形进行保存，可以避免因为意外情况而导致劳动成果的丢失，分为保存和保存副本两种情况。

6. 清除内存

清除内存文件，可以提高计算机的运行速度，也可以避免因为错误操作而带来的打开原名文件时产生的不需要的变化。当多次打开图形或者进行装配数据量大的文件操作时，经常需要清除内存。

7. 鼠标各个键的功能

正确使用鼠标左、中、右各个键，可以提高作图的速度和效率，快速完成作图。

三、练习题参考答案

1. 启动 Creo 3.0 系统有几种方法？应如何进行操作？

启动 Creo 3.0 系统有三种方法，分别如下：

(1) 双击桌面上的 Creo 3.0 系统快捷图标 ▣，等待一会儿，系统即进入 Creo 3.0 系统的初始界面；

(2) 单击【开始】→【程序】→PTC Creo→PTC Creo Parametric 3.0 F000 命令即可进入；

(3) 在计算机中找到 Creo 的安装路径，如 E:\Creo 3.0\F000\Parametric\bin，双击其下的 ▣parametric 命令即可进入。

◇ **建议**：创建桌面快捷图标，这样启动更方便。

2. Creo 3.0 系统的初始界面主要分为哪几个区域？

Creo 3.0 系统的初始界面也叫环境界面，如图 1-1 所示，分为快速访问工具栏、标题栏、功能区、文件夹浏览器、信息提示区、浏览器区、文件夹树等区域。

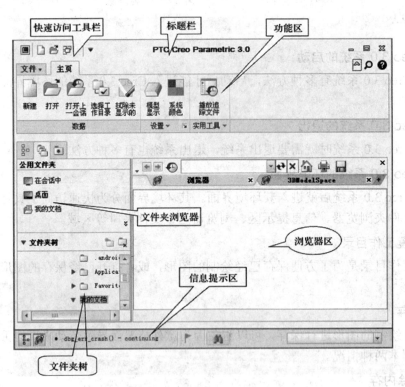

图 1-1 Pro/ENGINEER 的初始界面

3. 如何将当前工作目录设置为 D:\EX？

(1) 打开资源管理器，在硬盘 D:\下新建一个文件夹如 D:\EX。

(2) 单击初始界面中的【选择工作目录】图标 ▣，或者单击主菜单中的【文件】→【管理会话】→【选择工作目录】命令，系统弹出选择工作目录对话框，如图 1-2 所示。

图 1-2　选择工作目录对话框

❖ **注意**：该工作目录为安装 Creo 3.0 时建立的目录，默认安装是在 C:\Documents and Settings\All Users\Documents 下。如果不做改变，则保存图形文件或者打开图形文件均在此目录(路径)下。这样，保存图形文件或打开图形文件很不方便。因此，通常将工作目录设置到用户需要的路径和文件夹中。

(3) 单击选择工作目录对话框中的(C): 前的 ◀◀ 符号，系统弹出下拉项目，如图 1-3 所示。

(4) 单击其中的 r1-20150123jnbk(即用户所用的计算机)，系统弹出盘符的下拉列表，界面改变成如图 1-4 所示对话框，此时即可看到用户计算机的各个盘符。

(5) 选择欲改变的盘符及文件夹(例如改为 D:\EX)，最后单击对话框中的【确定】按钮，则将工作目录改变到 D:\EX 下，以后保存图形文件或者打开图形文件均在此目录(路径)下。

❖ **注意**：设置工作目录的作用是便于在当前的目录下保存绘制的图形，或者打开已经保存的图形。

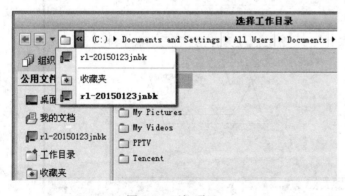

图 1-3　下拉项目

图 1-4　盘符的下拉列表

4. 试列出进入零件模块的操作过程。

操作步骤：

(1) 单击左上角快速访问工具栏的【新建】图标 📄，或者选择主菜单中的【文件】→【新建】命令，系统弹出新建对话框，如图 1-5 所示。

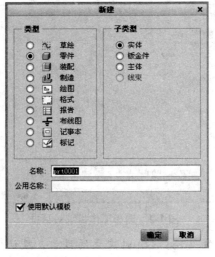

图 1-5　新建对话框

(2) 在新建对话框中可以选择不同的模块，系统默认选择的是【零件】模块。

(3) 在【名称】文本框内输入文件名(如 T1-1)。

(4) 取消选中 ☑使用默认模板 复选框，单击【确定】按钮。

(5) 在系统弹出的新文件选项对话框中，选用【mmns_part_solid】模板，单击【确定】按钮，即进入零件模块，结果如图 1-6 所示。

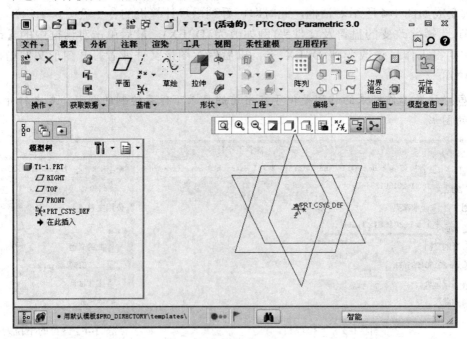

图 1-6　零件设计界面

5. 若已经绘制好一个默认的图形文件，试列出将其保存在 D:\LX1\下的操作过程。

保存文件分为两种情况，一是用原名保存，二是新起一个名字保存。

假设已经将工作目录设置到 D:\LX1 下。

方法一：用原名保存(名字为 T1-2)。

操作步骤：

(1) 单击快速访问工具栏的【保存】图标 ![保存图标]，或者选择【文件】→【保存】命令，将弹出保存对象对话框，如图 1-7 所示。

(2) 在对话框中显示出存盘的路径和已有的文件名，直接单击【确定】按钮，即用原名保存了该文件。

方法二：新起一个名字保存，这种情况必须用【保存副本】命令。

操作步骤：

(1) 单击【文件】→【另存为】→【保存副本】命令，系统弹出保存副本对话框，如图 1-8 所示。

(2) 在【文件名】文本框内输入新的文件名(如 T1-3)。

(3) 单击【确定】按钮，则用新的文件名保存了该文件。

图 1-7　保存对象对话框　　　　　　　　图 1-8　保存副本对话框

◇ 建议：应及时保存图形，避免因为意外情况而导致劳动成果的丢失。

6. 试列出打开 D:\LX1\T1-3.prt 的操作过程。

操作步骤：

(1) 单击快速访问工具栏的【打开】图标 ![打开图标]，或者选择主菜单的【文件】→【打开】命令，系统弹出文件打开对话框，如图 1-9 所示。

(2) 在该对话框中选择文件名(如 t1-3.prt)。如果没有设置工作目录，则要选择盘符、文件夹及文件名，如 D:\LX1\t1-3.prt。

(3) 单击【打开】按钮，即可打开文件 t1-3.prt。

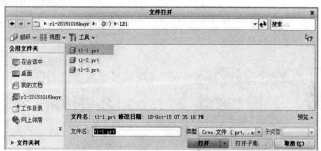

图 1-9　文件打开对话框

7. 拭除内存有什么作用？试列出拭除未显示的内存的操作过程。

拭除内存文件，可以提高计算机的运行速度。当多次打开图形或者进行装配文件的操作时，经常需要拭除内存。

操作步骤：

(1) 单击主菜单中的【文件】→【管理会话】命令，系统弹出如图 1-10 所示的管理会话命令选项列表。

图 1-10　管理会话命令选项列表

(2) 单击【拭除当前】命令，系统弹出如图 1-11 所示拭除确认对话框。

(3) 若单击【是】按钮，则从内存清除当前图形文件；若单击【否】按钮，则返回系统。

(4) 在如图 1-10 所示的管理会话命令选项列表中单击【拭除未显示的】命令，系统弹出如图 1-12 所示的拭除未显示的对话框，在对话框的列表中显示出移除的文件名。

(5) 单击【确定】按钮，则从内存清除未显示的图形文件；若单击【取消】按钮，则返回系统。

图 1-11　拭除确认对话框　　　　　图 1-12　拭除未显示的对话框

8．退出 Creo 3.0 系统有几种方法？应如何进行操作？

退出 Creo 3.0 系统有两种方法：

(1) 选择主菜单中的【文件】→【退出】命令。

(2) 单击 Creo 3.0 系统界面右上角的【关闭】图标 ；

这两种情况下系统均会弹出确认对话框，单击【是】按钮，则退出系统。

9．鼠标各个键的功能分别是什么？

鼠标有三个键，三个键的功能分别为：

(1) 左键：用于选取特征、图元、图标按钮、菜单命令，确定绘制图元的起点与终点、文字、注释等的位置以及执行命令等操作。

(2) 中键：中键的用途较多，归纳为四个方面。

① 单击中键：表示结束或者完成某个命令或操作，与菜单、对话框、控制面板中的【完成】、【确定】、 按钮或命令的功能相同。

② 转动中键：可以放大或缩小工作区的图形或模型。

③ 按住中键并移动：可以旋转工作区的图形或模型。

④ 按住 Shift + 中键并移动：可以移动工作区的模型。

(3) 右键：用于弹出快捷菜单等操作。

项目二　草图设计及基准特征的建立

一、学习目的

(1) 掌握进入草绘模块的操作步骤。

(2) 了解参数化草图绘制的基本步骤，熟悉草绘工具栏中的各个图标按钮及有关命令的使用。

(3) 掌握草图的绘制、编辑、尺寸标注的方法。

(4) 掌握各种几何约束的使用方法以及绘图技巧，提高绘图的准确性和工作效率。

(5) 掌握基准特征的建立方法和操作步骤。

二、知识点

1. 草图设计

草图设计是绘制、编辑二维图形的过程。

2. 草绘模块

草绘模块即绘制、编辑二维图形的界面。

3. 草绘子工具栏

草绘子工具栏就相当于以前 Pro/ENGINEER 中的草绘器，用户就是要使用其中的画线、矩形、圆、圆弧等绘图图标(命令)进行草图绘制，如图 2-1 所示。

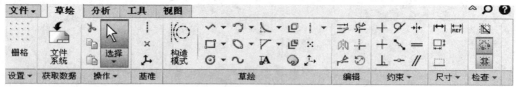

图 2-1　草绘子工具栏

4. 调色板

调色板也叫选项板，是草绘子工具栏中的一个命令，图标为 选项板，用它可以打开草绘器调色板对话框，如图 2-2 所示。该对话框有 4 个选项卡：多边形、轮廓、形状、星形。每个选项卡下有不同的图形，可以将图形调入到草图区。

5. 尺寸标注

经常用人工方法标注草绘图形上需要的尺寸。

图 2-2　草绘器调色板对话框

6. 几何约束

几何约束是对设计的几何元素间的尺寸或位置进行限制，使其满足一定的几何关系。Creo 3.0 系统中提供了 9 种几何约束，分别为：垂直、水平、正交、相切、中点、重合、对称、相等、平行。掌握各种几何约束的使用方法，可以提高绘图的准确性及工作效率。

7. 参数化草图设计

参数化草图设计包括尺寸驱动和几何约束两个方面。

8. 基准特征

基准特征包含基准平面、基准轴、基准曲线、基准点和基准坐标系等，用于辅助建立实体特征或曲面特征。在零件图、装配图和工程图的制作中经常用到基准特征。掌握基准特征的建立方法，可以极大地提高作图的效率。

三、练习题参考答案

1. 试列出进入草绘模式的操作步骤。

进入草绘模块的操作步骤为：

(1) 启动 Creo 3.0 系统，进入 Creo 3.0 系统的初始界面。

(2) 单击【新建】图标 ，或者选择主菜单的【文件】→【新建】命令，系统弹出新建对话框。

(3) 选择【类型】区的【草绘】单选项，在【名称】文本框内输入文件名(如 T2-1，系统默认的文件名为 s2d0001)。

(4) 单击【确定】按钮，则进入草绘模式。

2. 什么是选项板？它位于哪个子工具栏？它的作用是什么？

选项板也叫调色板，是草绘子工具栏中的一个命令，图标为 选项板，如图 2-1 所示。它位于草绘子工具栏中。

它的作用是可以打开草绘器调色板对话框，如图 2-2 所示。该对话框有 4 个选项卡：多边形、轮廓、形状、星形。每个选项卡下有不同的图形，可以将对应的图形调入到草图区。

3. 绘制如图 2-93 所示的草图(1)，并将尺寸编辑成如图所示数值。

(教程中图 2-93 所示的草图(1)如本书图 2-3 所示。)

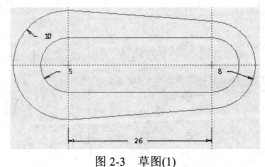

图 2-3　草图(1)

操作步骤：

(1) 进入草绘模块(具体操作步骤见练习题 1)。

(2) 绘制中心线。

① 单击草绘选项卡，在基准子工具栏中单击【中心线】图标 中心线。

② 在设计区中间部位从左向右选取两点，则绘制出一条水平中心线。

③ 在设计区从上向下选取两点，则绘制出左边竖直中心线。

④ 用同样方法绘制出右边竖直中心线。

⑤ 双击中心线间距的尺寸，将其修改为 26。

(3) 绘制两个圆。

① 单击草绘子工具栏中的【圆】图标 圆。

② 在左边中心线相交处单击确定圆心，移动鼠标指针再单击确定半径，即绘制出一个圆。

③ 用同样方法绘制出右边的圆，单击中键结束命令。

④ 双击圆的直径尺寸，将其分别修改为 20、16，单击 Enter 键确认。

(4) 绘制切线。

① 单击草绘子工具栏中的【线】图标后的箭头 线 ，然后单击下级命令中的【切线】图标 直线相切 。

② 移动鼠标指针，在左边圆的顶部单击确定直线的起点，向右移动鼠标，在右边圆的顶部再单击，确定直线的终点。此时看到图中出现了 T 约束。

③ 用同样的方法绘制出下边切线。

技巧：若用线段命令绘制切线，还需要添加相切约束，比较麻烦。用此切线命令绘制两个元素的切线非常方便，建议常用。

④ 单击草绘子工具栏中的【删除段】图标 删除段，删除掉两个圆的内部多余部分，如图 2-4 所示。

(5) 绘制中间的两个圆及切线。

① 用相同的方法在左边和右边中心线交点处绘制两个直径为 10 的圆，并做切线，

② 单击草绘子工具栏中的【删除段】图标 删除段，删除掉两个圆的内部多余部分，结果如图 2-3 所示。

4. 绘制如图 2-94 所示的草图(2)，并将尺寸编辑成如图所示数值。

(教程中图 2-94 所示的草图(2)如本书图 2-5 所示。)

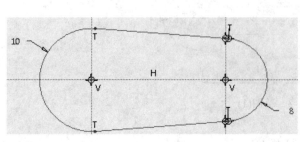

图 2-4　绘制两个圆和切线

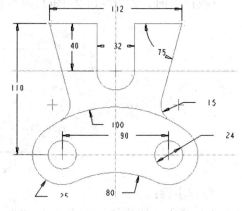

图 2-5　草图(2)

操作步骤：

(1) 进入草绘模块(具体操作步骤见练习题 1)。

(2) 绘制中心线。

① 单击草绘选项卡，在基准子工具栏中单击【中心线】图标 中心线。

② 在设计区中间部位从左向右选取两点，则绘制出下边一条水平中心线。

③ 用同样方法绘制出上边中心线。

④ 在设计区从上向下选取两点，则绘制出竖直中心线。

⑤ 双击两条水平中心线的距离，修改为 110 – 40 = 70，如图 2-6 所示。

(3) 绘制下部 4 个圆。

① 单击草绘子工具栏中的【圆】图标 圆，在下边中心线的左边单击确定圆心，移动鼠标指针再单击确定半径，即绘制出一圆，单击中键结束。

② 双击圆的直径尺寸，将其修改为 24；双击圆的定位尺寸，将其修改为 45。

③ 再单击【圆】图标 圆，在下边中心线的右边单击确定圆心，移动鼠标指针当出现 R$_1$ 约束时单击确定半径，即绘制出右边的圆，单击中键结束。

❖ 注意：R$_1$ 约束表示右边圆的半径与左边圆的半径相等。

④ 双击圆的定位尺寸，将其修改为 45。

⑤ 单击尺寸子工具栏中的【尺寸标注】图标 ↔，单击左边圆心，再单击右边圆心，移动鼠标指针至顶部中间位置，单击中键，即在该位置标注出两个圆的圆心距离 90，如图 2-6 所示。

❖ 注意：此时系统会弹出解决草绘对话框，如图 2-7 所示。选择右边的定位尺寸 45，然后单击对话框的【删除】按钮，即将右边的定位尺寸 45 去掉。

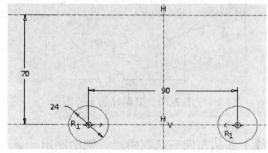

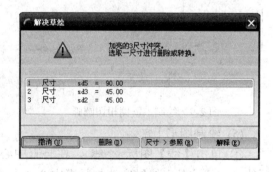

图 2-6 绘制中心线及 2 个圆　　　　图 2-7 解决草绘对话框

⑥ 单击约束子工具栏中的【对称】图标 对称。

⑦ 选择左、右两个圆的圆心，再根据提示选择竖直中心线，系统又弹出解决草绘对话框，选择左边的定位尺寸 45，然后单击对话框的【删除】按钮，即将左边的定位尺寸 45 去掉。

💡 技巧：约束子工具栏中有 9 种约束，灵活使用各种约束可以大大提高作图的效率和作图的准确性。

⑧ 单击【圆】图标 圆，在左边圆心处绘制出左边圆的同心圆，将直径尺寸改为 50。

⑨ 用同样的方法，在右边圆心处绘制出圆，使其大小与左侧一致(显示约束为 R$_2$)，

如图 2-8 所示。

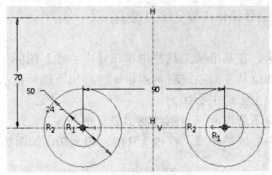

图 2-8　绘制 2 个 ϕ50 的圆

（4）绘制上下两个相切圆弧。

① 单击【圆弧】图标 弧 ▾，在左边 ϕ50 圆的顶上偏左位置单击确定一点，在右边 ϕ50 圆上对称处再单击确定一点，移动鼠标至上部中间位置，在图上出现 T 约束时单击确定一点，绘制出上边相切圆弧。

② 双击圆弧的半径尺寸，将其修改为 100。

③ 用同样方法，绘制出下边圆弧，修改半径为 80，结果如图 2-9 所示。

④ 单击草绘子工具栏中的【删除段】图标 ，选择两个 ϕ50 圆的里边部分，将其删除，结果如图 2-10 所示。

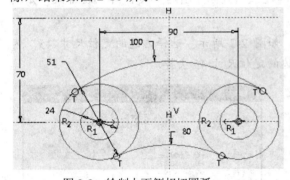

图 2-9　绘制上下侧相切圆弧

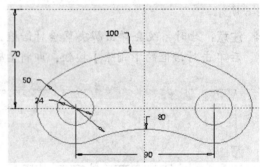

图 2-10　编辑好的下部图形

（5）绘制图形上部。

① 单击【线】图标 线，在竖直中心线上部从左向右选取两点，则绘制出一条水平线，注意这条直线段应该与竖直中心线左右对称，单击中键结束。

② 双击该线段的长度尺寸，将其修改成 112，单击 Enter 键确认；双击该线段到水平中心线的定位尺寸，将其修改为 40，单击 Enter 键确认。

③ 单击【尺寸标注】图标 ，选取该线段及下边的水平中心线，单击中键确定尺寸放置位置，在弹出的解决草绘对话框中选择 70，单击【删除】按钮，则标注出尺寸值 110，结果如图 2-11 所示。

④ 单击【线】图标 线，在竖直中心线右侧从右上角到左下角选取两点，绘制一条斜线，并双击角度尺寸，将其角度值改为 75。

⑤ 单击【圆角】图标 圆角 ▾，选取 R100 的圆弧和刚绘制的斜线段，生成圆角；双击圆角的尺寸，将其值修改成 15。

⑥ 用同样方法，绘制出左侧斜线和圆角，结果如图 2-12 所示。

技巧：也可以用镜像命令，镜像出左侧斜线和圆角。具体方法为：按住 Ctrl 键，选取斜线及 R15 的圆弧，然后单击【镜像】图标 ，再根据提示选取竖直中心线，即镜像出左侧图形。

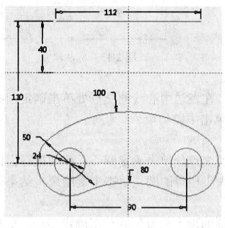

图 2-11　绘制线段

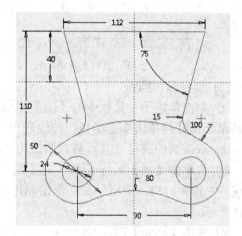

图 2-12　绘制左右斜线和圆角

⑦ 单击【圆】图标 圆 ▾，在上部的中间部分中心线的交点处绘制出一个圆，将直径尺寸改为 32。

⑧ 单击【线】图标 ✓ 线，从下向上绘制出与圆相切的左右两条竖线。

⑨ 单击【删除段】图标 ，删除上半个圆及顶上线的多余部分。

⑩ 将尺寸标注成图上的 32、112，结果如图 2-5 所示。

5. 绘制如图 2-95 所示的草图(3)，并将尺寸编辑成如图所示数值。

(教程中图 2-95 所示的草图(3)如本书图 2-13 所示。)

操作步骤：

(1) 进入草绘模块(具体操作步骤见练习题 1)。

(2) 绘制中心线。

① 单击草绘选项卡，在基准子工具栏中单击【中心线】图标 中心线 。

② 在设计区中间部位从左向右选取两点，则绘制出一条水平中心线。

③ 再从上向下选取两点，则绘制出一条竖直中心线。用同样方法绘制出右边另外两条中心线，单击鼠标中键结束，结果如图 2-14 所示。

④ 双击两条竖直中心线之间的距离，将其均修改为 23。

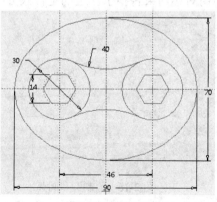

图 2-13　草图(3)

⑤ 单击【尺寸标注】图标 ↔，选取左、右两条竖直中心线，单击中键确定尺寸放置位置，在弹出的解决草绘对话框中选择 23，单击【删除】按钮，则标注出尺寸 46，结果如图 2-15 所示。

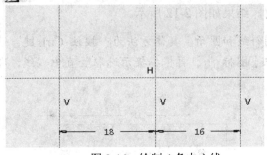

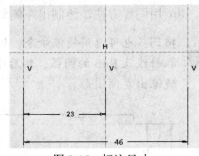

图 2-14　绘制 4 条中心线　　　　　　　　　　图 2-15　标注尺寸

(3) 绘制圆和圆弧。

① 单击草绘子工具栏中的【圆】图标 ⊙圆，在左边中心线的交点处单击确定圆心，移动鼠标指针再单击确定半径，即绘制出一圆，单击中键结束。

② 双击圆的直径尺寸，将其修改为 30。

③ 再单击【圆】图标 ⊙圆，在右边中心线的交点处单击确定圆心，移动鼠标指针当出现 R_1 约束时单击确定半径，即绘制出与左边大小相等的圆。单击中键结束，结果如图 2-16 所示。

④ 单击【圆弧】图标 ⌒弧 ▾，在左边 $\phi30$ 圆的顶上偏右位置单击确定一点，在右边 $\phi30$ 圆上对称处再单击确定一点，移动鼠标至上部中间位置，在图上出现 T 约束时单击确定一点，绘制出上边相切圆弧。

⑤ 双击圆弧的半径尺寸，将其修改为 40。

⑥ 用同样方法，绘制出下边圆弧。

⑦ 单击约束子工具栏中的【相等】图标 ＝，选择上边 R40 圆弧，再选择下边圆弧，则下边圆弧与上边圆弧半径相等，结果如图 2-16 所示。

⑧ 单击约束子工具栏中的【对称】图标 ⇥⊣⊢，先选择中心线，再分别选择左右两个圆的圆心。系统弹出解决草绘对话框，选择定位尺寸 23，然后单击对话框的【删除】按钮，即用对称约束替换了左边的定位尺寸 23，结果如图 2-17 所示。

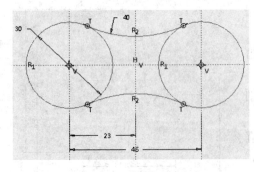

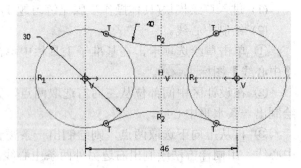

图 2-16　绘制圆和圆弧　　　　　　　　　　图 2-17　增加了对称约束

(4) 绘制正六边形。

① 单击【调色板】图标 ◌选项板，系统弹出草绘器调色板对话框，如图 2-2 所示。

❖ 注意：该对话框有 4 个选项卡：多边形、轮廓、形状、星形。每个选项卡下有不同的图形，单击某个图形，就将该图形添加到对话框上部的预览框中；双击某个图形，用左键将该图形拖到绘图区再松开，即可将该图形调入到绘图区。

② 单击多边形选项卡，选择六边形，移动鼠标将其拖到绘图区圆心处，则在绘图区出现了正六边形，同时系统弹出导入截面操控板，如图 2-18 所示。将缩放比例改为 1，单击 ✔ 按钮确认。

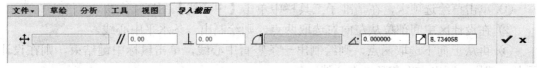

图 2-18　导入截面操控板

③ 单击草绘器调色板对话框的【关闭】按钮。标注正六边形的对边距尺寸，系统弹出解决草绘对话框，在其中选择 1，单击【删除】按钮，双击该对边距尺寸，将其改为 14，单击 Enter 键确认。

④ 单击约束子工具栏的【重合】图标 ⌇，选择正六边形的中心点，再选择圆心点，则使二者重合，结果如图 2-19 所示。

💡 技巧：此正六边形使用了调色板来调入，而不是绘制出正六边形，这样可以提高作图的效率。

⑤ 选择正六边形，单击【镜像】图标 ◫◧，再选择中心线，则将左边的正六边形镜像到右边，如图 2-19 所示。

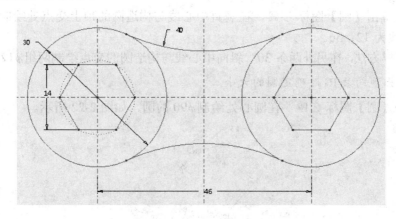

图 2-19　绘制正六边形

(5) 绘制椭圆。

① 单击【椭圆】图标 ⬭椭圆，在横竖中心线的交点处单击确定椭圆的圆心，向右移动鼠标在右边圆的外侧单击给定一点，再向上移动鼠标在 R40 圆弧的上边单击给定一点，单击中键结束，即绘制出一个椭圆。

② 分别双击椭圆的长、短轴直径，将其改为 90 和 70，结果如图 2-13 所示。

6. 绘制如图 2-96 所示的草图(4)，并将尺寸编辑成如图所示数值。

(教程中图 2-96 所示的草图(4)如本书图 2-20 所示。)

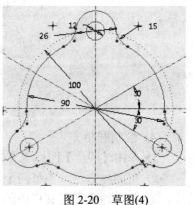

图 2-20　草图(4)

操作步骤:

(1) 进入草绘模块(具体操作步骤见练习题1)。

(2) 绘制中心线及构造圆。

① 单击草绘选项卡,在基准子工具栏中单击【中心线】图标 中心线。

② 在设计区中间部位从左向右选取两点,则绘制出一条水平中心线。

③ 再从上向下选取两点,则绘制出一条竖直中心线,单击鼠标中键结束,则在设计区中间部位绘制出水平和竖直中心线。

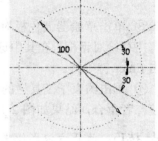

图 2-21　绘制中心线及构造圆

④ 单击草绘子工具栏的【构造模式】图标 ,单击草绘子工具栏中的【圆】图标 ◎圆,在中心线的交点处单击确定圆心,移动鼠标指针再单击确定半径,即绘制出一构造圆,单击中键结束,结果如图2-21所示。

⑤ 双击圆的直径尺寸,将其修改为100。

⑥ 单击【构造模式】图标 ,退出构造模式。

⑦ 单击【中心线】图标 中心线,在设计区过中心点绘制出两条相交的斜向中心线,将其角度改为30,结果如图2-21所示。

(3) 绘制圆。

① 再次单击【圆】图标 ◎圆,在竖直中心线与构造圆的顶上交点处绘制两个圆,将直径分别修改为12、36。

② 用同样方法,在另外两条30°斜向中心线与构造圆的交点绘制两组ϕ12、ϕ36的圆。

❖ 注意:在出现约束 R_1 时确定圆的大小。

③ 单击【圆】图标 ◎圆,在圆心处绘制ϕ90的圆,如图2-22所示。

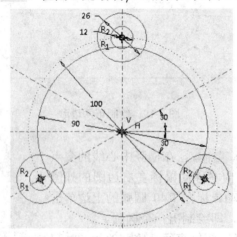

图 2-22　绘制圆

(4) 绘制圆角。

① 单击【圆角】图标 圆角,选取顶上ϕ36圆及ϕ90圆的右边,并将其半径值改为15。

② 用同样方法,在每两个ϕ36圆及ϕ90圆的相交处绘制圆角,共5处。

③ 单击约束子工具栏中的【相等】图标 ═,先选择R15的圆角,再分别选择后边绘

制的 5 个圆角，使其 6 个圆角半径大小相等，如图 2-23 所示。

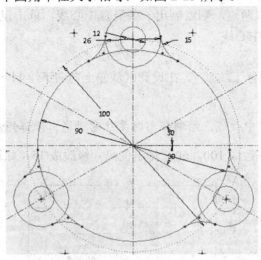

图 2-23 绘制圆角

④ 单击【删除段】图标 ，删除 6 处的多余部分，结果如图 2-20 所示。

❖ 注意：一定要将多余部分删除干净，不能有多余线条。

7. 绘制如图 2-97 所示的草图，并编辑尺寸，然后保存。仿照任务 6，调用该草图创建如图 2-98 所示的实体图，拉伸深度为 50。然后在实体上建立基准平面、基准轴、基准点、基准坐标系和基准曲线。

(教程中图 2-97 所示的草图(5)如本书图 2-24 所示，教程中图 2-98 所示的实体图如本书图 2-25 所示。)

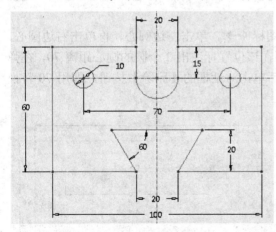

图 2-24 草图(5)

图 2-25 实体图(1)

操作步骤：

1) 绘制草图

(1) 进入草绘模块(具体操作步骤见练习题 1)。

(2) 绘制中心线。

① 单击草绘选项卡，在基准子工具栏中单击【中心线】图标 中心线 。

② 在设计区从左向右选取两点，则绘制出一条水平中心线。

③ 再从上向下选取两点，则绘制出一条竖直中心线，单击鼠标中键结束，则在设计区绘制出了水平和竖直中心线。

(3) 绘制矩形。

① 单击【矩形】图标 ▢矩形 ▾，在设计区从左上向右下绘制一个关于竖直中心线左右对称的矩形。

💡 **技巧**：此处有竖直中心线，绘制矩形时要注意观察，保证矩形左右对称。

② 将其大小尺寸修改成 100、60，将定位尺寸修改成 15，如图 2-26 所示。

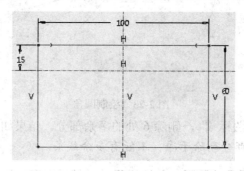

图 2-26　绘制矩形

(4) 绘制圆。

① 单击【圆】图标 ◉圆，在左上角水平线上单击一点确定圆心，移动鼠标再单击绘制圆，将其直径修改为 10，将定位尺寸修改为 15，如图 2-27 所示。

② 选择 ϕ10 的圆，单击编辑子工具栏的【镜像】图标 ⵀ，再选择竖直中心线，则镜像出右边圆。

③ 单击尺寸子工具栏中的【尺寸标注】图标 |←→|，单击左边圆心，再单击右边圆心，移动鼠标指针至顶部中间位置，单击中键，即在该位置标注出 2 个圆的圆心距离 70，在弹出的解决草绘对话框中选择定位尺寸 15，然后单击对话框的【删除】按钮，即用 70 替换了定位尺寸 15，结果如图 2-28 所示。

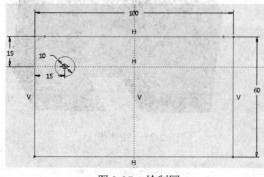

图 2-27　绘制圆

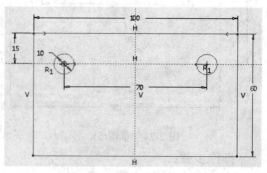

图 2-28　标注 2 个圆的中心距离

(5) 绘制图形上侧 U 形。

① 单击【圆】图标 ◉圆，以两条中心线的交点为圆心，移动鼠标单击绘制圆，将其直径修改为 20。

② 单击【线】图标 ✓ 线，选择直径为 20 的圆的左端点，向上画线至顶上水平线再单击，绘制出左侧竖线，用同样方法绘制出右侧竖线。

③ 单击【删除段】图标 ，删除多余的图线。

④ 单击尺寸子工具栏中的【尺寸标注】图标 |←→|，选择最下一条线段，移动鼠标到该线下边，单击鼠标中键，在弹出的解决草绘对话框中选择尺寸 40，然后单击对话框的【删除】按钮，标注出总长尺寸 100；选择φ20 圆的左、右切线，移动鼠标到该图上边，单击鼠标中键，在弹出的解决草绘对话框中选择直径尺寸 20，然后单击对话框的【删除】按钮，标注出两条切线之间的宽度尺寸 20，结果如图 2-29 所示。

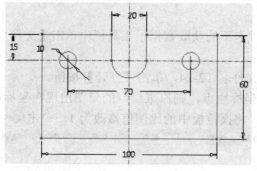

图 2-29　绘制 U 形

(6) 绘制图形下侧的燕尾形。

① 单击【线】图标 ✓ 线，在下部绘制组成燕尾的三段直线段。

② 单击约束子工具栏中的【对称】图标 ，分别选取两条斜线的上、下端点，然后选取中心线，使图形左右对称。

③ 单击【删除段】图标 ，删除多余的图线。

④ 单击尺寸子工具栏中的【尺寸标注】图标 |←→|，选择最左、最右线段，移动鼠标到图形上边，单击鼠标中键，标注出总长尺寸 100；选择图中最下第一、第二条线段，移动鼠标到左边，单击鼠标中键，标注出两条线间的高度尺寸 20；选择图中最下第二条线段和斜线，移动鼠标到两条线锐角处，单击鼠标中键，标注出两条线间的角度尺寸 60；选择图中最下线段左、右断点，移动鼠标到下边，单击鼠标中键，标注出宽度尺寸 20，结果如图 2-24 所示。

2) 保存文件

① 单击主菜单的【文件】→【另存为】→【保存副本】命令，系统弹出保存副本对话框。

② 在【文件名】文本框中输入名称 T2-24，单击【确定】按钮，保存图形。

3) 拉伸实体

(1) 进入零件模块的草绘状态。

① 单击【新建】图标 ，在【新建】对话框中选择【零件】选项，单击【确定】按钮，在【新文件选项】对话框中单击【确定】按钮，即进入零件模块。

② 单击【模型】选项卡下的形状子工具栏的【拉伸】图标 ，系统弹出拉伸操控板，如图 2-30 所示。

③ 在拉伸操控板中单击【放置】→【定义】按钮，系统弹出【草绘】对话框。

④ 在设计区选择 TOP 基准面，然后单击【草绘】按钮。

⑤ 单击设置子工具栏的【草绘视图】图标 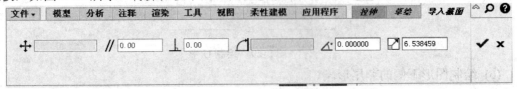，进入草绘状态。

图 2-30　拉伸操控板

(2) 调用原草图。

① 在【草绘】选项卡下的获取数据子工具栏中单击【文件系统】图标 ，系统弹出打开对话框。

② 选择已保存的文件名 T2-24，单击【打开】按钮。

③ 单击草图中的坐标原点，则原来绘制的草图出现在坐标原点，并弹出导入截面操控板，如图 2-31 所示。将操控板中的比例值修改为 1，单击 ✔ 按钮，完成草图调入。

图 2-31　导入截面操控板

(3) 实体的绘制。

① 单击视图控制工具栏中的【重新调整】图标 ，草图全屏显示。

② 单击草绘选项卡下的 ✔ 按钮，回到如图 2-30 所示的拉伸操控板。

③ 在拉伸深度值文本框中输入 50，按回车键，然后单击【预览】按钮 ，无误后再单击【确认】按钮 ✔ 完成，结果如图 2-25 所示。

4) 建立基准

基准特征包含基准点、基准曲线、基准平面、基准轴和基准坐标系等，用于辅助建立实体特征或曲面特征。在零件图、装配图和工程图的制作中经常用到基准特征。

• 建立基准平面

(1) 通过某一个平面建立基准平面。

① 单击基准工具栏的【平面】图标 ，系统弹出【基准平面】对话框，如图 2-32 所示。

② 在实体的右表面上单击，然后单击对话框中的【确定】按钮，即在实体右表面上建立了一个基准平面 DTM1，如图 2-33 所示。

❖ 注意：如果在设计区没有显示基准平面 DTM1，则进行如下操作：

① 单击主菜单中的【文件】→【选项】命令，系统弹出【PTC Creo Parametric 选项】对话框。

② 在对话框中左侧单击【图元显示】选项，在右侧选择【☐ 显示基准平面标记】选项，即勾选该选项，单击对话框的【确定】按钮。

③ 在弹出的【PTC Creo Parametric 选项】对话框中单击【是】按钮。

④ 在弹出的另存为对话框中单击【确定】按钮，即在设计区显示出基准平面 DTM1。

图 2-32　基准平面对话框

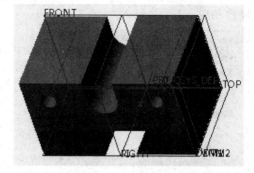

图 2-33　建立基准平面 DTM1 和 DTM2

(2) 偏移某一个平面一定距离建立基准平面。

① 单击【平面】图标 ▱，弹出如图 2-32 所示的【基准平面】对话框。

② 在实体的右表面上单击，然后在平移文本框中输入偏移距离值 5。

③ 单击对话框中的【确定】按钮，即建立了一个基准平面 DTM2，如图 2-33 所示。

(3) 通过某一个棱线与某一个平面成一定角度建立基准平面。

① 单击【平面】图标 ▱，弹出【基准平面】对话框。

② 单击实体右下角棱线，按住 Ctrl 键，再选择右侧表面。

③ 实体上出现一个箭头指明角度的方向，在对话框的文本框中输入角度值 30，单击对话框中的【确定】按钮，即创建出通过指定直线与指定平面成 30° 角的基准平面 DTM3，如图 2-34 所示。

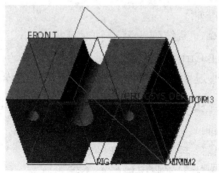

图 2-34　基准平面 DTM3

(4) 保存当前图形。

单击【文件】→【另存为】→【保存副本】命令，在保存副本对话框的【文件名】文本框内输入新的文件名 T2-34，然后单击【确定】按钮，则用新的文件名 T2-34 保存了该文件。

· 建立基准轴

(1) 通过某一个棱线建立基准轴。

① 单击基准工具栏的【轴】图标 ∕轴，系统弹出【基准轴】对话框，如图 2-35 所示。

② 在实体上选择燕尾槽下部的左棱线，单击对话框中的【确定】按钮，即通过该条棱线创建出新基准轴 A_3，如图 2-36 所示。

❖ **注意**：如果在设计区没有显示基准轴 A_3，则操作与前面显示基准平面 DTM1 的操作类似，只不过第②步在对话框中右侧选择【□ 显示基准轴标记】选项，即勾选该选项，其他操作相同。

图 2-35 基准轴对话框

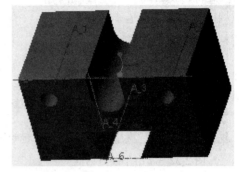

图 2-36 创建基准轴

(2) 垂直某一个平面建立基准轴。

① 单击【轴】图标 ⁄ 轴，系统弹出基准轴对话框，如图 2-35 所示。

② 在实体上选择顶面。

③ 单击【偏移参照】文本框，然后选择实体的前表面作为建立该轴线的第一定位尺寸基准，在文本框中修改距离值 30。

④ 按住 Ctrl 键，再选择 RIGHT 平面作为建立该轴线的第二定位尺寸基准，在文本框中输入距离值 20。

⑤ 单击对话框中的【确定】按钮，即绘制出垂直于顶面、距离前表面 30、距离 RIGHT 平面 20 的基准轴 A_4，如图 2-36 所示。

(3) 通过两平面建立基准轴。

① 单击【轴】图标 ⁄ 轴，系统弹出基准轴对话框。

② 选取实体顶面，按住 Ctrl 键，再选择实体的前面。

③ 单击鼠标中键，则通过两指定平面的交线创建出基准轴线 A_5，如图 2-36 所示。

💡 **技巧**：单击鼠标中键，相当于单击对话框中的【确定】按钮。

(4) 通过两点建立基准轴。

① 单击【轴】图标 ⁄ 轴，系统弹出基准轴对话框。

② 按住 Ctrl 键，选取实体下部燕尾槽的两个端点。

③ 单击鼠标中键，则绘制出过该两点的基准轴线 A_6，如图 2-36 所示。

• 建立基准点

💡 **技巧**：为了使图面清晰，可分别单击视图控制工具栏中的 ⁄⁄ 基准显示过滤器 图标，弹出下拉列表，在其中单击轴显示、坐标系显示、平面显示选项，关闭基准轴、坐标系和基准平面的显示。

(1) 在顶点建立基准点。

① 单击基准工具栏的【基准点】图标 ※※ 点 ▾，系统弹出基准点对话框，如图 2-37 所示。

② 在实体上选择某一端点(如右前上角点)。

③ 单击鼠标中键，即在该角点绘制出一个基准点 PNT0，如图 2-38 所示。

图 2-37　基准点对话框

图 2-38　创建基准点 PNT0

❖ **注意：**

如果在设计区没有显示基准点 PNT0，则操作与前面显示基准平面 DTM1 的操作类似，只不过第②步在对话框中右侧选择【□ 显示基准点标记】选项，即勾选该选项，其他操作相同。

也可单击基准点对话框中左边的【新点】命令，直接切换为下一点的绘制，而不退出基准点对话框。

(2) 在某面上建立基准点。

① 单击【基准点】图标 ᵡᵡ 点 ▾ ，系统弹出基准点对话框。

② 选择实体的顶面。

③ 单击【偏移参考】文本框，然后选择实体前表面作为第一定位尺寸基准，按住 Ctrl 键选择右表面作为第二定位尺寸基准。

❖ **注意：** 应该先单击【偏移参考】文本框，然后再选择元素，否则，选择不到元素。

④ 在文本框中分别输入距离 20 和距离 80，如图 2-39 所示。

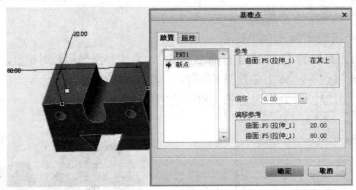

图 2-39　在顶面建立基准点 PNT1

⑤ 单击基准点对话框中的【新点】命令，即在顶面上绘制出一基准点 PNT1，如图 2-39 所示。

技巧： 单击基准点对话框中左边的【新点】命令，直接切换为下一点的绘制，而不退出基准点对话框。

(3) 偏移某面建立基准点。

① 选择实体前面。

② 分别将基准点 PNT2 的两个图柄拖动到实体的顶面和右侧面上，则这两个表面为偏移参考。

③ 在文本框中分别输入距离 30 和距离 70。

④ 单击基准点对话框中参考项的【在其上】，从下拉列表中选择【偏移】命令。

⑤ 在【偏移】选项后边的文本框中输入偏移值 10，如图 2-40 所示。

❖ 注意：必须选择【偏移】命令，偏移文本框才亮显，才可输入偏移值。

⑥ 单击鼠标中键，绘制出基准点 PNT2。

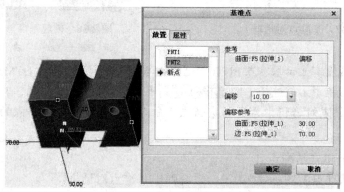

图 2-40　偏移面建立基准点 PNT2

· 建立基准坐标系

技巧：为了能够看到建立的基准坐标系，此处应该像建立基准点操作中的技巧那样打开坐标系的显示。具体操作为：单击视图控制工具栏中的 基准显示过滤器 图标，在弹出的下拉列表中选择【坐标系显示】选项打开坐标系的显示；选择【点显示】选项，关闭基准点的显示。

(1) 通过 3 个已有平面建立坐标系。

① 单击基准工具栏的【坐标系】图标 坐标系，系统弹出坐标系对话框，如图 2-41 所示。

② 按住 Ctrl 键，在实体上依次选取顶面、前面和右侧面。

③ 单击鼠标中键，绘制出坐标系 CS0，如图 2-42 所示。

图 2-41　坐标系对话框

图 2-42　创建坐标系 CS0

(2) 通过偏移已有坐标系的方法建立坐标系。

① 单击【坐标系】图标 ✕ 坐标系，系统弹出坐标系对话框，如图 2-41 所示。

② 选择实体上的 PRT_CSYS_DEF:F4 坐标系。

③ 在【偏移类型】选项中选择【笛卡尔】。

④ 在 X、Y、Z 后的文本框中分别输入 –30、60、50，如图 2-43 所示。

⑤ 单击鼠标中键，即绘制出坐标系 CS1，如图 2-44 所示。

图 2-43 偏移坐标系 CS1 的偏移值

图 2-44 偏移坐标系 CS1 的建立

(3) 保存当前图形。

单击【文件】→【另存为】→【保存副本】命令，在保存副本对话框的【文件名】文本框内输入新的文件名 T2-44，然后单击【确定】按钮，则用新的文件名 T2-44 保存了该文件。

• 建立基准曲线

(1) 经过已有点建立曲线。

① 单击基准工具栏的【基准】名称，系统弹出基准下拉列表，如图 2-45 所示，将鼠标移动到【曲线】命令上，显示出下一级菜单，如图 2-46 所示。

图 2-45 基准下拉列表

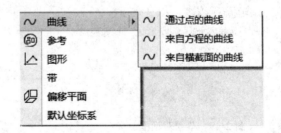

图 2-46 曲线的下一级菜单

② 选择【通过点的曲线】命令，系统又弹出曲线：通过点操控板，如图 2-47 所示。

图 2-47 曲线：通过点操控板

③ 选择前面已经绘制出的 3 个点 PNT0、PNT1、PNT2 及实体上的左前下角点，即预览出过此 4 个点的样条曲线。

④ 单击操控板中的 ✔ 按钮，即完成过此 4 个点的曲线绘制，结果如图 2-48 所示。

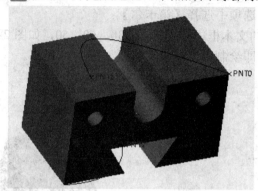

图 2-48　通过点建立曲线

(2) 用草绘方法建立曲线。

① 单击基准工具栏的【草绘】图标 ～，系统弹出草绘对话框，如图 2-49 所示。

② 选择实体左上表面，以该表面作为草绘平面，单击对话框中的【草绘】按钮。

③ 单击草绘工具栏中的【椭圆】图标 ◎椭圆，在顶面绘制一个椭圆。

④ 单击草绘工具栏的【确定】图标 ✔，即在顶面绘出一个椭圆曲线，如图 2-50 所示。

⑤ 单击【文件】→【另存为】→【保存副本】命令，在保存副本对话框的【文件名】文本框内输入新的文件名 T2-50，然后单击【确定】按钮，则用新的文件名 T2-50 保存了该文件。

⑥ 单击快速启动工具栏的【关闭】图标 ┌┐，关闭该图形。

图 2-49　草绘对话框

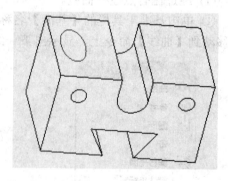

图 2-50　草绘曲线

(3) 用参数方程建立曲线。

① 单击【新建】图标 ┌┐，在新建对话框中选择【零件】选项，然后单击【确定】按钮，即进入零件设计模块。

② 单击基准工具栏的【基准】名称，系统弹出下拉列表，如图 2-45 所示，将鼠标移动到【曲线】命令上，显示出下一级菜单，如图 2-46 所示。

③ 选择【来自方程的曲线】命令，系统又弹出曲线：从方程操控板，如图 2-51 所示。

图 2-51　曲线：从方程操控板

④ 坐标类型选择默认的【笛卡尔】，选择基准坐标系 PRT_CSYS_DEF，单击操控板中的【方程…】按钮，系统弹出方程窗口，如图 2-52 所示。

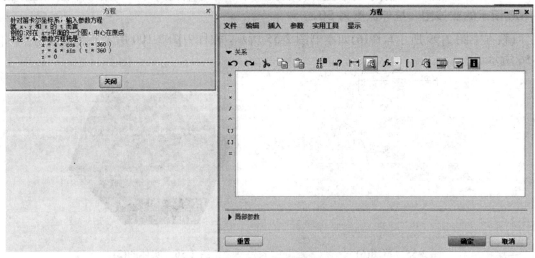

图 2-52　方程窗口

⑤ 在方程窗口中输入曲线方程：

$x = 50 * \cos(t * 360)$

$y = 50 * \sin(t * 360)$

$z = 50 * t$

⑥ 单击方程窗口的【文件】→【将配置另存为】命令，系统打开参数用户界面配置对话框，如图 2-53 所示。

⑦ 单击该对话框的【确定】按钮，保存设置并退出对话框。

⑧ 单击方程对话框中的【确定】按钮，即绘出一圆柱螺旋线，如图 2-54 所示。

图 2-53　参数用户界面配置对话框

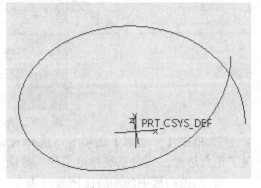

图 2-54　用方程生成的圆柱螺旋线

(4) 保存图形。

Creo 3.0 项目化教学上机指导

① 单击【文件】→【另存为】→【保存副本】命令，在保存副本对话框的【文件名】文本框内输入新的文件名 T2-54，然后单击【确定】按钮，则用新的文件名 T2-54 保存了该文件。

② 单击快速启动工具栏的【关闭】图标 📂，关闭该图形。

(5) 关闭当前工作窗口。

单击主菜单的【窗口】→【关闭】命令，则关闭了当前窗口。

8. 试绘制如图 2-99 所示的草图，并使用约束和尺寸编辑图形。调用该草图创建如图 2-100 所示的实体图，拉伸深度为 50。

(教程中图 2-99 所示草图(6)如本书图 2-55 所示，教程中图 2-100 所示实体(2)如本书图 2-56 所示。)

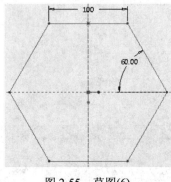

图 2-55　草图(6)

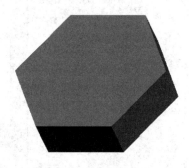

图 2-56　实体图(2)

操作步骤：

1) 绘制草图

(1) 进入草绘模块(具体操作略)。

(2) 绘制正六边形。

① 单击草绘工具栏中的【选项板】图标 🌀 选项板，系统弹出草绘器调色板对话框，如图 2-57 所示。

图 2-57　草绘器调色板对话框

② 单击【多边形】选项卡，选择六边形，移动鼠标将其拖到绘图区，则在绘图区出现了正六边形，同时系统弹出了导入截面操控板，如图 2-58 所示。

③ 将操控板中的缩放比例修改为 1，单击 ✔ 按钮。

④ 单击草绘器调色板对话框的【关闭】按钮。

⑤ 双击正六边形的边长 1，将其改为 100，单击 Enter 键确认。

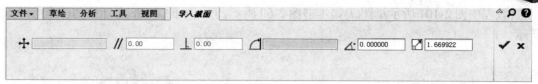

图 2-58　导入截面操控板

2) 保存草图

① 单击【文件】→【另存为】→【保存副本】命令，系统弹出保存副本对话框。

② 在保存副本对话框的【文件名】文本框内输入新的文件名 T2-55，然后单击【确定】按钮，则用新的文件名 T2-55 保存了该文件。

3) 拉伸实体

(1) 进入零件模块的草绘状态。

① 单击【新建】图标 □，在【新建】对话框中选择【零件】选项，单击【确定】按钮，在【新文件选项】对话框中单击【确定】按钮，即进入零件模块。

② 单击【模型】选项卡下的形状子工具栏的【拉伸】图标 ◢，系统弹出了拉伸操控板，如图 2-59 所示。

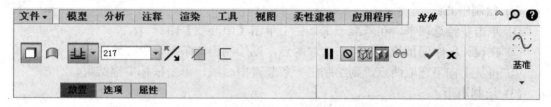

图 2-59　拉伸操控板

③ 在拉伸操控板中单击【放置】→【定义】按钮，系统弹出草绘对话框。

④ 在设计区选择 TOP 基准面，然后单击【草绘】按钮。

⑤ 单击设置子工具栏的【草绘视图】图标 ，进入草绘状态。

(2) 调用原草图。

① 在【草绘】选项卡下的获取数据子工具栏中单击【文件系统】图标 ，系统弹出打开对话框。

② 选择已保存的文件名 T2-55，单击【打开】按钮。

③ 单击草图中的坐标原点，则原来绘制的草图出现在坐标原点，并弹出导入截面操控板。将操控板中的比例值修改为 1，单击 ✔ 按钮，完成草图调入。

(3) 实体的绘制。

① 单击视图控制工具栏中的【重新调整】图标 ，则草图全屏显示。

② 单击草绘选项卡下的 ✔ 按钮，回到如图 2-59 所示的拉伸操控板。

③ 在拉伸深度值文本框中输入 50，按回车键，然后单击【预览】按钮 ，无误后再单击【确认】 ✔ 按钮。

④ 单击 Ctrl＋D 组合键，显示立体效果，结果如图 2-56 所示。

9. 试绘制如图 2-101 所示的草图，并将尺寸编辑成如图所示。调用该草图创建如图 2-102 所示的实体图，拉伸深度为 60。

(教程中图 2-101 所示草图(7)如本书图 2-60 所示,教程中图 2-102 所示实体(3)如图 2-61 所示。)

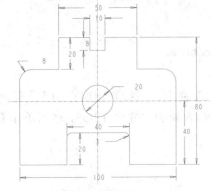

图 2-60　草图(7)

图 2-61　实体图(3)

操作步骤:

1) 绘制草图

(1) 进入草绘模块(具体操作略)。

(2) 绘制中心线。

① 单击草绘选项卡,在基准子工具栏中单击【中心线】图标 ┆ 。

② 在设计区中间部位从左向右选取两点,则绘制出一条水平中心线。

③ 再从上向下选取两点,则绘制出一条竖直中心线,单击鼠标中键结束。

(3) 绘制矩形。

① 单击草绘器的【矩形】图标 □ 矩形 ,在设计区从左上向右下绘制一矩形,注意保证矩形左右对称。

② 将其大小尺寸修改成 100、60,将定位尺寸修改成 20,如图 2-62 所示。

(4) 绘制圆角。

① 单击【圆角】图标 ⌐ 圆角 ,分别选取矩形左上角两条边线及右上角两条边线,即绘制出两个圆角,然后将其一个圆角半径改为 8。

② 单击约束工具栏的【相等】图标 ═ ,选取两个圆角,使两者半径相等,如图 2-63 所示。

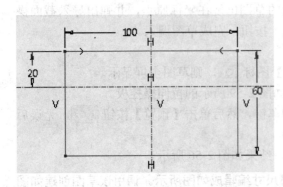

图 2-62　绘制矩形

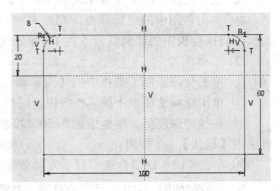

图 2-63　绘制圆角

（5）绘制图形上部。

① 单击【线】图标 ∧ 线 ▾，在上边部分绘制七条直线。

② 单击约束工具栏的【对称】图标 ┿，选取刚绘制直线对应的左右端点，然后选取中心线，使图形左右对称。

💡 **技巧：**【对称】命令 ┿ 可以保证图形左右对称，灵活使用可以大大提高作图效率。

③ 单击【尺寸】图标 ↤，标注出图中需要的尺寸。

④ 双击尺寸，将其修改成图中的 50、10、20、8。

⑤ 单击【删除段】图标 ，删除多余的图线，结果如图 2-64 所示。

（6）绘制图形下部矩形及圆角。

① 单击【线】图标 ∧ 线 ▾，在下边绘制三条直线。

② 在约束工具栏中选取【对称】图标 ┿，选取对应的左右端点及中心线，使图形左右对称。

③ 单击【尺寸】图标 ↦，标注出图中需要的尺寸。

④ 双击尺寸，将其修改成图中的 40、20。

⑤ 单击【删除段】图标 ，删除多余的图线。

⑥ 单击【圆角】图标 圆角，分别选取矩形左上角两条边线及右上角两条边线，并将其一个半径改为 3。

⑦ 单击约束工具栏中【相等】图标 ＝，选取两个圆角，使两者半径相等，如图 2-65 所示。

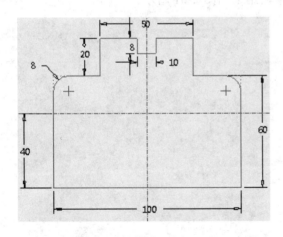

图 2-64 绘制图形上部

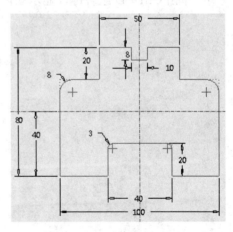

图 2-65 绘制图形下部

（7）绘制圆。

① 单击【圆】图标 圆，在两条中心线的交点处绘制圆。

② 双击直径尺寸，将其修改为 20，如图 2-60 所示。

2）保存草图

① 单击【文件】→【另存为】→【保存副本】命令，系统弹出保存副本对话框。

② 在保存副本对话框的【文件名】文本框内输入新的文件名 T2-60，然后单击【确定】按钮，则用新的文件名 T2-60 保存了该文件。

3) 拉伸实体

(1) 进入零件模块的草绘状态。

① 单击【新建】图标□，在新建对话框中选择【零件】选项，然后单击【确定】按钮，即进入零件模块。

② 单击工具栏的【拉伸】图标，系统弹出拉伸操控板。

③ 在拉伸操控板中单击【放置】→【定义】按钮，系统弹出草绘对话框。

④ 在设计区选择 FRONT 基准面，然后单击【草绘】按钮。

⑤ 单击设置子工具栏的【草绘视图】图标，进入草绘状态。

(2) 调用原草图。

① 在【草绘】选项卡下的获取数据子工具栏中单击【文件系统】图标，系统弹出打开对话框。

② 选择已保存的文件名 T2-60，单击【打开】按钮。

③ 单击草图中的坐标原点，则原来绘制的草图出现在坐标原点，并弹出导入截面操控板。将操控板中的比例值修改为 1，单击 ✔ 按钮，完成草图调入。

(3) 实体的绘制。

① 单击视图控制工具栏中的【重新调整】图标，则草图全屏显示。

② 单击草绘选项卡下的 ✔ 按钮，系统返回到拉伸操控板。

③ 在拉伸深度值文本框中输入 50，按回车键，然后单击【预览】按钮，无误后再单击【确认】 ✔ 按钮。

④ 单击 Ctrl + D 组合键，显示立体效果，结果如图 2-61 所示。

项目三 零件设计

一、学习目的

(1) 掌握进入零件模块的操作步骤。

(2) 了解特征的分类。

(3) 掌握各种特征的创建方法及步骤。

(4) 熟悉各种特征操控板的操作方法。

(5) 熟悉各种特征的创建流程。

通过学习及上机操作，并通过各种特征的综合练习能够创建复杂的零件。

二、知识点

1. 特征的分类

特征作为零件设计的最小单位，可分为基准特征、基础特征和工程特征等。

• 基准特征：主要用于零件设计时的参照，包括基准平面、基准轴、基准曲线、基准点和基准坐标系。例如，如果零件上没有合适的草绘平面，则可以创建基准平面作为草绘平面，也可以根据基准平面进行尺寸标注；基准轴可以作为孔的放置参照；在旋转混合中会用到基准坐标系等。

• 基础特征：需通过绘制 2D 截面而产生的特征，如拉伸、旋转、扫描、混合等。此类特征通常用来产生基础模型。

• 工程特征：从已产生的模型中选取适当的参考位置，再将该特征置于此处，如孔、倒圆角、倒角、抽壳、筋、拔模等特征。此类特征通常依附在基础特征之上。

2. 特征操控板

在创建拉伸、旋转、孔、倒圆角、倒角、抽壳、筋、拔模、可变截面扫描特征时，在绘图区上方会出现该特征的特征操控板，创建该特征的所有设置都在特征操控板中进行。

3. 各种特征的创建流程

(1) 拉伸特征创建流程：选择【拉伸】命令→定义拉伸类型→定义内部草绘→确定草绘平面→确定参考平面→草绘截面→定义拉伸深度→特征创建结束。

(2) 旋转特征创建流程：选择【旋转】命令→定义旋转类型→定义内部草绘→确定草绘平面→确定参考平面→草绘截面→定义旋转角度→特征创建结束。

(3) 扫描特征创建流程：选择【扫描】命令→选择扫描轨迹生成方式(草绘或选取)→确定扫描轨迹草绘平面→确定参考平面→草绘扫描轨迹线→选择属性→绘制扫描截面→特征创建结束。

(4) 平行混合特征创建流程：选择【混合】命令→选择混合类型→确定特征属性→确定草绘平面→确定参考平面→绘制第 1 个截面→截面切换→绘制其他截面→截面数足够时结束截面绘制→确定各截面间的深度→特征创建结束。

(5) 旋转混合特征创建流程：选择【混合】命令→选择混合类型→确定特征属性→确定草绘平面→确定参考平面→绘制第 1 个截面→确定下一个截面沿 Y 轴的转角→绘制下一个截面，否则结束截面绘制→特征创建结束。

(6) 切除特征创建流程：选择创建实体命令→创建实体毛坯→选择命令创建实体切除→确定草绘平面→确定参考平面→绘制截面→确定切除方向→确定特征深度(拉伸)、角度(旋转)等→特征创建结束。

(7) 孔特征创建流程：选择【孔】命令→设置孔的类型(直孔、草绘孔、标准孔)→设置直孔及标准孔的参数(直径、深度)/绘制草绘孔的截面→指定孔的放置参考→指定孔的放置类型→指定孔的偏移参考→孔特征创建结束。

(8) 倒圆角特征创建流程：选择【倒圆角】命令→选择倒圆角对象→设置倒圆角类型→输入圆角半径(有时该步骤可以省略)→特征创建结束。

(9) 倒角特征创建流程：选择【倒角】→【边倒角】(或【拐角倒角】)命令→选取倒角对象→定义倒角标注形式→输入有关数值→特征创建结束。

(10) 抽壳特征创建流程：选择【壳】命令→选择开口表面→输入壳体厚度→特征创建结束。

(11) 筋特征创建流程：选择【筋】命令→选择草绘平面→绘制筋的截面→确定筋所涵盖的区域→输入筋的厚度→确定筋生成的侧面方向→特征创建结束。

(12) 拔模特征创建流程：选择【斜度】命令→选取拔模曲面→定义拔模枢轴→确定拔模方向→输入拔模角度→特征创建结束。

(13) 螺旋扫描特征创建流程：选择【螺旋扫描】→【伸出项】(或【切口】)命令→确定螺旋扫描特征属性→选取轨迹线草绘平面→确定参考平面→绘制旋转中心线及扫描轮廓线→确定节距→绘制截面→特征创建结束。

(14) 可变截面扫描特征创建流程：草绘多条扫描轨迹→选择【可变截面扫描】命令→选择扫描轨迹线→草绘扫描截面→特征创建结束。

4. 复杂零件的创建方法

通过学习，掌握各种常用特征的创建，任何复杂的零件都可通过这些基本的简单特征经过互相叠加、切除等组合而成，最后完成复杂模型零件的设计。

三、练习题参考答案

1. 通常在新建特征时，为什么不使用系统默认模板，而选用 mmns_part_solid 模板？

新建特征时，系统默认模板采用英制单位制 inlbs_part_solid，就是英寸/磅/秒制。在英制单位制下，长度的尺寸单位是英寸。而我国国家标准规定长度尺寸单位采用毫米，因此应该选用公制单位制 mmns_part_solid，就是毫米/牛顿/秒制。

由于 1 英寸 = 25.4 mm，采用英制单位绘制图形时的一个长度尺寸，就比采用公制单位大了 25.4 倍。因此，绘制图形时应该选用公制单位制，也就是要选用 mmns_part_solid 模板。

2. 拉伸特征深度定义有哪些方法，各代表什么含义？

拉伸特征深度共有 6 种定义方法，如图 3-1 所示。

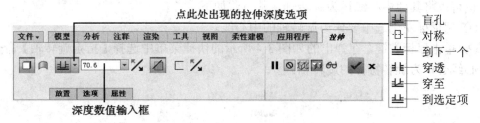

图 3-1 拉伸操控板中的深度选项

⫢ 盲孔：要求用户输入一个数值来定义拉伸深度。

⊟ 对称：在草绘平面两侧拉伸的深度数值相等(各为设定数值的一半)。

⫤ 到下一个：拉伸到下一个曲面(不包括基准面)。

⫢ 穿透：拉伸穿过所有的实体特征。

⫢ 穿至：拉伸至某一个选定的曲面。

⫢ 到选定项：拉伸至某一个选定的点、曲线、平面(包括基准面)或曲面。

另外：与对称拉伸类似的还有一个双侧不对称拉伸，单击拉伸操控板的【选项】按钮，打开选项下拉选项，可以分别设置侧 1 和侧 2 两个方向上的不同深度，如图 3-2 所示。

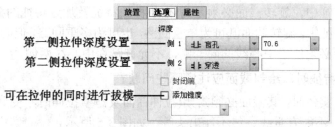

图 3-2 拉伸操控板中设置双侧不同的拉伸深度

3. 旋转特征的旋转轴如何定义？旋转截面能否跨在旋转轴的两侧？

问题 1 旋转特征必须有旋转轴，旋转轴的定义有两种方法：

(1) 绘制旋转轴。在绘制旋转截面时同时绘制中心线作为旋转轴。

如有多条中心线时，系统默认以用户绘制的第一条中心线作为特征的旋转轴，如图 3-3(a)所示。该旋转特征剖面有两条中心线，即中心线 1 和中心线 2。

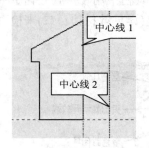

(a) 旋转截面　　　　(b) 以中心线 1 为旋转轴　　　　(c) 以中心线 2 为旋转轴

图 3-3 多条不同顺序中心线所产生的旋转特征

① 当左侧中心线 1 为旋转轴时，所生成的特征如图 3-3(b)所示。

② 当右侧中心线 2 为旋转轴时，所生成的特征如图 3-3(c)所示。

也可以将其他中心线设为旋转轴，其方法如下：

① 用鼠标左键选中要作为旋转轴的中心线。

② 单击鼠标右键，在弹出的如图 3-4 所示的快捷菜单中选择【指定旋转轴】命令，则该中心线会作为旋转特征的旋转轴。

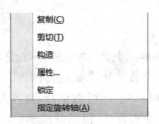

图 3-4　设置旋转轴的快捷菜单

(2) 选取旋转轴。如草绘旋转截面时没有绘制中心线，草绘结束时，旋转轴收集器处于激活状态，可选直线、边线、轴线或坐标系的某个轴(X 轴、Y 轴、Z 轴)等作为旋转轴，如教程中 3.2.2 小节所述。

问题 2　旋转截面不能跨在旋转轴的两侧。

(1) 在实体特征中，旋转截面必须是封闭的(曲面特征及加厚特征的截面可以不封闭)。

(2) 在实体特征中，旋转截面既可为单重回路，也可为多重回路，但回路间不允许交叉。

(3) 旋转截面必须位于中心线的同一侧，不允许跨在中心线两侧。

4. 创建拉伸特征时，绘制截面应注意哪些问题？

(1) 首次拉伸实体时，其截面必须封闭(拉伸曲面及薄壁拉伸时不受此限制)。封闭的含义是不能有缺口、不能有重线、线不能出头等，如图 3-5 所示。

  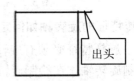

图 3-5　首次拉伸实体时的错误拉伸截面示例

在拉伸截面绘制完毕时，可在【草绘】选项卡中检查子工具栏中用【重叠几何】 、【突出显示开放端】 、【着色封闭环】 三个图标的功能(详见教材项目二)来检查截面是否有缺口、重线、出头等错误，如图 3-6 所示。

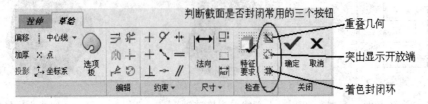

图 3-6　判断截面是否存在重线、出头、有缺口的工具

(2) 拉伸实体时的截面既可为单重回路，也可为多重回路，系统会自动判断并产生合

理的结果,如图3-7所示。

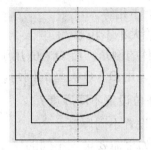
(a) 多重回路截面

(b) 多重回路实体

图 3-7 拉伸截面为多重回路

(3) 拉伸实体时,拉伸截面中的封闭回路不能相交或相切,如图3-8所示。

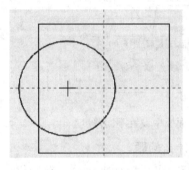
(a) 回路相交

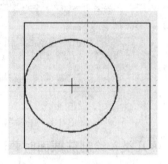
(b) 回路相切

图 3-8 拉伸实体时的错误截面

5. 边倒角的标注形式共有几种?其中 D×D 和 O×O 有什么区别?

边倒角的标注形式共有以下 6 种,如图3-9所示。

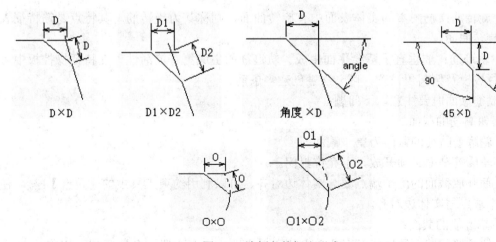

图 3-9 边倒角的标注形式

D×D:用于平面立体的倒角,两个倒角值的大小相等。

D1×D2:用于平面立体的倒角,两个倒角值的大小不相等。

角度×D:用于平面立体的倒角,用一个角度值和一个倒角值确定倒角大小。

45×D：用于平面立体的倒角，用一个 45°角度值和一个倒角值确定倒角大小。

O×O：用于曲面立体的倒角，两个倒角值的大小相等。

O1×O2：用于曲面立体的倒角，两个倒角值的大小不相等。

D×D 和 O×O 的区别为：D×D 用于平面立体的倒角，而 O×O 用于曲面立体的倒角，只要进行倒角的实体有一个表面为曲面，就应该用 O×O 类型的倒角。

6. 使用抽壳特征时，能否对同一壳体在不同部位设置不同厚度？

使用抽壳特征时，可以对同一壳体在不同部位设置不同厚度。

默认情况下，抽壳产生的壳体厚度均匀一致。如果需要设置不同的厚度，可以在操控板中打开【参考】下滑面板，在【非默认厚度】区域中设置不同的厚度，如图 3-10 所示。

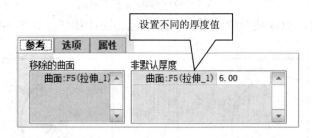

图 3-10　在参考下滑面板中设置不同厚度

7. 筋分为哪几类？绘制筋截面时要注意什么问题？

筋分为轮廓筋和轨迹筋，按轮廓筋所附着的实体特征来区分，轮廓筋又分为直线筋和旋转筋。

(1) 轮廓筋：筋沿着草绘平面生成，一次只能创建一条筋。

① 直线筋：筋附着的实体表面皆为平面，则称其为直线筋。其特点是筋特征表面也为平面。

② 旋转筋：筋附着的实体表面中有旋转曲面，则称其为旋转筋。其特点是筋特征表面也为旋转曲面。

(2) 轨迹筋：筋垂直于草绘平面生成。轨迹筋的生成更有灵活性，在特征操控板中可对其进行拔模及倒圆角设置。可一次性创建多条筋。

绘制筋截面时要注意以下问题：

(1) 轮廓筋的截面：

① 轮廓筋特征的截面为单一截面。

② 轮廓筋截面必须开放，不允许封闭。

③ 筋开放截面的两个端点要与实体边对齐，可以利用约束工具中的【重合】 ⟶ ，使截面两个端点与实体边对齐。

(2) 轨迹筋的截面：

① 轨迹筋的截面轨迹线既可为单条线段，也可为多条线段，各线段间可相交。

② 轨迹筋的截面轨迹线既可开放，也可封闭。

③ 开放的截面轨迹线可以与实体相交(超出实体)，也可以在实体内未超出实体，但延伸线要与实体相交。

8. 恒定截面扫描特征与可变截面扫描特征有何不同？可变截面扫描的截面变化是由什么来控制的？

(1) 扫描特征按截面是否变化分类，可分为恒定截面扫描 ⊥ 和可变截面扫描 ⊿。

恒定扫描特征是指草绘截面沿着一定的轨迹线扫描而生成的一类特征。它需要分别创建扫描轨迹线和草绘截面。

可变截面扫描特征是指沿着一个或多个选定轨迹扫描截面，原点轨迹线只有一条，控制扫描的路径。一旦选取不能删除，但可以代替。辅助轨迹线可有多条，控制截面形状及尺寸变化。

(2) 可变截面扫描需要分别创建多条扫描轨迹线和草绘截面。

① 可变截面扫描的草绘截面位置是由原点轨迹线来确定的，在整个扫描过程中截面一直以原点轨迹线上的点作为坐标原点来定位。

② 在草绘截面时，应将截面图元与辅助轨迹线建立尺寸参考关系，让截面中绘制的边经过辅助轨迹线。在扫描过程中，截面的边一直保持与辅助轨迹线重合，使形状尺寸不断变化形成可变截面扫描。

③ 可以通过修改辅助轨迹线来得到所需的扫描形状。

9. 如何创建各截面之间元素数不等的混合特征？起点位置对混合特征有何影响？如何更改起点位置及方向？

(1) 混合特征各截面的元素数量(点、线段)必须相等。如果各截面元素数不等，可采用以下两种方法使截面元素数相等：

· 打断法。将截面中的某条线打断成几段，以保证元素数少的截面与元素数多的截面间元素数相等。

· 增加混合顶点法。在起始点以外的某个顶点处增加一个"混合顶点"，该混合顶点同时代表两个点，相邻截面上的两点会连接至所指定的混合顶点。一个截面中可增加多个混合顶点。

设置"混合顶点"的方法及步骤如下：

① 左键单击截面中的一个顶点(该点变红)。

② 单击设置子工具栏的【设置】命令，弹出下拉菜单，如图 3-11 所示。

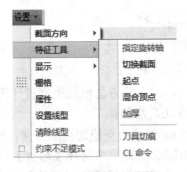

图 3-11 设置下拉菜单

③ 在菜单中选择【特征工具】→【混合顶点】命令，此时在该顶点处显示一个小圆圈，表示混合顶点创建成功，如图 3-12(a)所示，生成的平行混合特征如图 3-12(b)所示。

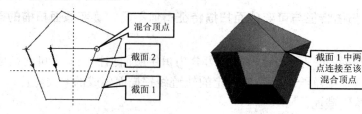

(a) 在截面 2 中增加混合顶点　　　　　(b) 生成的平行混合特征

图 3-12　截面元素数不等时设置混合顶点

　　另有一种特殊情况，截面之间的元素数可以不同。第一个或最后一个截面可以是一个点，如图 3-13(a)所示，截面 1 为四边形，截面 2 为一个点。图 3-13(b)为生成的平行混合特征。

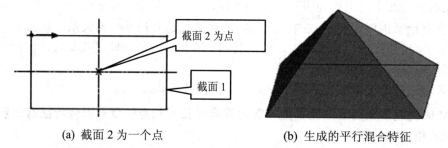

(a) 截面 2 为一个点　　　　　　　(b) 生成的平行混合特征

图 3-13　第 1 个或最后一个截面可为一个点

　　(2) 混合特征各截面的起点方位不同，会产生不同的混合结果。

　　① 各截面起点位于相同的方位，产生的混合特征是平直的。

　　② 各截面起点位于不同的方位，产生的混合特征会发生扭曲，如图 3-14(a)中两个截面的起点位置不同，产生的混合特征会发生扭曲，如图 3-14(b)所示。

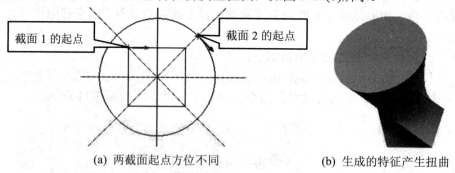

(a) 两截面起点方位不同　　　　　　(b) 生成的特征产生扭曲

图 3-14　起点方位不一致时的扭曲特征

　　③ 每个截面都有一个起点，起点的方位可以根据设计需要而改变。

　　(3) 改变截面起点方位的方法及步骤如下：

　　① 选取要设置为新起点的点(如要改变原起点的方向，则单击原起点)。

　　② 单击右键，在弹出的右键快捷菜单中选择【起点】命令，即可改变起点的位置(或方向)。或者在如图 3-11 所示的菜单中选择【特征工具】→【起点】命令。

　　10．拔模特征的枢轴有什么作用？

　　拔模枢轴是拔模曲面在拔模时，围绕其旋转的拔模曲面上的线，即拔模曲面在拔模时，是绕着拔模枢轴旋转一定的角度(拔模角度)。拔模枢轴的定义有两种方法：

(1) 如果选平面，则拔模曲面将围绕它们与此平面的交线旋转来产生拔模角度，如图 3-15 和如图 3-16 所示。

(2) 如果选曲线，则拔模面将直接围绕其旋转来产生拔模角度。

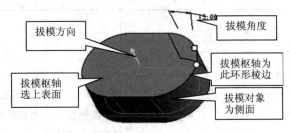

图 3-15　拔模枢轴

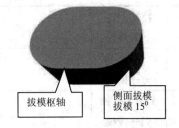

图 3-16　生成的拔模实体

11. 孔特征分为哪几类? 孔的放置类型有哪些? 孔的放置类型与放置参考之间有何关系?

(1) 孔特征分为三类：简单孔、草绘孔、标准孔。

简单孔：孔径在轴线方向上为始终不变的孔。简单孔有不同的末端形状(平底、尖底)。

草绘孔：绘制的孔的轴向剖截面绕轴线旋转所产生的孔。

标准孔：与螺纹相关的孔，标准孔又分 3 种类型。

：标准螺纹孔；

：标准螺纹底孔(无螺纹)；

：标准螺纹过孔(无螺纹)。

在标准孔孔口端部可增加埋头孔 或沉头孔 形状。

(2) 孔特征的放置类型有 5 类：线性、径向、直径、同轴、在点上。

(3) 孔特征的放置类型与放置参考之间的关系：

① 放置类型为线性：孔的放置参考为平面，偏移参考可选两条边或两个平面，以孔的中心线与选定的偏移参考边或者面的线性距离确定孔的位置。

② 放置类型为径向：按所选放置参考分两种情况。

• 如孔的放置参考为平面，则偏移参考可选一个轴线和一个平面。用半径表示孔的中心轴线到所指定的参考轴线之间的距离，用角度定义孔的中心轴与参考轴连线和选定的参考平面间的夹角。

• 如孔的放置参考为圆柱或圆锥面，则偏移参考要选两个平面，分别标注孔中心线到一个平面的轴向距离和中心线与另一平面的夹角。

③ 放置类型为直径：与径向类似，只是使用直径来标注定位尺寸。

④ 放置类型为同轴：孔的放置参考需同时选择一条已存在的轴线和一个平面，轴线作为基准轴定位孔的中心，平面作为孔的放置面，此类型不需要偏移参考。

⑤ 放置类型为在点上：如孔的放置参考为基准点，将孔与位于曲面上的或偏移曲面的基准点对齐。此类型不需要偏移参考。

12. 在零件设计过程中，若在同一零件中同时存在倒圆角特征、抽壳特征及拔模特征，这三者之间的创建顺序对结果有何影响?

在零件设计过程中，如一个零件同时存在拔模特征、倒圆角特征和抽壳特征，则这三类特征的创建顺序会对造型产生重要影响。如创建顺序不当，会导致特征造型创建失败。六种创建顺序如表 3-1 所示。

注意在六种顺序中，正确的只有一种，即"拔模→倒圆角→抽壳"。

表 3-1 拔模、倒圆角和抽壳特征创建顺序对结果的影响

序号	特征创建顺序	结 果		原因分析
1	抽壳→倒圆角→拔模	特征产生失败		带圆角的表面不能产生拔模特征，故倒圆角不能在拔模前产生
2	倒圆角→抽壳→拔模	特征产生失败		
3	倒圆角→拔模→抽壳	特征产生失败		
4	抽壳→拔模→倒圆角	成功、壁厚不均匀、壳体内无圆角、结果不理想	壁厚不均匀，内无圆角	抽壳后再拔模会产生壁厚不均匀现象；抽壳后再倒圆角会产生壳体内无圆角现象
5	拔模→抽壳→倒圆角	成功；壁厚均匀，但壳体内无圆角、结果不理想	壁厚均匀，内无圆角	拔模后再抽壳，壁厚均匀；抽壳后再倒圆角会产生壳体内无圆角现象
6	拔模→倒圆角→抽壳	成功、壁厚均匀、壳体内有圆角、结果理想	壁厚均匀，内有圆角	拔模必须在圆角之前产生，最后抽壳可使壁厚均匀、壳体内外均有圆角

13. 用拉伸特征创建如图 3-198 所示零件的三维实体。

(教程中图 3-198 所示零件如本书图 3-17 所示。)

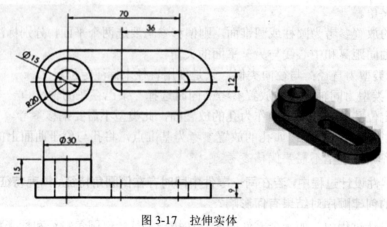

图 3-17 拉伸实体

操作步骤:

(1) 建立新文件。

① 单击工具栏的【新建】图标，系统弹出新建对话框。

② 在新建对话框中，【类型】选项组选择【零件】单选按钮，【子类型】选项组选择【实体】单选按钮(此项为系统默认设置)。

③ 在【名称】文本框内输入文件名 T3-17。

④ 取消选中 □使用缺省模板 复选框，单击【确定】按钮，系统弹出新文件选项对话框，选用 mmns_part_solid 模板，单击【确定】按钮。

(2) 用拉伸创建底板实体。

① 单击形状子工具栏中的【拉伸】图标 拉伸，在弹出的拉伸操控板上单击【创建实体】按钮 □ (此项为默认项，以后可省略)，如图 3-18 所示。

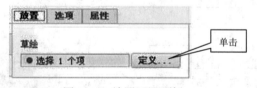

图 3-18 拉伸操控板

② 在操控板中单击【放置】按钮，打开【放置】下滑面板，单击【定义】按钮，如图 3-19 所示。

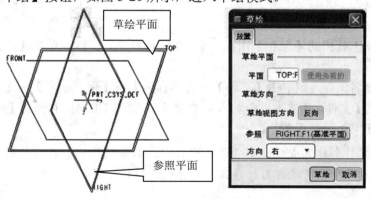

图 3-19 放置下滑面板

③ 在绘图区选取 TOP 基准面作为草绘平面，接受系统默认的方向参考，在草绘对话框中单击【草绘】按钮，如图 3-20 所示，进入草绘模式。

图 3-20 选择草绘平面

④ 单击设置子工具栏中的【草绘视图】图标，使选定的草绘平面与屏幕平行。

⑤ 利用草绘工具栏上的绘图图标，绘制一条水平中心线及三条垂直中心线及如图 3-21 所示的截面，单击关闭子工具栏的 【确定】 图标，结束草图绘制。

⑥ 在操控板中输入拉伸深度值 9，并按 Enter 键。

⑦ 在操控板单击 【✓】 按钮，按 Ctrl + D 组合键，生成的底板实体如图 3-22 所示。

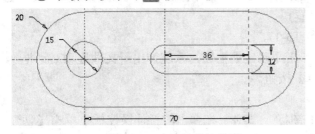

图 3-21　底板的草绘截面　　　　　　图 3-22　生成的底板实体

(3) 用拉伸创建圆筒。

① 在形状子工具栏中单击【拉伸】图标 【拉伸】。

② 在操控板中单击【放置】→【定义】按钮。

③ 在绘图区选取底板顶面作为草绘平面，接受系统默认的方向参照，在草绘对话框中单击【草绘】按钮，进入草绘模式。

④ 单击设置子工具栏中的【草绘视图】图标 ，使选定的草绘平面与屏幕平行。

⑤ 绘制如图 3-23 所示的截面，单击关闭子工具栏的 【确定】 图标，结束草图绘制。

⑥ 在操控板中输入拉伸深度值 15，并按 Enter 键。

⑦ 在操控板单击 【✓】 按钮，按 Ctrl + D 组合键，生成的拉伸零件实体如图 3-24 所示。

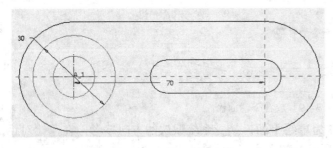

图 3-23　圆筒的草绘截面　　　　　　图 3-24　生成的拉伸零件实体

(4) 保存。

单击快速访问工具栏的【保存】图标 ，在保存对象对话框中单击【确定】按钮，完成图形保存。

如果需要另起名保存，则单击【文件】→【另存为】→【保存副本】命令，在弹出的保存副本对话框的【文件名】文本框中输入新的文件名(例如 T3-24)，再单击【确定】按钮，即以新的文件名 T3-24 保存了文件。

❖ 注意：在每个零件创建完成后，都要将图形存盘。为叙述简化，在以后的特征创建结束后，不再单列此项，请读者自行存盘，并养成这样的习惯。

14. 用拉伸特征创建如图 3-199 所示零件的三维实体。

(教程中图 3-199 所示零件如本书图 3-25 所示。)

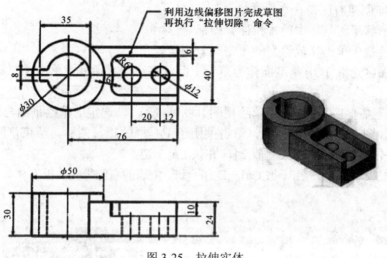

利用边线偏移图片完成草图
再执行"拉伸切除"命令

图 3-25 拉伸实体

操作步骤:

(1) 建立新文件。

① 单击工具栏的【新建】图标 □，系统弹出新建对话框。

② 在新建对话框中【类型】选项组选择【零件】单选按钮，【子类型】选项组选择【实体】单选按钮(此项为系统默认设置)。

③ 在【名称】文本框内输入文件名 T3-25。

④ 取消选中 ■ 使用缺省模板 复选框，单击【确定】按钮，系统弹出新文件选项对话框，选用 mmns_part_solid 模板，单击【确定】按钮。

(2) 用拉伸创建带键槽的圆筒。

① 单击形状子工具栏中的【拉伸】图标 ⬛ 拉伸 。

② 在操控板中单击【放置】→【定义】按钮。

③ 在绘图区选取 TOP 基准面作为草绘平面，接受系统默认的方向参考，在草绘对话框中单击【草绘】按钮，进入草绘模式。

④ 单击设置子工具栏中的【草绘视图】图标 🔄，使选定的草绘平面与屏幕平行。

⑤ 绘制如图 3-26 所示的截面，单击关闭子工具栏的 ✅ 图标，结束草图绘制。

⑥ 在操控板中输入拉伸深度值 30，并按 Enter 键。

⑦ 在操控板单击 ✅ 按钮，按 Ctrl + D 组合键，生成的带键槽圆筒实体如图 3-27 所示。

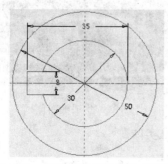

图 3-26 带键槽圆筒的草绘截面

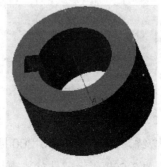

图 3-27 生成的带键槽圆筒实体

(3) 用拉伸创建右侧带孔底板。

① 单击形状子工具栏中的【拉伸】图标 拉伸。

② 在操控板中单击【放置】→【定义】按钮。

③ 在绘图区选取 TOP 基准面作为草绘平面，在草绘对话框中单击【草绘】按钮，进入草绘模式。

④ 单击设置子工具栏中的【草绘视图】图标 ，使选定的草绘平面与屏幕平行。

⑤ 绘制如图 3-28 所示的截面，单击关闭子工具栏的 确定 图标，结束草图绘制。

⑥ 在操控板中输入拉伸深度值 24，并按 Enter 键。

⑦ 在操控板单击 ✔ 按钮，按 Ctrl + D 组合键，生成的右侧带孔底板实体如图 3-29 所示。

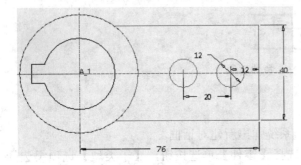

图 3-28　右侧带孔底板的草绘截面　　　　图 3-29　生成的右侧带孔底板实体

(4) 用拉伸去除材料切除右侧的槽。

① 单击形状子工具栏中的【拉伸】图标 拉伸。

② 在操控板中单击【移除材料】按钮 ，再单击【放置】→【定义】按钮。

③ 在绘图区选取右侧底板顶面作为草绘平面，在草绘对话框中单击【草绘】按钮，进入草绘模式。

④ 单击设置子工具栏中的【草绘视图】图标 ，使选定的草绘平面与屏幕平行。

⑤ 绘制如图 3-30 所示的截面，单击关闭子工具栏的 确定 图标，结束草图绘制。

⑥ 在操控板中输入切除深度值 10，并按 Enter 键。

⑦ 在操控板单击 ✔ 按钮，按 Ctrl + D 组合键，生成的右侧槽实体如图 3-31 所示。

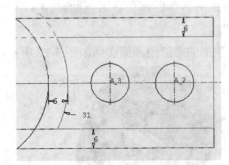

图 3-30　右侧槽的草绘截面　　　　图 3-31　生成的右侧槽实体

15. 综合练习：作出如图 3-200 所示零件的三维实体。

(教程中图 3-200 所示零件如本书图 3-32 所示。)

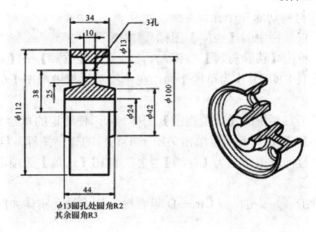

φ13圆孔处圆角R2
其余圆角R3

图 3-32 第 15 题图

操作步骤：

(1) 建立新文件。

① 单击工具栏的【新建】图标 □，系统弹出新建对话框。

② 在【名称】文本框内输入文件名 T3-32。

③ 取消选中 □ 使用缺省模板 复选框，单击【确定】按钮，系统弹出新文件选项对话框，选用 mmns_part_solid 模板，单击【确定】按钮。

(2) 用旋转创建主体。

① 单击形状子工具栏中的【旋转】图标 旋转 。

② 在操控板中单击【放置】→【定义】按钮。

③ 在绘图区选取 FRONT 基准面作为草绘平面，接受系统默认的方向参考，在草绘对话框中单击【草绘】按钮，进入草绘模式。

④ 单击设置子工具栏中的【草绘视图】图标 □，使选定的草绘平面与屏幕平行。

⑤ 绘制如图 3-33 所示的截面，单击关闭子工具栏的 □ 图标，结束草图绘制。

⑥ 在操控板中默认旋转角度值 360，单击 ✓ 按钮，按 Ctrl + D 组合键，生成的旋转主体如图 3-34 所示。

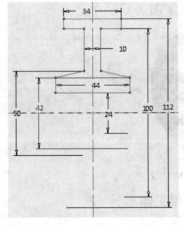

图 3-33 旋转的草绘截面

图 3-34 生成的旋转主体

(3) 用拉伸移除材料切除 3 个孔。

① 单击形状子工具栏中的【拉伸】图标 🔲**拉伸**。

② 在操控板中单击【移除材料】按钮 🔲，再单击【放置】→【定义】按钮。

③ 在绘图区选取 RIGHT 作为草绘平面，在草绘对话框中单击【草绘】按钮，进入草绘模式。

④ 单击设置子工具栏中的【草绘视图】图标 🔲，使选定的草绘平面与屏幕平行。

⑤ 绘制如图 3-35 所示的截面，单击关闭子工具栏的 ✅ 图标，结束草图绘制。

⑥ 在操控板将拉伸方式修改为【穿透】 🔳**穿透**，单击【选项】选项卡，【深度】区的侧 1、侧 2 均设置为 🔳**穿透**。

⑦ 在操控板单击 ✅ 按钮，按 Ctrl + D 组合键，生成的孔实体如图 3-36 所示。

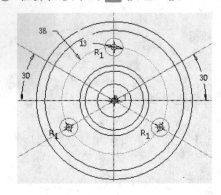
图 3-35　孔的草绘截面

图 3-36　生成的孔实体

(4) 创建倒圆角。

① 单击工程子工具栏中的【倒圆角】图标 🔲**倒圆角**，系统弹出倒圆角操控板，接受系统默认的倒圆角模式。

② 在操控板中输入圆角半径为 2，按 Ctrl 键，选择三个孔的六条边线作为倒圆角对象。

③ 单击倒圆角操控板【集】选项卡，在下滑面板中单击【新建集】命令，在操控板中输入圆角半径为 3，按 Ctrl 键，选择其余倒圆角部位。

④ 单击倒圆角操控板中的 ✅ 按钮。

⑤ 按住鼠标中键移动鼠标，生成的倒圆角特征如图 3-37 所示。

图 3-37　生成的倒圆角特征

16. 综合练习：作出如图 3-201 所示零件的三维实体。

(教程中图 3-201 所示零件如本书图 3-38 所示。)

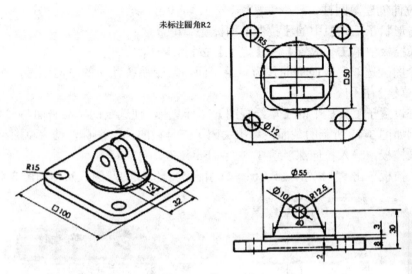

图 3-38 第 16 题图

操作步骤:

(1) 建立新文件。

① 单击工具栏的【新建】图标 🗋,系统弹出新建对话框。

② 在【名称】文本框内输入文件名 T3-38。

③ 取消选中 ☐使用缺省模板 复选框,单击【确定】按钮,系统弹出新文件选项对话框,选用 mmns_part_solid 模板,单击【确定】按钮。

(2) 用拉伸创建带圆角及孔的底板。

① 单击形状子工具栏中的【拉伸】图标 🗗 拉伸。

② 在操控板中单击【放置】→【定义】按钮。

③ 在绘图区选取 TOP 基准面作为草绘平面,接受系统默认的方向参考,在草绘对话框中单击【草绘】按钮,进入草绘模式。

④ 单击设置子工具栏中的【草绘视图】图标 🗗,使选定的草绘平面与屏幕平行。

⑤ 绘制如图 3-39 所示的截面,单击关闭子工具栏的 ✓确定 图标,结束草图绘制。

⑥ 在操控板中输入拉伸深度值 8,并按 Enter 键。

⑦ 在操控板单击 ✓ 按钮,按 Ctrl + D 组合键,生成的带圆角及孔的底板实体如图 3-40 所示。

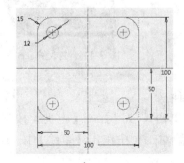

图 3-39 带圆角及孔的草绘截面　　　　图 3-40 生成的带圆角及孔底板实体

(3) 用拉伸创建薄圆柱。

① 单击形状子工具栏中的【拉伸】图标 拉伸。

② 在操控板中单击【放置】→【定义】按钮。

③ 在绘图区选取底板面顶面作为草绘平面，接受系统默认的方向参考，在草绘对话框中单击【草绘】按钮。

④ 单击设置子工具栏中的【草绘视图】图标，使选定的草绘平面与屏幕平行。

⑤ 绘制如图 3-41 所示的截面，单击关闭子工具栏的 确定 图标，结束草图绘制。

⑥ 在操控板中输入拉伸深度值 3，并按 Enter 键。

⑦ 在操控板单击 ✔ 按钮，按 Ctrl + D 组合键，生成的薄圆柱实体如图 3-42 所示。

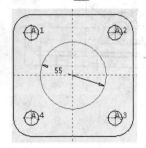

图 3-41 草绘圆截面

图 3-42 生成的薄圆柱实体

(4) 用拉伸创建立板。

① 单击形状子工具栏中的【拉伸】图标 拉伸。

② 在操控板中单击【放置】→【定义】按钮。

③ 在绘图区选取 FRONT 面作为草绘平面，接受系统默认的方向参考，在草绘对话框中单击【草绘】按钮。

④ 单击设置子工具栏中的【草绘视图】图标，使选定的草绘平面与屏幕平行。

⑤ 绘制如图 3-43 所示的截面，单击关闭子工具栏的 确定 图标，结束草图绘制。

⑥ 在操控板中修改拉伸方式为【对称】，输入拉伸深度值 32，并按 Enter 键。

⑦ 在操控板单击 ✔ 按钮，按 Ctrl + D 组合键，生成的立板实体如图 3-44 所示。

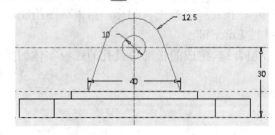

图 3-43 草绘立板截面

图 3-44 生成的立板实体

(5) 用拉伸移除材料切立板中间槽。

① 单击形状子工具栏中的【拉伸】图标 拉伸。

② 在操控板中单击【移除材料】按钮，再单击【放置】→【定义】按钮。

③ 在绘图区选取 RIGHT 作为草绘平面，在草绘对话框中单击【草绘】按钮，进入草绘模式。

④ 单击设置子工具栏中的【草绘视图】图标 ，使选定的草绘平面与屏幕平行。

⑤ 绘制如图 3-45 所示的截面，单击关闭子工具栏的 图标，结束草图绘制。

⑥ 在操控板将拉伸方式修改为【穿透】 ，单击【选项】选项卡，【深度】区的侧 1、侧 2 均设置为 穿透。

⑦ 在操控板单击 ✔ 按钮，按 Ctrl + D 组合键，生成的槽实体如图 3-46 所示。

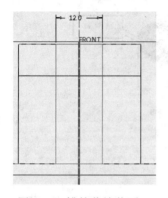

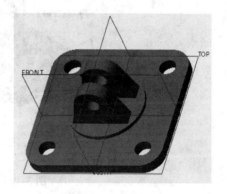

图 3-45　槽的草绘截面　　　　　　　图 3-46　生成的槽实体

(6) 用拉伸移除材料切底板下部的方槽。

① 单击形状子工具栏中的【拉伸】图标 拉伸。

② 在操控板中单击【移除材料】按钮 ，再单击【放置】→【定义】按钮。

③ 在绘图区选取底板下表面作为草绘平面，在草绘对话框中单击【草绘】按钮，进入草绘模式。

④ 单击设置子工具栏中的【草绘视图】图标 ，使选定的草绘平面与屏幕平行。

⑤ 绘制如图 3-47 所示的截面，单击关闭子工具栏的 图标，结束草图绘制。

⑥ 在操控板中输入拉伸深度值 2，并按 Enter 键。

⑦ 在操控板单击 ✔ 按钮，按 Ctrl + D 组合键，生成的方槽实体如图 3-48 所示。

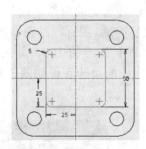

图 3-47　槽的草绘截面　　　　　　　图 3-48　生成的方槽实体

17．综合练习：作出如图 3-202 所示零件的三维实体。

提示：① 拉伸底板；② 在底板上切 2 个孔 ϕ15 孔；③ 用草绘在前侧面内作距离左前侧棱边为 33 的平行线；④ 创建通过刚做成的平行线且与前侧面成 30°的基准平面 DTM1；⑤ 在创建的平面上绘斜台的拉伸截面，两侧拉伸(在拉伸操控面板中选择【选项】选项卡，拉伸深度在侧 1 和侧 2 都定义为【到选定项】选项，元素分别选取前侧面、后侧面)；⑥ 用同样方法在 DTM1 上草绘 ϕ16 圆，两侧拉伸(在拉伸操控面板中选择【选项】选项卡，拉伸深度在侧 1 和侧 2 都定义为【穿透】)切除出 $\phi16$ 孔；⑦ 倒两处 R3 圆角。

(教程中图 3-202 所示的零件如本书图 3-49 所示。)

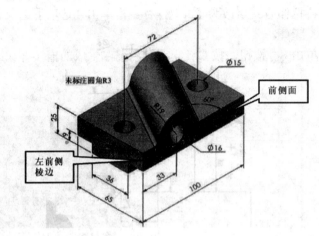

图 3-49　第 17 题图

操作步骤：

(1) 建立新文件。

① 单击工具栏的【新建】图标 ，系统弹出新建对话框。

② 在【名称】文本框内输入文件名 T3-49。

③ 取消选中 使用缺省模板 复选框，单击【确定】按钮，系统弹出新文件选项对话框，选用 mmns_part_solid 模板，单击【确定】按钮。

(2) 拉伸底板。

① 单击形状子工具栏中的【拉伸】图标 拉伸。

② 在操控板中单击【放置】→【定义】按钮。

③ 在绘图区选取 RIGHT 基准面作为草绘平面，在草绘对话框中单击【草绘】按钮。

④ 单击设置子工具栏中的【草绘视图】图标 ，使选定的草绘平面与屏幕平行。

⑤ 绘制如图 3-50 所示的截面，单击关闭子工具栏的 图标，结束草图绘制。

⑥ 在操控板中修改拉伸方式为【对称】 ，输入拉伸深度值 100，并按 Enter 键。

⑦ 在操控板单击 按钮，按 Ctrl + D 组合键，生成的拉伸底板如图 3-51 所示。

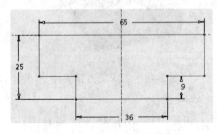

图 3-50　底板的草绘截面

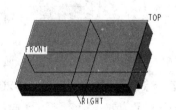

图 3-51　生成拉伸底板

(3) 在底板上拉伸切除 2 个 $\phi15$ 孔。

① 单击形状子工具栏中的【拉伸】图标 拉伸。

② 在操控板中单击【移除材料】按钮 ，再单击【放置】→【定义】按钮。

③ 在绘图区选取底板上表面作为草绘平面，在草绘对话框中单击【草绘】按钮。

④ 单击设置子工具栏中的【草绘视图】图标 ，使选定的草绘平面与屏幕平行。

⑤ 绘制如图 3-52 所示的截面，单击关闭子工具栏的 ✔ 图标，结束草图绘制。

⑥ 在操控板将拉伸方式修改为【穿透】。

⑦ 在操控板单击 ✔ 按钮，在底板上拉伸切除 2 个 φ15 孔，如图 3-53 所示。

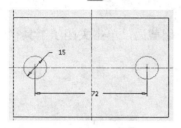

图 3-52　孔的截面

图 3-53　生成 2 个 φ15 孔

(4) 在前侧面内草绘平行线。

① 单击基准子工具栏【草绘】图标 ∿，选取底板前侧面为草绘平面，在草绘对话框单击【草绘】按钮，进入草绘模式。

② 绘制一条直线与底板左侧边边线平行，且距左侧边的距离为 33，长度任意，如图 3-54 所示，单击关闭子工具栏的 ✔ 图标，草绘的平行线如图 3-55 所示。

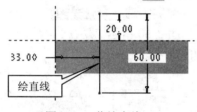

图 3-54　草绘直线

图 3-55　草绘的平行线

(5) 创建基准平面 DTM1。

① 单击基准子工具栏【平面】图标 ▱，系统弹出基准平面对话框，如图 3-56 所示。

② 按住 Ctrl 键，选取刚创建的平行线和底板前侧面为参考，在基准平面对话框的【旋转】框中输入 30，单击【确定】按钮，则创建了一个穿过平行线并与前侧面成 30° 夹角的平面 DTM1，如图 3-57 所示。

图 3-56　基准平面对话框

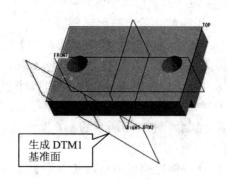

图 3-57　生成 DTM1 基准平面

(6) 用拉伸方法创建斜半圆台。

① 单击【拉伸】图标 拉伸，再单击【放置】→【定义】按钮。

② 草绘平面选 DTM1 基准面，在草绘对话框单击【草绘】按钮，进入草绘模式。

③ 单击设置子工具栏中的【草绘视图】图标 ，使选定的草绘平面与屏幕平行。单击设置子工具栏中的【参考】图标 ，在绘图区选刚创建的草绘平行线为竖直参考，在弹出的参考对话框单击【关闭】按钮，如图 3-58 所示。

④ 绘制如图 3-59 所示的由半圆和直线组成的封闭截面，单击关闭子工具栏的 确定 图标，结束草图绘制。

图 3-58　选取绘图参照

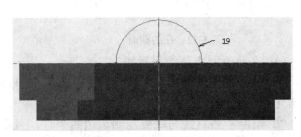

图 3-59　半圆柱的截面

⑤ 在拉伸操控板中单击【选项】选项卡，在深度侧 1 选 到选定项，选底板前侧面。在深度侧 2 再选 到选定项，选底板后侧面，如图 3-60 所示。

⑥ 在操控板单击 按钮，生成斜半圆台如图 3-61 所示。

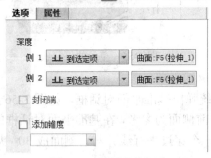

图 3-60　设置拉伸深度

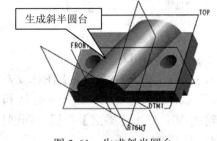

图 3-61　生成斜半圆台

❖ 注意：也可过草绘线绘制旋转轴，再绘制斜矩形截面，用旋转的方法创建该斜半圆台。

(7) 用拉伸切除方法创建斜圆孔。

① 单击形状子工具栏中的【拉伸】图标 拉伸。

② 在操控板中单击【移除材料】按钮 ，再单击【放置】→【定义】按钮。

③ 在绘图区选取选 DTM1 基准面作为草绘平面，在草绘对话框中单击【草绘】按钮。

④ 单击设置子工具栏中的【草绘视图】图标 ，使选定的草绘平面与屏幕平行。

⑤ 绘制如图 3-62 所示的 $\phi16$ 圆作为截面，单击关闭子工具栏的 确定 图标，结束草图绘制。

⑥ 在拉伸操控板中单击【选项】选项卡，在深度侧 1 和侧 2 均设置为【穿透】 。

⑦ 在操控板单击 按钮，生成拉伸切除斜圆孔如图 3-63 所示。

图 3-62　孔的截面　　　　　　　　　图 3-63　生成拉伸切除斜圆孔

(8) 在斜圆台两侧倒圆角。

① 单击工程子工具栏的【倒圆角】图标 ，系统弹出倒圆角操控板。

② 按住 Ctrl 键，在实体中选择斜圆台两侧边线作为倒圆角对象。

③ 输入圆角半径为 3，单击 按钮，生成两侧倒圆角如图 3-64 所示，零件创建完毕。

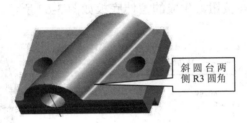

图 3-64　斜圆台两侧倒圆角

(9) 隐藏草绘平行线。

在左侧模型树中选择第(4)步中创建的平行线 草绘 1，单击右键，在弹出的快捷菜单中选择【隐藏】命令，则实体中的草绘平行线消失。

18. 综合练习：作出如图 3-203 所示零件的三维实体。

(教程中图 3-203 所示的零件如本书图 3-65 所示。)

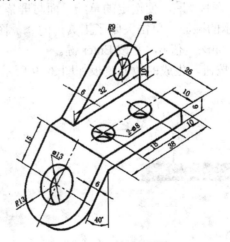

图 3-65　第 18 题图

操作步骤：

(1) 建立新文件。

① 单击工具栏的【新建】图标 ，系统弹出新建对话框。

Creo 3.0 项目化教学上机指导

② 在【名称】文本框内输入文件名 T3-65。

③ 取消选中 使用缺省模板 复选框，单击【确定】按钮，系统弹出新文件选项对话框，选用 mmns_part_solid 模板，单击【确定】按钮。

(2) 拉伸底板。

① 单击形状子工具栏中的【拉伸】图标 拉伸，在拉伸操控板中单击【加厚草绘】图标 □ ，输入加厚厚度值 6。

② 在操控板中单击【放置】→【定义】按钮。

③ 在绘图区选取 RIGHT 基准面作为草绘平面，在草绘对话框中单击【草绘】按钮。

④ 单击【草绘视图】图标 ，使选定的草绘平面与屏幕平行。

⑤ 绘制如图 3-66 所示的截面，单击关闭子工具栏的 确定 图标，结束草图绘制。

⑥ 在操控板中输入拉伸深度值 26，并按 Enter 键。

⑦ 在操控板单击 ✔ 按钮，生成的拉伸底板如图 3-67 所示。

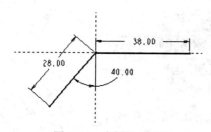

图 3-66 底板拉伸截面

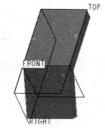

图 3-67 生成拉伸底板

(3) 拉伸侧板。

① 单击形状子工具栏中的【拉伸】图标 拉伸。

② 在操控板中单击【放置】→【定义】按钮。

③ 在绘图区选取 RIGHT 基准面作为草绘平面，在草绘对话框中单击【草绘】按钮。

④ 单击【草绘视图】图标 ，使选定的草绘平面与屏幕平行。

⑤ 绘制如图 3-68 所示的截面，单击关闭子工具栏的 确定 图标，结束草图绘制。

⑥ 在操控板中输入拉伸深度值 6，并按 Enter 键。

⑦ 在操控板单击 ✔ 按钮，生成的拉伸侧板如图 3-69 所示。

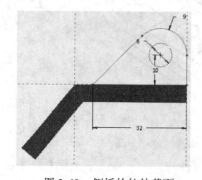

图 3-68 侧板的拉伸截面

图 3-69 生成拉伸侧板

(4) 底板倒圆角。

① 单击工程子工具栏的【倒圆角】图标 ，系统弹出倒圆角操控板。

② 按住 Ctrl 键，选取如图 3-70 所示的两条平行边线作为倒圆角对象。

③ 单击右键，在弹出的快捷菜单中选【完全倒圆角】命令，单击 ✔ 按钮，生成完全倒圆角如图 3-71 所示。

图 3-70　选取倒圆角对象及类型

图 3-71　生成完全倒圆角

(5) 用拉伸切除方法创建底板上的两个小孔。

① 单击形状子工具栏中的【拉伸】图标 🟦 拉伸 。

② 在操控板中单击【移除材料】按钮 ◢ ，再单击【放置】→【定义】按钮。

③ 在绘图区选取底板上表面作为草绘平面，在草绘对话框中单击【草绘】按钮。

④ 单击【草绘视图】图标 🔄 ，使选定的草绘平面与屏幕平行。

⑤ 单击设置子工具栏中的【参考】图标 🔲 ，在绘图区选底板的上边线、右边线为参考，在弹出的参考对话框单击【关闭】按钮。

⑥ 绘制如图 3-72 所示的截面，单击关闭子工具栏的 确定 图标，结束草图绘制。

⑦ 在操控板将拉伸方式修改为【穿透】 ╪╪ 。

⑧ 在操控板单击 ✔ 按钮，在底板上拉伸切除 2 个 $\phi8$ 孔如图 3-73 所示。

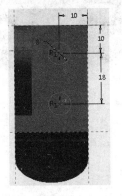

图 3-72　孔的截面

图 3-73　生成底板上的两个小孔

(6) 创建底板斜面上的大孔。

① 单击工程子工具中【孔】图标 ㅈ ，在孔特征操控板中，输入直孔的直径值 13，深度类型选【穿透】 ╪╪ 。

② 单击【放置】按钮，打开放置下滑面板。

③ 单击操控板右侧的【基准】→【基准轴】图标 ∕ ，系统弹出基准轴对话框。选取底板上的大圆弧面为参考，在基准轴对话框单击【确定】按钮，创建基准轴 A_4，如图 3-74

所示。

④ 在操控板上单击【继续】按钮 ▶，以生成的基准轴 A_4 为第一参考，按住 Ctrl 键，选取底板斜面上表面为第二放置参考，则孔的放置类型为【同轴】。

在操控板单击 ✓ 按钮，生成的大孔如图 3-75 所示。该零件创建完毕。

图 3-74　创建基准轴 A_4　　　　　　图 3-75　生成底板斜面上的大孔

19. 综合练习：作出如图 3-204 所示零件的三维实体。

(教程中图 3-204 所示的零件如本书图 3-76 所示。)

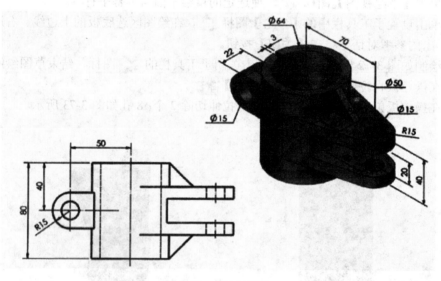

图 3-76　第 19 题图

操作步骤：

(1) 建立新文件。

① 单击工具栏的【新建】图标 □，系统弹出新建对话框。

② 在【名称】文本框内输入文件名 T3-76。

③ 取消选中 □使用缺省模板 复选框，单击【确定】按钮，系统弹出新文件选项对话框，选用 mmns_part_solid 模板，单击【确定】按钮。

(2) 拉伸圆筒。

① 单击形状子工具栏中的【拉伸】图标 ◢拉伸。

② 在操控板中单击【放置】→【定义】按钮。

③ 在绘图区选取 TOP 基准面作为草绘平面，在草绘对话框中单击【草绘】按钮。

④ 单击【草绘视图】图标 ，使选定的草绘平面与屏幕平行。

⑤ 绘制如图 3-77 所示的截面，单击关闭子工具栏的 图标，结束草图绘制。

⑥ 在操控板中修改拉伸方式为【对称】 ，输入拉伸深度值 80，并按 Enter 键。

⑦ 在操控板单击 按钮，生成的圆筒如图 3-78 所示。

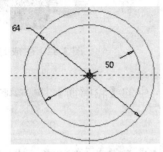

图 3-77　圆筒截面　　　　　　　　　图 3-78　生成的圆筒

(3) 拉伸右边立板。

① 单击形状子工具栏中的【拉伸】图标 拉伸。

② 在操控板中单击【放置】→【定义】按钮。

③ 在绘图区选取 TOP 基准面作为草绘平面，在草绘对话框中单击【草绘】按钮。

④ 单击【草绘视图】图标 ，使选定的草绘平面与屏幕平行。

⑤ 绘制如图 3-79 所示的截面，单击关闭子工具栏的 图标，结束草图绘制。

⑥ 在操控板中修改拉伸方式为【对称】 ，输入拉伸深度值 40，并按 Enter 键。

⑦ 在操控板单击 按钮，生成的立板如图 3-80 所示。

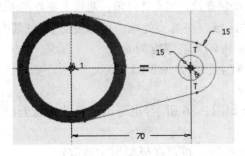

图 3-79　立板截面　　　　　　　　　图 3-80　生成的立板

(4) 拉伸左边拱形柱。

① 单击【拉伸】图标 拉伸。

② 在操控板中单击【放置】→【定义】按钮。

③ 在绘图区选取 FRONT 基准面作为草绘平面，在草绘对话框中单击【草绘】按钮。

④ 单击【草绘视图】图标 ，使选定的草绘平面与屏幕平行。

⑤ 绘制如图 3-81 所示的截面，单击关闭子工具栏的 图标，结束草图绘制。

⑥ 在操控板中修改拉伸方式为【对称】 ，输入拉伸深度值 22，并按 Enter 键。

⑦ 在操控板单击 按钮，生成的拱形柱如图 3-82 所示。

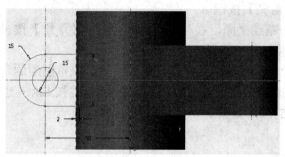

图 3-81　拱形柱截面

图 3-82　生成的拱形柱

（5）创建右上筋板。

① 单击工程子工具栏中的【筋】图标 　　 中的【轮廓筋】 　　 ，系统弹出轮廓筋操控板，如图 3-83 所示。

图 3-83　轮廓筋操控板

② 单击【放置】→【定义】按钮，选择 FRONT 基准面作为草绘平面，单击【草绘】按钮，再单击【草绘视图】按钮 　　 。

③ 单击设置子工具栏中的【参考】图标 　　 ，在绘图区选右边立板的上表面、圆柱的最右素线为参考，在弹出的参考对话框单击【关闭】按钮。

④ 绘制如图 3-84 所示的截面，单击 　　 按钮，结束草图绘制。

❖ 注意：轮廓筋特征的截面为单一截面，必须开放，不允许封闭，两端点要与实体边对齐。

⑤ 此时模型中的箭头代表筋生成的区域，在箭头处单击可改变方向(使箭头指向筋要生成的区域(向内))，在操控板厚度文本框中输入筋厚度为 6。

⑥ 在操控板中单击 　　 按钮，生成右上筋板如图 3-85 所示。

（6）创建右下筋板。

可用相同的方法创建左下筋板，结果如图 3-86 所示。也可用镜像的方法创建右下筋板，步骤为：

① 选择刚创建的轮廓筋(可在绘图区选取，也可在模型树中选取)。

② 单击编辑子工具栏的【镜像】图标 　　 ，系统弹出镜像操控板。

③ 选择 TOP 面作为镜像面，在操控板中单击 　　 按钮，生成的筋板如图 3-86 所示。

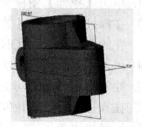

图 3-84　草绘筋的开放截面　　　图 3-85　生成右上筋板　　　图 3-86　生成右下侧筋

(7) 用拉伸移除方法切左边宽 3 的槽。

① 单击【拉伸】图标 **拉伸**。

② 在操控板中单击【移除材料】按钮 ⚠，再单击【放置】→【定义】按钮。

③ 在绘图区选取 FRONT 面作为草绘平面，在草绘对话框中单击【草绘】按钮。

④ 单击【草绘视图】图标 ，使选定的草绘平面与屏幕平行。

⑤ 绘制如图 3-87 所示的截面，单击 图标，结束草图绘制。

⑥ 在操控板将拉伸方式修改为【穿透】 。

⑦ 在操控板单击 按钮，生成左边的槽如图 3-88 所示。

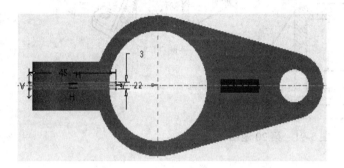

图 3-87 草绘左边槽的截面 图 3-88 生成左边的槽

(8) 用拉伸切除方法切右边的槽。

① 单击【拉伸】图标 **拉伸**。

② 在操控板中单击【移除材料】按钮 ⚠，再单击【放置】→【定义】按钮。

③ 在绘图区选取 FRONT 面作为草绘平面，在草绘对话框中单击【草绘】按钮。

④ 单击【草绘视图】图标 ，使选定的草绘平面与屏幕平行。

⑤ 绘制如图 3-89 所示的截面，单击 图标，结束草图绘制。

⑥ 单击操控板中的【选项】选项卡，在下滑面板中将侧 1、侧 2 的拉伸方式均修改为【穿透】 穿透。

⑦ 在操控板单击 按钮，生成右边的槽如图 3-90 所示。

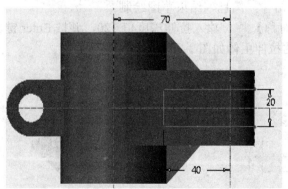

图 3-89 草绘右边槽的截面 图 3-90 生成右边的槽

20. 综合练习：作出如图 3-205 所示零件的三维实体。

(教程中图 3-205 所示的零件如本书图 3-91 所示。)

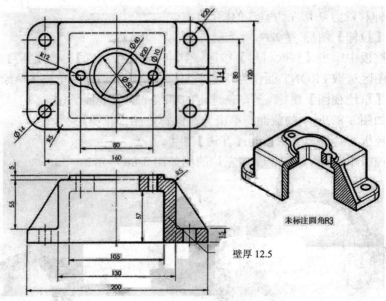

图 3-91　第 20 题图

操作步骤：

(1) 建立新文件。

① 单击工具栏的【新建】图标 📄，系统弹出新建对话框。

② 在【名称】文本框内输入文件名 T3-91。

③ 取消选中 □使用缺省模板 复选框，单击【确定】按钮，系统弹出新文件选项对话框，选用 mmns_part_solid 模板，单击【确定】按钮。

(2) 拉伸主体毛坯。

① 单击形状子工具栏中的【拉伸】图标 拉伸。

② 在操控板中单击【放置】→【定义】按钮。

③ 在绘图区选取 FRONT 基准面作为草绘平面，在草绘对话框中单击【草绘】按钮。

④ 单击【草绘视图】图标 📐，使选定的草绘平面与屏幕平行。

⑤ 绘制如图 3-92 所示的截面，单击 ✔确定 图标，结束草图绘制。

⑥ 在操控板中修改拉伸方式为【对称】 ⬄，输入拉伸深度值 120，并按 Enter 键。

⑦ 在操控板单击 ✔ 按钮，生成的拉伸主体如图 3-93 所示。

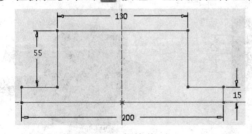

图 3-92　主体截面

图 3-93　生成的拉伸主体

(3) 毛坯倒圆角。

① 单击【倒圆角】图标 ⌒，系统弹出倒圆角操控板。

② 按住 Ctrl 键，选取如图 3-94 所示的四条平行边线作为倒圆角对象。

③ 在操控板中输入圆角半径值 20，单击 ✓ 按钮，生成倒圆角如图 3-94 所示。

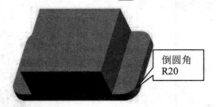

图 3-94 毛坯倒圆角

(4) 创建抽壳。

① 单击【壳】图标 ▣壳，系统弹出壳操控板。

② 选择底板底面作为开口面。

③ 输入抽壳厚度为 12.5。

④ 在操控板中打开【参照】下滑面板，在【非缺省厚度】收集器中单击"单击此处添加…"文字将其激活，按住 Ctrl 键，分别选如图 3-95 所示三个表面为非缺省厚度面，然后输入新的厚度值 15、15、13。

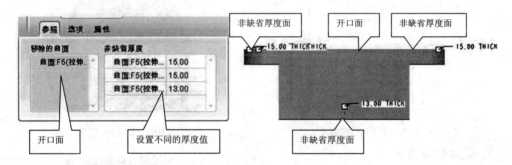

图 3-95 在参照滑面板中设置不同厚度

⑤ 在壳操控板中单击 ✓ 按钮，结果如图 3-96 所示，生成厚度不同的壳体。

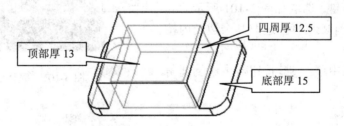

图 3-96 生成厚度不同的壳体

(5) 用拉伸方法创建凸台。

① 单击【拉伸】图标 ⬚拉伸。

② 在操控板中单击【放置】→【定义】按钮。

③ 在绘图区选取顶面作为草绘平面，在草绘对话框中单击【草绘】按钮。

④ 单击【草绘视图】图标 ⬚，使选定的草绘平面与屏幕平行。

⑤ 绘制如图 3-97 所示的截面，单击关闭子工具栏的 ⬚确定 图标，结束草图绘制。

⑥ 在操控板中输入拉伸深度值 5，并按 Enter 键。

⑦ 在操控板单击 ✓ 按钮，生成的凸台如图 3-98 所示。

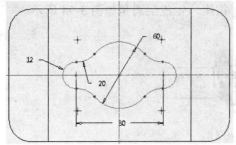

图 3-97　凸台截面

图 3-98　生成的凸台

(6) 用拉伸切除创建壳体上的孔。

① 单击【拉伸】图标 **拉伸**。

② 在操控板中选择【移除材料】按钮 ，单击【放置】→【定义】按钮。

③ 草绘平面选凸台顶面，绘制如图 3-99 所示的截面，单击 图标。

④ 切除深度为【穿透】 ，单击 ✔ 按钮，结果如图 3-100 所示。

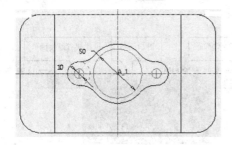

图 3-99　草绘孔的截面

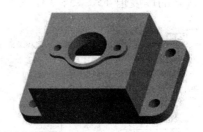

图 3-100　切除孔后的壳体

(7) 壳体倒圆角。

① 单击工程子工具栏的【倒圆角】图标 ，系统弹出倒圆角操控板。

② 按住 Ctrl 键，选取如图 3-101 所示的壳体顶面四条棱边倒 R5 圆角；选取其余边及内棱边倒 R3 圆角。

③ 在操控板中单击 ✔ 按钮，生成倒圆角如图 3-101 所示。

图 3-101　壳体倒圆角

(8) 创建筋板。

① 单击【筋】图标 筋 中的【轮廓筋】 轮廓筋，系统弹出轮廓筋特征操控板。

② 单击【参考】→【定义】按钮，在绘图区选择 FRONT 基准面作为草绘平面，单击【草绘】按钮，单击【草绘视图】按钮 。

③ 绘制如图 3-102 所示的斜线，再利用 使斜线与壳体圆角相切、用 将多余线段剪掉，单击 按钮，结束草图绘制。

④ 此时模型中的箭头代表筋生成的区域，在箭头处单击可改变方向，使箭头指向筋要生成的区域。

⑤ 在操控板中厚度文本框中输入筋厚度为 14。

⑥ 单击 ✔ 按钮，生成筋板如图 3-103 所示。

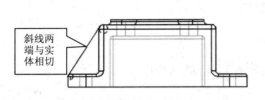

图 3-102 草绘筋的截面

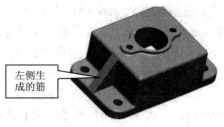

图 3-103 生成左侧筋

⑦ 选择刚生成的左侧筋，单击编辑子工具栏的【镜像】图标 镜像。选取 RIGHT 基准面为镜像平面，在镜像操控板中单击 ✓ 按钮，镜像生成的右侧筋如图 3-104 所示。

(9) 筋倒圆角。

① 单击【倒圆角】图标 。

② 按住 Ctrl 键，选取筋与壳体表面连接处棱边(左右各 4 处)倒 R3 圆角，最后完成的零件如图 3-105 所示。

图 3-104 生成右侧筋

图 3-105 筋倒圆角

21. 综合练习:根据图 3-206 所示尺寸作出三维实体(注:以下各题视图均给出第三角投影)。
(教程中图 3-206 所示的零件如本书图 3-106 所示。)

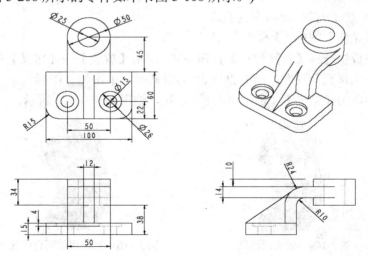

图 3-106 第 21 题图

操作步骤:

(1) 建立新文件。

① 单击工具栏的【新建】图标 ，系统弹出新建对话框。

② 在【名称】文本框内输入文件名 T3-106。

③ 取消选中 □使用缺省模板 复选框，单击【确定】按钮，系统弹出新文件选项对话框，选用 mmns_part_solid 模板，单击【确定】按钮。

(2) 用拉伸方法创建中间弯板。

① 单击【拉伸】图标 拉伸。

② 在拉伸操控板中单击【加厚草绘】图标 ，输入加厚厚度值 14，单击【放置】→【定义】按钮。

③ 草绘平面选 RIGHT 基准面，单击【草绘】按钮，进入草绘模式。

④ 单击【草绘视图】图标 ，使选定的草绘平面与屏幕平行。

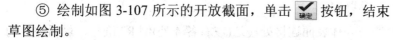

图 3-107　绘制拉伸截面

⑤ 绘制如图 3-107 所示的开放截面，单击 确定 按钮，结束草图绘制。

⑥ 在操控板中设置拉伸方式为【对称】 ，输入拉伸深度值 50，单击 按钮，生成中间弯板如图 3-108 所示。

(3) 用拉伸方法创建顶部圆台。

① 单击【拉伸】图标 拉伸。

② 在拉伸操控板中单击【放置】→【定义】按钮。

③ 草绘平面选 TOP 基准面，单击【草绘】按钮，进入草绘模式。

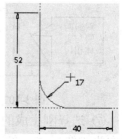

④ 单击【草绘视图】图标 ，使选定的草绘平面与屏幕平行。

⑤ 绘制直径为 50 的圆截面，单击 确定 按钮，结束草图绘制。

图 3-108　生成中间弯板

⑥ 在操控板中设置拉伸方式为【对称】 ，输入拉伸深度值 34，单击 按钮，生成圆台如图 3-109 所示。

(4) 用拉伸切除方法创建圆台内孔。

① 单击【拉伸】图标 拉伸。

② 在操控板中选择【移除材料】按钮 ，单击【放置】→【定义】按钮。

③ 草绘平面选圆台顶面，绘制直径 25 的圆截面，单击 确定 图标。

④ 切除深度为【穿透】 ，单击 按钮，结果如图 3-110 所示。

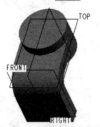

图 3-109　生成顶部圆台

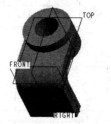

图 3-110　生成顶部圆台内孔

(5) 用拉伸方法创建底板。

① 单击【拉伸】图标 拉伸。

② 在拉伸操控板中单击【放置】→【定义】按钮。

③ 草绘平面选中间弯板底面，单击【草绘】按钮，进入草绘模式。

④ 单击【草绘视图】图标 ，使选定的草绘平面与屏幕平行。

⑤ 绘制如图 3-111 所示的截面，单击 按钮，结束草图绘制。

⑥ 输入拉伸深度值 15，单击 按钮，生成底板如图 3-112 所示。

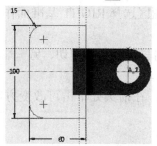

图 3-111　绘制底板截面

图 3-112　生成底板

(6) 用草绘孔方法创建底板上的台阶孔。

① 单击【孔】图标 孔，在操控板中单击【草绘孔】图标 、【激活草绘】图标 ，进入草绘界面。

② 绘制孔的中心线及如图 3-113 所示的封闭图形，单击 按钮，结束孔截面的绘制。

③ 在操控板中单击【放置】按钮，打开放置下滑面板，在绘图区选择底板上表面作为孔的放置面。

④ 在放置下滑面板中选择孔的放置类型为【线性】。

⑤ 在【偏移参考】框中单击"单击此处添加…"文字，选择底板右侧面为第一参考；按住 Ctrl 键，选择底板前侧面为第二参考。将孔中心与参考的距离分别修改为 25 和 22，如图 3-114 所示。

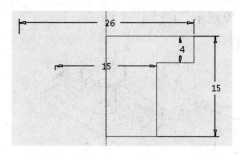

图 3-113　草绘孔的截面

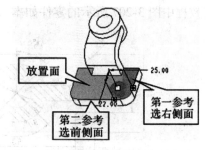

图 3-114　草绘孔定位尺寸

⑥ 单击 按钮，生成的右侧草绘台阶孔如图 3-115 所示。

⑦ 用同样方法绘制出如图 3-116 所示左侧草绘台阶孔，请读者自己做。

图 3-115　生成右侧台阶孔

图 3-116　生成左侧台阶孔

(7) 创建筋板。

① 单击工程子工具栏中的【筋】图标 ⬚ 筋 ▾ 中的【轮廓筋】 ⬚ 轮廓筋，系统弹出轮廓筋特征操控板。

② 单击【参考】→【定义】按钮，在绘图区选择 RIGHT 基准面作为草绘平面，单击【草绘】按钮，单击【草绘视图】按钮 ⬚。

③ 绘制如图 3-117 所示的斜线，斜线一端与弯板圆弧相切、另一端与底板边对齐，单击 ⬚ 按钮，结束草图绘制。

④ 此时模型中的箭头代表筋生成的区域，在箭头处单击可改变方向，使箭头指向筋要生成的区域。

⑤ 在厚度文本框中输入筋厚度为 12。

⑥ 在操控板中单击 ✔ 按钮，生成筋如图 3-118 所示。

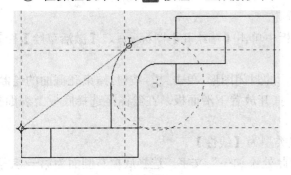

图 3-117　筋的截面

图 3-118　生成筋

22. 综合练习：根据图 3-207 所示尺寸作出三维实体。

(教程中图 3-207 所示的零件如本书图 3-119 所示。)

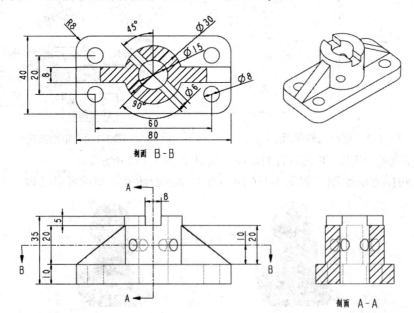

图 3-119　第 22 题图

操作步骤：

(1) 建立新文件。

① 单击工具栏的【新建】图标 ，系统弹出新建对话框。

② 在【名称】文本框内输入文件名 T3-119。

③ 取消选中 使用缺省模板 复选框，单击【确定】按钮，系统弹出新文件选项对话框，选用 mmns_part_solid 模板，单击【确定】按钮。

(2) 用拉伸方法创建底板。

① 单击【拉伸】图标 拉伸。

② 在拉伸操控板中单击【放置】→【定义】按钮。

③ 草绘平面选 TOP 基准面，单击【草绘】按钮，进入草绘模式。

④ 单击【草绘视图】图标 ，使选定的草绘平面与屏幕平行。

⑤ 绘制如图 3-120 所示的截面，单击 确定 按钮，结束草图绘制。

⑥ 输入拉伸深度值 10，单击 按钮，生成底板如图 3-121 所示。

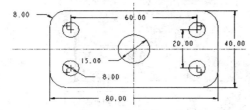

图 3-120 拉伸截面

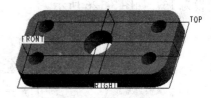

图 3-121 生成的底板

(3) 用拉伸方法创建中间圆筒。

① 单击【拉伸】图标 拉伸。

② 在拉伸操控板中单击【放置】→【定义】按钮。

③ 草绘平面选底板顶面，单击【草绘】按钮，进入草绘模式。

④ 单击【草绘视图】图标 ，使选定的草绘平面与屏幕平行。

⑤ 绘制如图 3-122 所示的同心圆，单击 确定 按钮，结束草图绘制。

⑥ 输入拉伸深度值 25，单击 按钮，生成圆筒如图 3-123 所示。

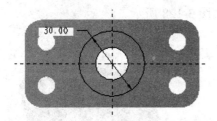

图 3-122 圆筒截面

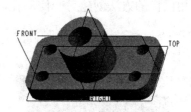

图 3-123 生成的圆筒

(4) 用拉伸切除方法创建顶上的矩形槽。

① 单击【拉伸】图标 拉伸。

② 在操控板中选择【移除材料】按钮 ，单击【放置】→【定义】按钮。

③ 草绘平面选 FRONT 面，单击【草绘】按钮。

④ 单击【草绘视图】图标 ，绘制如图 3-124 所示 8×5 的矩形，单击 确定 图标。

⑤ 单击操控板中的【选项】选项卡，在下滑面板中将侧 1、侧 2 的深度均修改为【穿透】 穿透，单击 按钮，结果如图 3-125 所示。

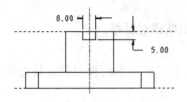

图 3-124 槽的截面

图 3-125 切矩形槽

(5) 用孔工具创建圆筒上的斜孔。

① 单击【孔】图标 孔，在操控板中将孔的直径设置为 6，深度类型选【穿透】。

② 在操控板中单击【放置】按钮，打开放置下滑面板，在绘图区选择实体前侧圆柱表面作为孔的放置面。

③ 在放置下滑面板中单击【偏移参考】框的"单击此处添加…"文字，选中 RIGHT 基准面为第一参考，将角度值设为 45；按住 Ctrl 键，选取圆筒的上表面为第二参考，轴向距离值设为 15，如图 3-126 所示。

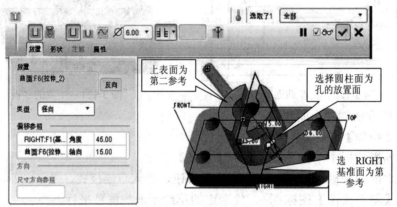

图 3-126 放置下滑面板和孔的放置及偏移参考设置

④ 在操控板中单击 按钮，生成的斜孔如图 3-127 所示。

⑤ 用同样的方法创建另一侧斜孔，结果如图 3-128 所示。

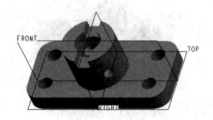

图 3-127 生成圆筒上的一侧斜孔

图 3-128 生成圆筒上的另一侧斜孔

(6) 创建筋板。

① 单击工程子工具栏中的【轮廓筋】图标 轮廓筋，系统弹出轮廓筋特征操控板。

② 单击【参考】→【定义】按钮，在绘图区选择 FRONT 基准面作为草绘平面，单击【草绘】按钮。

③ 单击【草绘视图】按钮 ，绘制如图 3-129 所示的斜线，单击 确定 按钮结束草

图绘制。

④ 使箭头指向筋要生成的区域，在厚度文本框中输入筋厚度为 8。

⑤ 在操控板中单击 ✔ 按钮，生成筋板如图 3-130 所示。

⑥ 用同样的方法创建右侧筋，如图 3-131 所示。该零件创建完成。

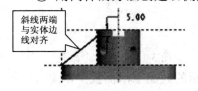

图 3-129 筋的截面

图 3-130 生成左侧筋　　图 3-131 生成右侧筋

23. 根据如图 3-208 所示的 3 个截面，用混合完成其造型，分别选择特征选项为直和平滑。图中的截面 1 是边长为 10×5 的矩形，截面 2 是长轴 Rx10、短轴 Ry5 的椭圆，截面 3 是一个构造点。截面 1 与截面 2 的距离为 8，截面 2 与截面 3 的距离为 5。

(教程中图 3-208 所示的截面如本书图 3-132 所示。)

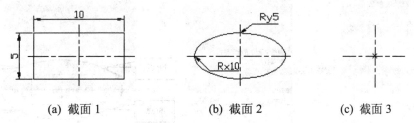

(a) 截面 1　　　　　　(b) 截面 2　　　　　(c) 截面 3

图 3-132 平行混合特征的截面

操作步骤：

(1) 建立新文件。

① 单击工具栏的【新建】图标 □，系统弹出新建对话框。

② 在【名称】文本框内输入文件名 T3-132。

③ 取消选中 □使用缺省模板 复选框，单击【确定】按钮，系统弹出新文件选项对话框，双击 mmns_part_solid 选项即可进入。

(2) 创建平行混合特征。

① 单击形状子工具栏 形状▼ 下的【混合】图标 ❻混合，弹出如图 3-133 所示的混合特征操控板。

图 3-133 混合特征操控板

② 在操控板中单击【截面】选项卡，在如图 3-134 所示的截面下滑面板中，单击【定义】按钮，在绘图区选 TOP 基准面为草绘平面，单击【草绘】按钮，进入草绘模式。

③ 单击【草绘视图】图标 ❷，使选定的草绘平面与屏幕平行。

④ 绘制如图 3-135 所示 10×5 的矩形，单击 ✔ 确定 按钮，完成第一个截面的绘制。

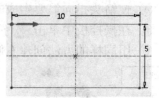

图 3-134　在截面下滑面板中设置第一个截面　　　　　图 3-135　第一个截面

⑤ 在操控板中单击【截面】选项卡，在如图 3-136 所示的截面下滑面板中，输入截面 2 偏移的距离 8。

⑥ 截面下滑面板中自动显示截面 2，单击【草绘】按钮，进入截面 2 的绘制。绘制一个长轴 x 为 20 短轴 y 为 10 的椭圆，然后分别通过截面 1 矩形的对角点再绘制两条中心线，最后利用【分割】图标 ✎，在中心线与椭圆的交点处将椭圆打断成四段弧，如图 3-137 所示。单击 ✔ 确定 按钮，完成第二个截面的绘制。

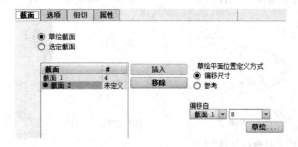

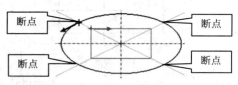

图 3-136　在截面下滑面板中设置第二个截面　　　　　图 3-137　第二个截面

❖ 注意：

a. 在每个草绘截面上会产生一个箭头，代表该截面的起点位置和方向。

b. 将整圆分割成 4 段圆弧是为了使两截面的元素数量相等。

c. 打断的次序按照顺时针或逆时针进行。

⑦ 在操控板中单击【截面】选项卡，在如图 3-138 所示的截面下滑面板中，单击【插入】按钮，截面下滑面板中自动显示截面 3，输入截面 3 偏移的距离 5。

⑧ 单击【草绘】按钮，进入截面 3 的绘制。利用草绘器中的【创建点】图标 ✖ 点，在图形中心绘制一个点，如图 3-139 所示。单击 ✔ 确定 按钮，完成第三个截面的绘制。

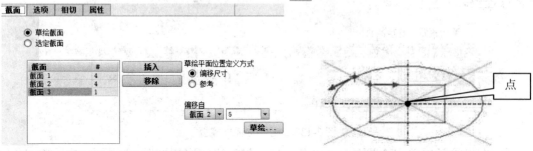

图 3-138　在截面下滑面板中设置第三个截面　　　　　图 3-139　第三个截面

⑨ 在操控板中单击 ✔ 按钮，生成平滑的平行混合特征如图 3-140 所示。

⑩ 在左边模型树中右击特征"混合 1"，系统弹出快捷菜单，在其中单击【编辑选定

对象的定义】图标 ，系统弹出混合特征操控板，单击【选项】选项卡，选择【直】项目（将平滑改为直），如图 3-141(a)所示。在操控板中单击 ✓ 按钮，生成平行混合特征如图 3-141(b)所示。

图 3-140　生成平滑的平行混合特征

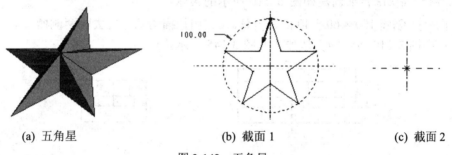

(a) 将平滑修改为直　　　(b) 生成直的混合特征

图 3-141　生成直的平行混合特征

24. 用平行混合完成如图 3-209(a)所示的五角星造型。截面 1 尺寸如图 3-209(b)所示，截面 2 为一个构造点，如图 3-218(c)所示，两截面的距离为 15。

(教程中图 3-209 所示的截面如本书图 3-142 所示。)

(a) 五角星　　　　　(b) 截面 1　　　　　(c) 截面 2

图 3-142　五角星

操作步骤：

(1) 建立新文件。

① 单击工具栏的【新建】图标 ，系统弹出新建对话框。

② 在【名称】文本框内输入文件名 T3-142。

③ 取消选中 使用缺省模板 复选框，单击【确定】按钮，系统弹出新文件选项对话框，双击 mmns_part_solid 选项即可进入。

(2) 创建平行混合特征五角星。

① 单击形状子工具栏 形状▾ 下的【混合】图标 混合，弹出如图 3-133 所示的混合特征操控板。

② 在操控板中单击【截面】选项卡，在如图 3-134 所示的截面下滑面板中，单击【定义】按钮，在绘图区选 TOP 基准面为草绘平面，单击【草绘】按钮，进入草绘模式。

③ 单击【草绘视图】图标 ，使选定的草绘平面与屏幕平行。

④ 单击草绘子工具栏的【构造模式】图标 ，单击草绘子工具栏的【圆】图标 圆▾，以坐标平面的交点为圆心，绘制一个直径 100 的圆(该圆即为构造圆)，如图 3-143 所示。单击【构造模式】图标 (退出构造模式)，再单击【线】图标 线▾，绘制五条边，所有顶点均在构造圆上，使用【相等】约束 = ，使 5 条边相等，使用【删除段】图标 删除段，将多余线条删除，形成一个五角星，如图 3-143 所示。单击 确定 按钮，完成第一个截面的绘制。

⑤ 在操控板中单击【截面】选项卡，在如图 3-136 所示的截面下滑面板中，输入截面 2 偏移的距离 15。

⑥ 截面下滑面板中自动显示截面 2，单击【草绘】按钮，进入截面 2 的绘制。单击【草绘】子工具栏中的【点】图标 ✖ 点，在图形中心绘制一个点，如图 3-144 所示。单击 ✔ 确定 按钮，完成第二个截面的绘制。

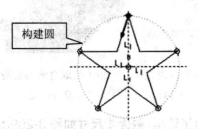

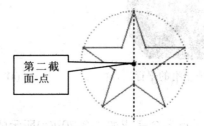

图 3-143　绘制第一个截面　　　　　图 3-144　第二个截面为点

⑦ 在操控板中单击 ✔ 按钮，生成平行混合特征如图 3-142(a)所示。

25. 用扫描移除特征创建如图 3-210 所示的实体。

提示：① 创建 100 × 60 × 40 的长方体。② 用扫描切除方式去除两侧槽。

(教程中图 3-210 所示的实体如本书图 3-145 所示。)

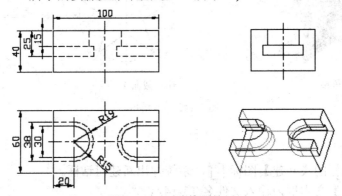

图 3-145　切除特征练习

操作步骤：

(1) 建立新文件。

① 单击工具栏的【新建】图标 ▢，系统弹出新建对话框。

② 在【名称】文本框内输入文件名 T3-145。

③ 取消选中 ▢ 使用缺省模板 复选框，单击【确定】按钮，系统弹出新文件选项对话框，双击 mmns_part_solid 选项即可进入。

(2) 用拉伸创建零件毛坯。

① 单击【拉伸】图标 ◔ 拉伸。

② 在拉伸操控板中单击【放置】→【定义】按钮。

③ 草绘平面选 TOP 基准面，单击【草绘】按钮，进入草绘模式。

④ 单击【草绘视图】图标 ◱，使选定的草绘平面与屏幕平行。

⑤ 绘制如图 3-146 所示的 100 × 60 矩形截面，单击 ✔ 确定 按钮，结束草图绘制。

⑥ 输入拉伸深度值 40，单击 ✔ 按钮，生成长方体毛坯如图 3-147 所示。

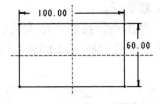

图 3-146 矩形截面

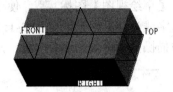

图 3-147 生成的长方体

(3) 用扫描移除材料方法创建左边切口。

① 单击基准子工具栏中的【草绘】图标 ，弹出草绘对话框，在绘图区选长方体顶面为草绘平面，在对话框中单击【草绘】按钮，进入草绘模式。

② 单击【草绘视图】图标 ，使选定的草绘平面与屏幕平行。

③ 绘制一水平中心线，再绘制如图 3-148 所示的图形，单击 按钮完成草绘轨迹。

④ 单击形状子工具栏中的【扫描】图标 扫描，弹出扫描特征操控板，如图 3-149 所示。

⑤ 在扫描操控板中单击【实体】 和【恒定截面扫描】 图标(系统默认)，单击【移除材料】图标 。

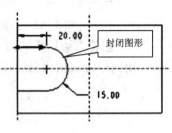

图 3-148 草绘扫描轨迹

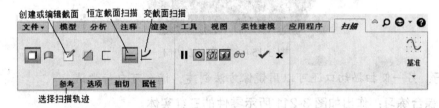

图 3-149 扫描操控板

⑥ 在绘图区选取刚绘制的封闭图形为扫描轨迹，图中圆圈及箭头表示扫描的起点和方向，如图 3-150 所示。单击【参考】选项卡，在参考下滑面板中会显示刚选取的扫描轨迹，如图 3-151 所示。

❖ 注意：在轨迹线中扫描起点箭头上单击，可改变扫描方向(如果方向不对，则得不到需要的效果)。

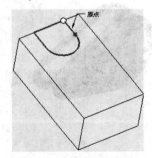

图 3-150 选取的轨迹

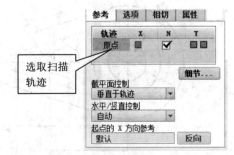

图 3-151 在参考下滑面板中显示选取的轨迹

⑦ 在扫描操控板中单击【创建或编辑扫描截面】图标 ，此时系统会自动旋转至与

扫描轨迹垂直的面作为截面的绘图面，且显示以扫描轨迹起点为交点的十字线。

⑧ 单击【草绘视图】图标 ，使草绘平面与屏幕平行。

⑨ 以十字线为基准，绘制如图 3-152 所示截面，单击 确定 按钮，结束截面绘制。

⑩ 在扫描操控板中单击 按钮，按 Ctrl + D 键，生成扫描切口如图 3-153 所示。

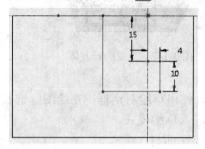

图 3-152　扫描截面

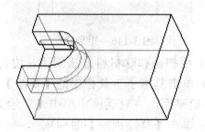

图 3-153　生成一侧扫描切口

(4) 创建右边扫描切口。

用同样方法创建右边扫描切口，完成的最终实体如图 3-154 所示。

图 3-154　完成扫描切口

技巧：另一侧扫描切口还可以用镜像方法创建，读者可自行尝试。

26．综合练习：作出如图 3-211 所示零件的三维实体。

(教程中图 3-211 所示的实体如本书图 3-155 所示。)

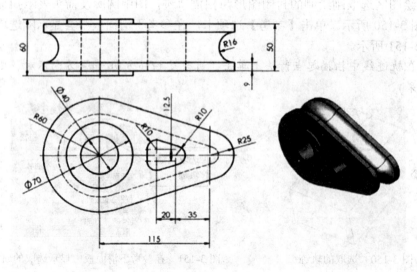

图 3-155　第 26 题图

操作步骤:

(1) 建立新文件。

① 单击工具栏的【新建】图标 ▢，系统弹出新建对话框。

② 在【名称】文本框内输入文件名 T3-155。

③ 取消选中 ▢ 使用缺省模板 复选框，单击【确定】按钮，系统弹出新文件选项对话框，双击 mmns_part_solid 选项即可进入。

(2) 用拉伸创建零件主体。

① 单击【拉伸】图标 拉伸。

② 在拉伸操控板中单击【放置】→【定义】按钮。

③ 草绘平面选 FRONT 基准面，单击【草绘】按钮，进入草绘模式。

④ 单击【草绘视图】图标 ，使选定的草绘平面与屏幕平行。

⑤ 绘制如图 3-156 所示的截面，单击 ✓ 按钮，结束草图绘制。

⑥ 在操控板中设置拉伸方式为【对称】 ，输入拉伸深度值 50，单击 ✓ 按钮，生成主体如图 3-157 所示。

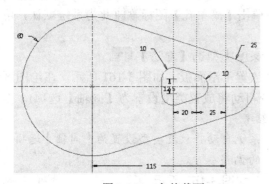

图 3-156　主体截面

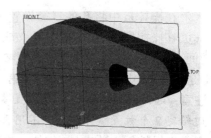

图 3-157　生成的主体

(3) 用拉伸创建前面圆柱。

① 单击【拉伸】图标 拉伸。

② 在拉伸操控板中单击【放置】→【定义】按钮。

③ 草绘平面选前表面，单击【草绘】按钮，进入草绘模式。

④ 单击【草绘视图】图标 ，使选定的草绘平面与屏幕平行。

⑤ 绘制如图 3-158 所示的截面，单击 ✓ 按钮，结束草图绘制。

⑥ 在操控板中输入拉伸深度值 5，单击 ✓ 按钮，生成圆柱如图 3-159 所示。

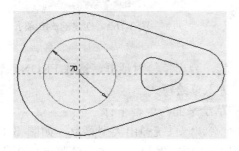

图 3-158　圆截面

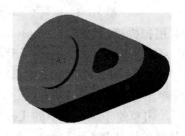

图 3-159　生成前面的圆柱

(4) 用拉伸创建后面圆柱。

用同样方法创建后面圆柱。

也可以用镜像方法创建后面圆柱，步骤为：

① 选择创建的圆柱，在编辑子工具栏单击【镜像】图标 ◫◫镜像。

② 选择 FRONT 基准面作为镜像面。

③ 在操控板中单击 ✔ 按钮，生成后面圆柱如图 3-160 所示。

图 3-160　生成的后面圆柱

(5) 用孔工具创建ϕ40 通孔。

① 单击【孔】图标 孔，在操控板中单击【简单孔】图标 凵(此为系统默认，可省略)。

② 在操控板中将孔的直径设置为 40，深度类型选【穿透】 ⌯⌯。

③ 在操控板中单击【放置】按钮，打开放置下滑面板，如图 3-161 所示。在绘图区选择中间直孔的轴线 A_1 为第一放置参考(系统自动将放置类型设置为【同轴】选项)，按住 Ctrl 键，选择小圆柱前表面为孔的第二放置参考。

❖ 注意：选择孔的轴线 A_1 为放置参考后，系统自动将放置类型设置为【同轴】选项，此时给定 2 个放置参考即可，不用再定义孔的偏移参考。

④ 在操控板中单击 ✔ 按钮，生成中间孔如图 3-162 所示。

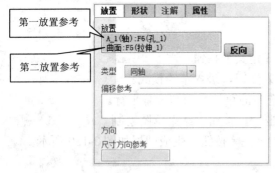

图 3-161　放置下滑面板及设置

图 3-162　创建的ϕ40 通孔

(6) 用扫描移除材料方法切 R16 槽。

① 单击基准子工具栏中的【草绘】图标 ，弹出草绘对话框，选取 FRONT 基准面为草绘平面，在对话框中单击【草绘】按钮，进入草绘模式。

② 单击【草绘视图】图标 ，使选定的草绘平面与屏幕平行。

③ 单击草绘子工具栏中的【投影】图标 ▢投影，系统弹出类型菜单，如图 3-163 所示。在该菜单中选择【环】命令，在图形右上斜线上单击，系统弹出选取链菜单，如图 3-164

所示。单击【接受】命令，再在类型菜单中单击【关闭】命令。

④ 单击关闭子工具栏的 确定 按钮，按 Ctrl + D 组合键，生成的草绘轨迹如图 3-165 所示。

图 3-163 类型菜单　　　图 3-164 选取链菜单　　　　图 3-165 草绘轨迹

⑤ 单击形状子工具栏中的【扫描】图标 扫描，弹出扫描特征操控板，如图 3-166 所示。在扫描操控板中单击【实体】 □ 和【恒定截面扫描】 ⊢ 图标(系统默认)，单击【移除材料】图标 。

图 3-166 扫描操控板

⑥ 在绘图区选择刚绘制的草绘线为扫描轨迹，如图 3-167 所示。图中圆圈及箭头表示扫描的起点和方向，单击【参考】选项卡，在参考下滑面板中会显示刚选取的扫描轨迹，如图 3-168 所示。

❖ 注意：在轨迹线中扫描起点箭头上单击，可改变扫描方向(如果方向不对，则得不到需要的效果)。

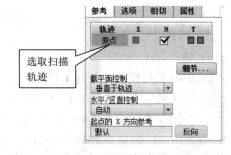

图 3-167 选取的轨迹　　　图 3-168 在参考下滑面板中显示选取的轨迹

⑦ 在扫描操控板中单击【创建或编辑扫描截面】图标 ，此时系统会自动旋转至与扫描轨迹垂直的面作为截面的绘图面，且显示以扫描轨迹起点为交点的十字线。

⑧ 单击【草绘视图】图标 ，使草绘平面与屏幕平行。

⑨ 以十字线为基准，绘制如图 3-169 所示截面，单击 确定 按钮，结束截面绘制。

⑩ 在扫描操控板中单击 ✓ 按钮，按 Ctrl + D 键，生成扫描切口如图 3-170 所示。

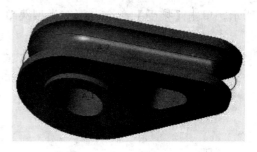

图 3-169　扫描截面　　　　　　　　　　图 3-170　　生成扫描切口

也可隐藏草绘线，请读者作为练习自行操作。

27. 创建如图 3-212 所示的壁厚为 2 的烟灰缸(四角内侧及外侧棱边各倒 R10 圆角)。

(教程中图 3-212 所示的烟灰缸如本书图 3-171 所示。)

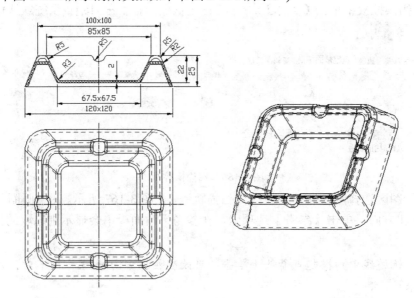

图 3-171　烟灰缸

操作步骤：

(1) 建立新文件。

① 单击工具栏的【新建】图标 ，系统弹出新建对话框。

② 在【名称】文本框内输入文件名 T3-171。

③ 取消选中 使用缺省模板 复选框，单击【确定】按钮，系统弹出新文件选项对话框，双击 mmns_part_solid 选项即可进入。

(2) 用平行混合特征创建毛坯。

① 单击形状子工具栏 形状 下的【混合】图标 混合 ，系统弹出混合特征操控板。

② 在操控板中单击【截面】选项卡，在截面下滑面板中单击【定义】按钮，在绘图区选 TOP 基准面为草绘平面，单击【草绘】按钮，进入草绘模式。

③ 单击【草绘视图】图标 ，使选定的草绘平面与屏幕平行。

④ 绘制一个 120×120 的正方形截面作为第一个截面，如图 3-172 所示。单击 按

钮，完成第一个截面的绘制。

⑤ 在操控板中单击【截面】选项卡，在截面下滑面板中，输入截面 2 偏移的距离 25。

⑥ 单击【草绘】按钮，进入截面 2 的绘制。在图形中心绘制 100×100 的正方形截面作为第二个截面，如图 3-173 所示。单击 确定 按钮，完成第二个截面的绘制。

⑦ 在操控板中单击 ✓ 按钮，生成平行混合毛坯如图 3-174 所示。

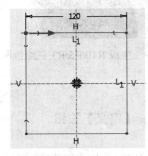
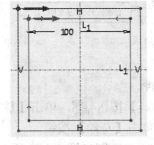
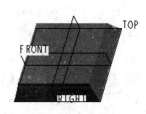

图 3-172　绘制第一个截面　　图 3-173　绘制第二个截面　　图 3-174　生成平行混合毛坯

(3) 用平行混合特征切除内腔。

① 单击形状子工具栏 形状▾ 下的【混合】图标 ♂混合 ，系统弹出混合特征操控板。

② 在操控板中单击【截面】选项卡，在截面下滑面板中单击【定义】按钮，在绘图区选毛坯顶面为草绘平面，单击【草绘】按钮，进入草绘模式。

③ 单击【草绘视图】图标 🔁 ，使选定的草绘平面与屏幕平行。

④ 绘制一个 85×85 的正方形截面作为第一个截面，如图 3-175 所示。单击 确定 按钮，完成第一个截面的绘制。

⑤ 在操控板中单击【截面】选项卡，在截面下滑面板中，输入截面 2 偏移的距离 –20。

⑥ 单击【草绘】按钮，进入截面 2 的绘制。在图形中心绘制 65×65 的正方形截面作为第二个截面，如图 3-176 所示。单击 确定 按钮，完成第二个截面的绘制。

⑦ 在操控板中单击【移除材料】图标 ◤ ，再单击 ✓ 按钮，生成内腔如图 3-177 所示。

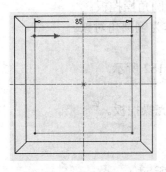
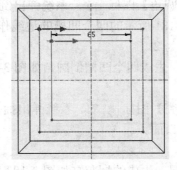
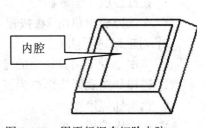

图 3-175　绘制第一个截面　　图 3-176　绘制第二个截面　　图 3-177　用平行混合切除内腔

(4) 对毛坯倒圆角。

① 单击工程子工具栏的【倒圆角】图标 🗲 ，系统弹出倒圆角操控板。

② 按住 Ctrl 键，选取如图 3-178 所示的内、外侧共八条棱边作为倒圆角对象。

③ 在操控板中输入圆角半径为 10。

④ 在操控板中单击 ✓ 按钮，生成倒圆角如图 3-179 所示。

采用同样方法，对图中的壳体顶面内外八条环边以及四条内底环边分别倒 R5 及 R3 圆角，生成带圆角毛坯如图 3-179 所示。

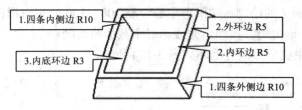

图 3-178 选择边线

图 3-179 生成 R10/R5/R3 三组倒圆角

(5) 用拉伸切除凹槽。

① 单击【拉伸】图标 🔲 拉伸。

② 在操控板中选择【移除材料】按钮 🔲，单击【放置】→【定义】按钮。

③ 草绘平面选 FRONT 面，单击【草绘】按钮。

④ 单击【草绘视图】图标 🔲，绘制如图 3-180 所示φ10 的圆，单击关闭子工具栏的 ✔确定 图标。

⑤ 在操控板中修改拉伸方式为【对称】🔲，输入拉伸深度值 130，单击 ✔ 按钮，生成前后方向的凹槽如图 3-181 所示。

⑥ 采用同样方法，选 RIGHT 基准面为草绘平面，拉伸切除左右方向的两个凹槽，最后生成的四个凹槽如图 3-181 所示。

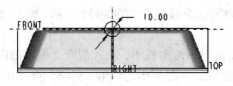

图 3-180 拉伸切除截面

图 3-181 生成的拉伸切除凹槽

(6) 对四个凹槽边倒圆角。

① 单击工程子工具栏的【倒圆角】图标 🔲，系统弹出倒圆角操控板。

② 按住 Ctrl 键，选取如图 3-181 所示的四个凹槽的边线作为倒圆角对象。

③ 在操控板中输入圆角半径为 2。

④ 在操控板中单击 ✔ 按钮，生成四个凹槽倒圆角如图 3-182 所示。

(7) 对毛坯进行抽壳。

① 单击工程子工具栏中的【壳】图标 🔲壳，系统弹出抽壳操控板。

② 选择如图底板底面作为开口面。

③ 输入抽壳厚度为 2。

④ 在壳操控板中单击 ✔ 按钮，生成的烟灰缸如图 3-183 所示。

图 3-182 对四个凹槽边倒圆角

图 3-183 抽壳后生成的烟灰缸

28. 创建如图 3-213 所示的杯托模型，壁厚为 2。

提示：① 用平行混合做杯体；② 用样条曲线(给定三个控制点尺寸，其余自定)拉伸切除杯口；③ 杯体抽壳；④ 扫描手把。

(教程中图 3-213 所示杯托模型如本书图 3-184 所示。)

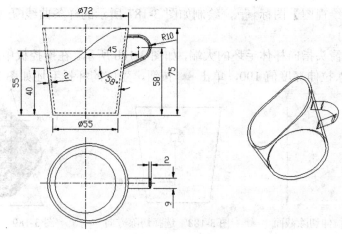

图 3-184　杯托

操作步骤：

(1) 建立新文件。

① 单击工具栏的【新建】图标 ，系统弹出新建对话框。

② 在【名称】文本框内输入文件名 T3-184。

③ 取消选中 □使用缺省模板 复选框，单击【确定】按钮，系统弹出新文件选项对话框，双击 mmns_part_solid 选项即可进入。

(2) 用平行混合创建杯体毛坯。

① 单击形状子工具栏 形状▾ 下的【混合】图标 ⬦混合 ，系统弹出混合特征操控板。

② 在操控板中单击【截面】选项卡，在截面下滑面板中单击【定义】按钮，在绘图区选 TOP 基准面为草绘平面，单击【草绘】按钮，进入草绘模式。

③ 单击【草绘视图】图标 ，使选定的草绘平面与屏幕平行。

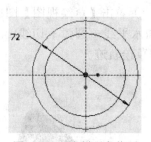

图 3-185　绘制两个截面

④ 绘制一个直径 55 的圆作为第一个截面，如图 3-185 所示。单击 ✔按钮，完成第一个截面的绘制。

⑤ 在操控板中单击【截面】选项卡，在截面下滑面板中，输入截面 2 偏移的距离 75。

⑥ 单击【草绘】按钮，进入截面 2 的绘制。在图形中心绘制直径 72 的圆作为第二个截面，如图 3-185 所示。单击 ✔按钮，完成第二个截面的绘制。

⑦ 在操控板中单击 ✔按钮，生成平行混合杯体毛坯如图 3-186 所示。

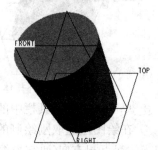

图 3-186　用平行混合创建杯体毛坯

(3) 用拉伸切除方法创建杯托毛坯。

① 单击【拉伸】图标 拉伸。

② 在操控板中选择【移除材料】按钮 ，单击【放置】→【定义】按钮。

③ 草绘平面选 FRONT 面，单击【草绘】按钮。

④ 单击【草绘视图】图标 ，绘制如图 3-187 所示的样条曲线(五个控制点)，单击 图标。

⑤ 切除方向箭头指向杯体毛坯的大端，如图 3-188 所示。在操控板中修改拉伸方式为【对称】 ，输入拉伸深度值 100，单击 按钮，生成的杯托毛坯如图 3-189 所示。

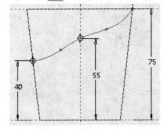
图 3-187　绘制拉伸切除截面

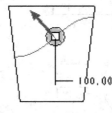
图 3-188　选择切除方向

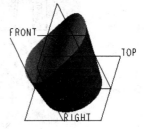
图 3-189　生成杯托毛坯

(4) 用抽壳方法创建杯托体。

① 单击工程子工具栏中的【壳】图标 壳，系统弹出壳操控板。

② 选择杯托毛坯大端曲面作为开口面。

③ 输入抽壳厚度为 2。

④ 在壳操控板中单击 按钮，抽壳后的杯托如图 3-190 所示。

(5) 用扫描方法创建杯托手把。

① 单击基准子工具栏中的【草绘】图标 草绘，弹出草绘对话框，在绘图区选 FRONT 基准面为草绘平面，在对话框中单击【草绘】按钮，进入草绘模式。

② 单击【草绘视图】图标 ，绘制如图 3-191 所示的扫描轨迹。该扫描轨迹是由三段线(水平线 + 圆弧 + 切线)组成的开放截面，两端端点与杯托体边线对齐，单击 按钮完成草绘轨迹。

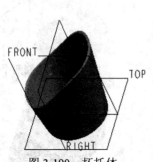
图 3-190　杯托体

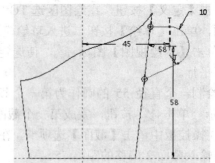
图 3-191　绘制扫描轨迹

③ 单击形状子工具栏中的【扫描】图标 扫描，弹出扫描特征操控板。

④ 在绘图区选取刚绘制的图形为扫描轨迹(图中显示为原点轨迹)，图中圆圈及箭头表示扫描的起点和方向(通常系统会自动选取刚绘的草绘轨迹)。单击【参考】选项卡，在参考下滑面板中会显示刚选取的扫描轨迹。单击【选项】选项卡，在下滑面板中选择【合并

端】选项。

⑤ 在扫描操控板中单击【创建或编辑扫描截面】图标 ✏，此时系统会自动旋转至与扫描轨迹垂直的面作为截面的绘图面，且显示以扫描轨迹起点为交点的十字线。

⑥ 单击【草绘视图】图标 ✍，以十字线为基准，绘制封闭椭圆截面如图 3-192 所示，单击 ✔ 按钮，结束截面绘制。

⑦ 在扫描操控板中单击 ✔ 按钮，按 Ctrl + D 键，生成的杯托手把如图 3-193 所示。

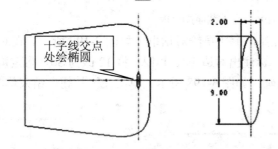

图 3-192　绘制椭圆为扫描截面

图 3-193　生成杯托手把

29．用螺旋扫描创建如图 3-214 所示的 M20 × 2.5 六角螺母造型。

(教程中图 3-214 的六角螺母造型如本书图 3-194 所示。)

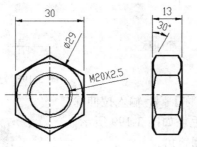

图 3-194　六角螺母

操作步骤：

(1) 建立新文件。

① 单击工具栏的【新建】图标 ▯，系统弹出新建对话框。

② 在【名称】文本框内输入文件名 T3-194。

③ 取消选中 ▢使用缺省模板 复选框，单击【确定】按钮，系统弹出新文件选项对话框，双击 mmns_part_solid 选项即可进入。

(2) 用拉伸创建六角螺母毛坯。

① 单击【拉伸】图标 ⬮拉伸。

② 在拉伸操控板中单击【放置】→【定义】按钮。

③ 草绘平面选 RIGHT 基准面，单击【草绘】按钮，进入草绘模式。

④ 单击【草绘视图】图标 ✍，单击草绘子工具栏的【选项板】图标 ◌，系统弹出草绘器调色板对话框，如图 3-195 所示，在其中选取六边形，将其拖动至坐标

图 3-195　草绘器调色板对话框

系原点位置。

⑤ 系统弹出了导入截面操控板，如图 3-196 所示。单击草绘器调色板对话框中的【关闭】按钮，单击导入截面操控板中的 ✔ 按钮，退出该操控板。

图 3-196　导入截面操控板

⑥ 标注正六边形的对边距，系统弹出解决草绘对话框，如图 3-197 所示。在对话框中单击【删除】按钮，删除掉尺寸 6.76，标注出对边距尺寸 12。将 12 改为 30，将定位尺寸改为 15，再在中心画一个直径为 17.5 的圆，如图 3-198 所示。单击 ✔确定 按钮，结束草图绘制。

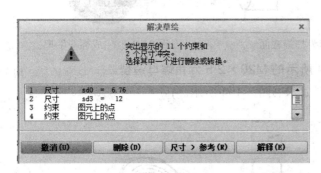

图 3-197　解决草绘对话框

图 3-198　正六边形截面

⑦ 在操控板中修改拉伸方式为【对称】 ⬒，输入拉伸深度值 13，单击 ✔ 按钮，生成六角螺母毛坯如图 3-199 所示。

(3) 用旋转切除创建六角螺母两侧倒斜角。

① 单击形状子工具栏的【旋转】图标 ⬥旋转 。

② 在操控板中选择【移除材料】按钮 ◢，单击【放置】→【定义】按钮。

③ 草绘平面选 TOP 面，单击【草绘】按钮。

④ 单击设置子工具栏中的【草绘视图】图标 ⬚，绘制

图 3-199　创建六角螺母毛坯

如图 3-200 所示的截面，其中绘制水平中心线作为旋转轴，绘制一个正三角形，一条边与水平中心线重合，一条边过直径为 29 的点(用草绘子工具栏的点命令绘制)，单击关闭子工具栏的 ✔确定 图标。

⑤ 切除方向箭头指向毛坯外端。

⑥ 在操控板中默认旋转角度 360，单击 ✔ 按钮，生成的倒斜角如图 3-201 所示。

(4) 创建六角螺母孔口两端倒角。

① 单击工程子工具栏中的【倒角】图标 ◣倒角，系统弹出边倒角操控板。

② 在操控板中选择默认的 "D×D" 型式，在文本框中输入倒角尺寸 D 的数值 1.5。

③ 按住 Ctrl 键，选择六角螺母内孔口两端边线为倒角边。

④ 在操控板中单击 ✔ 按钮，生成倒角如图 3-202 所示。

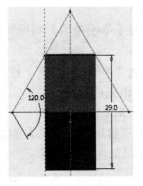

图 3-200　绘制毛坯切斜角旋转截面　　　图 3-201　生成的倒斜角　　　图 3-202　六角螺母孔口倒角

（5）用螺旋扫描切除内螺纹。

① 单击形状子工具栏中的【扫描】图标 <扫描> 右侧的 ，选择弹出的【螺旋扫描】命令 螺旋扫描，弹出如图 3-203 所示的螺旋扫描操控板。

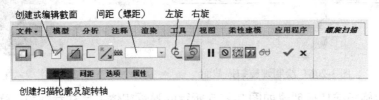

图 3-203　螺旋扫描操控板

② 在操控板中确认【实体】按钮 □ 和【使用右手定则】按钮 被按下(此为系统默认)，单击【移除材料】按钮 。

③ 在操控板中单击【参考】选项卡，在如图 3-204 所示的参考下滑面板中单击【定义】按钮，系统弹出草绘对话框，选择基准面 TOP 作为草绘平面，单击【草绘】按钮，进入草绘界面。

④ 单击【草绘视图】图标 ，绘制一条直线与内孔轮廓线重合，作为扫描轮廓线。图中箭头显示扫描轮廓线的起点及方向，尺寸如图 3-205 所示，单击 按钮，扫描轮廓线绘制完成。

⑤ 选择螺杆毛坯轴线 A_1 为螺旋扫描的旋转轴。

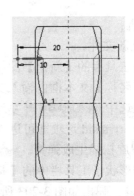

图 3-204　参考下滑面板　　　　　图 3-205　绘制扫描轮廓线

❖ 注意：螺旋扫描的旋转轴，可以选取已有实体的边线或轴线，也可以在草绘扫描轮廓线时草绘中心线作为旋转轴。

⑥ 在操控板的间距输入框中输入螺距值 2.5，并按 Enter 键。

⑦ 在操控板中单击【创建或编辑扫描截面】按钮 ，单击【草绘视图】图标 ，使选定的草绘平面与屏幕平行。

⑧ 在扫描轮廓线起点位置显示十字中心线，在此绘制边长为 2.4 的正三角形，注意三角形的竖直边与内孔轮廓线重合，如图 3-206 所示，单击 按钮完成截面绘制。

❖ **注意**：绘制的截面边长尺寸值不能大于螺距值，否则创建会失败。

⑨ 图中出现红色箭头代表移除材料方向，注意箭头指向正三角形截面内。在螺旋扫描操控板中单击 按钮，完成螺纹部分的创建，生成的六角螺母如图 3-207 所示。

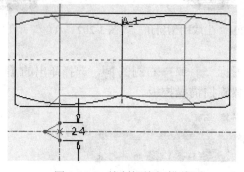

图 3-206　绘制螺旋扫描截面　　　　　　图 3-207　生成六角螺母

30. 用螺旋扫描特征创建如图 3-215 所示的弹簧实体，尺寸参数为：弹簧中径为 18，钢丝直径为 3，节距为 5，两端磨平后弹簧高度为 29(弹簧自由高度为 32)。

提示：① 按高度 32 做出弹簧；② 用拉伸切除将两端去除，保留中间弹簧高度 29。

(教程中图 3-215 所示的弹簧如本书图 3-208 所示。)

图 3-208　螺旋弹簧

操作步骤：

(1) 建立新文件。

① 单击工具栏的【新建】图标 ，系统弹出新建对话框。

② 在【名称】文本框内输入文件名 T3-208。

③ 取消选中 使用缺省模板 复选框，单击【确定】按钮，系统弹出新文件选项对话框，双击 mmns_part_solid 选项即可进入。

(2) 用螺旋扫描生成弹簧。

① 单击形状子工具栏中的【扫描】图标 扫描 右侧的 ，选择弹出的【螺旋扫描】命令 螺旋扫描 ，弹出如图 3-203 所示的螺旋扫描操控板。

② 在操控板中确认【实体】按钮 和【使用右手定则】按钮 被按下(此为系统默认)。

③ 在操控板中单击【参考】选项卡，在如图 3-204 所示的参考下滑面板中单击【定义】按钮，系统弹出草绘对话框，选择基准面 RIGHT 作为草绘平面，单击【草绘】按钮，进入草绘界面。

④ 单击【草绘视图】图标 ，使选定的草绘平面与屏幕平行。

⑤ 首先绘制一条中心线，然后绘制一条直线作为扫引轨迹线，如图 3-209 所示，图中箭头显示扫描轮廓线的起点及方向，单击 按钮，扫描轮廓线绘制完成。

⑥ 在操控板的间距输入框中输入节距值 5，并按 Enter 键。

⑦ 在操控板中单击【创建或编辑扫描截面】按钮 ，单击【草绘视图】图标 ，使选定的草绘平面与屏幕平行。

⑧ 在扫描轮廓线起点位置显示十字中心线，在此绘制直径为 3 的圆，如图 3-210 所示，单击 按钮完成截面绘制。

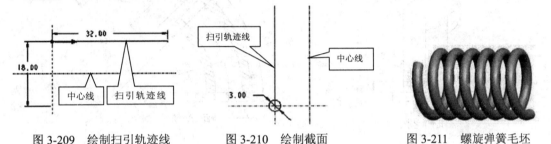

图 3-209　绘制扫引轨迹线　　　　图 3-210　绘制截面　　　　图 3-211　螺旋弹簧毛坯

⑨ 在螺旋扫描操控板中单击 按钮，生成的弹簧如图 3-211 所示。

(3) 用拉伸切除创建两端磨平部分。

① 单击【拉伸】图标 拉伸。

② 在操控板中选择【移除材料】按钮 ，单击【放置】→【定义】按钮。

③ 草绘平面选 FRONT 面，单击【草绘】按钮。

④ 单击【草绘视图】图标 ，绘制如图 3-212 所示的矩形截面，单击关闭子工具栏的 图标。

⑤ 切除方向箭头指向外部，如图 3-213 所示。

⑥ 在操控板中修改拉伸方式为【对称】 ，输入拉伸深度值 22，单击 按钮，生成的两端磨平后的螺旋弹簧如图 3-314 所示。

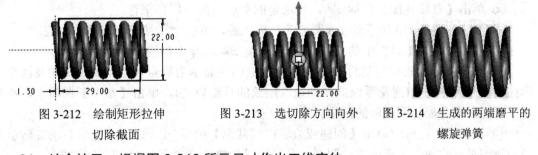

图 3-212　绘制矩形拉伸　　　　图 3-213　选切除方向向外　　　　图 3-214　生成的两端磨平的
　　　　　切除截面　　　　　　　　　　　　　　　　　　　　　　螺旋弹簧

31. 综合练习：根据图 3-216 所示尺寸作出三维实体。

提示：① 用扫描命令做中间弯管；② 用拉伸命令分别做两端凸台；③ 创建基准面；④ 用创建的基准面作草绘平面拉伸 R6 拱形柱；⑤ 用孔特征创建孔。

(教程中图 3-216 所示的零件如本书图 3-215 所示。)

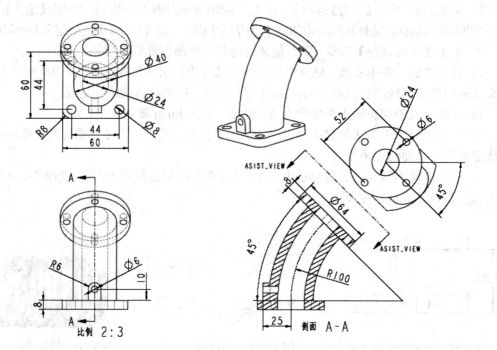

图 3-215　第 31 题图

操作步骤：

(1) 建立新文件。

① 单击工具栏的【新建】图标 🗋，系统弹出新建对话框。

② 在【名称】文本框内输入文件名 T3-215。

③ 取消选中 ☐使用缺省模板 复选框，单击【确定】按钮，系统弹出新文件选项对话框，双击 mmns_part_solid 选项即可进入。

(2) 用扫描方法创建中间弯管。

① 单击基准子工具栏中的【草绘】图标 ⚒ 草绘，弹出草绘对话框，在绘图区选 RIGHT 基准面为草绘平面，在对话框中单击【草绘】按钮，进入草绘模式。

② 单击【草绘视图】图标 📐，使选定的草绘平面与屏幕平行。

③ 绘制如图 3-216 所示的 1/8 圆弧为扫描轨迹，单击 ✔ 按钮完成草绘轨迹。

④ 单击形状子工具栏中的【扫描】图标 📄扫描，弹出扫描特征操控板。

⑤ 在绘图区选取刚绘制的图形为扫描轨迹(图中显示为原点轨迹)，图中圆圈及箭头表示扫描的起点和方向(通常系统会自动选取刚绘的草绘轨迹)。单击【参考】选项卡，在参考下滑面板中会显示刚选取的扫描轨迹。

⑥ 在扫描操控板中单击【创建或编辑扫描截面】图标 ✏，此时系统会自动旋转至与扫描轨迹垂直的面作为截面的绘图面，且显示以扫描轨迹起点为交点的十字线。

⑦ 单击【草绘视图】图标 📐，以十字线为基准，绘制如图 3-217 所示的直径分别为 24 和 40 的同心圆为截面，单击 ✔ 按钮，结束截面绘制。

⑧ 在扫描操控板中单击 ✔ 按钮，按 Ctrl + D 键，生成的中间弯管如图 3-218 所示。

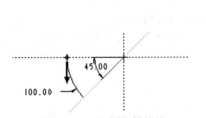

图 3-216 绘制扫描轨迹

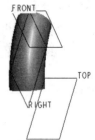

图 3-217 绘制扫描截面 图 3-218 生成中间弯管

(3) 用拉伸方法创建顶部圆法兰。

① 单击【拉伸】图标 拉伸，单击【放置】→【定义】按钮。

② 草绘平面选 FRONT 面，单击【草绘】按钮。

③ 单击【草绘视图】图标，绘制如图 3-219 所示的图形，单击 确定 图标。

④ 拉伸方向指向外，在操控板中输入拉伸深度值 8，单击 按钮，生成的圆形法兰如图 3-220 所示。

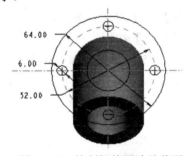

图 3-219 绘制拉伸圆法兰截面 图 3-220 生成圆形法兰

技巧：此处直径为 52 的圆为构造圆，只起辅助作用(4 个 ϕ6 圆的分布圆)，方法为在草绘子工具栏先选【构造模式】图标，再选【圆】图标 圆，则画圆后是构造圆。

(4) 用拉伸方法创建底部正方形法兰。

① 单击【拉伸】图标 拉伸，单击【放置】→【定义】按钮。

② 草绘平面选弧管的另一端面，单击【草绘】按钮。

③ 单击【草绘视图】图标，绘制如图 3-221 所示的图形，单击 确定 图标。

④ 拉伸方向指向外，在操控板中输入拉伸深度值 8，单击 按钮，生成的正方形法兰如图 3-222 所示。

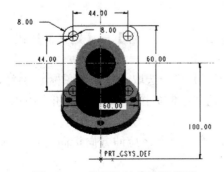

图 3-221 绘制拉伸方法兰截面 图 3-222 生成正方形法兰

(5) 创建新基准面 DTM1。

① 单击基准准子工具栏的【平面】图标 ▱，系统弹出基准平面对话框。

② 在绘图区选正方形法兰的前侧面为偏移基准，如图 3-223 所示。

③ 在基准平面对话框中输入平移偏距 –5，单击【确定】按钮，生成新的基准平面 DTM1，如图 3-224 所示。

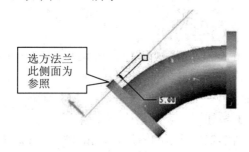

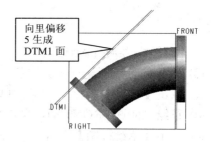

图 3-223　选参照创建新基准面　　　　　　　图 3-224　生成新 DTM1 面

(6) 在新建的基准面上用拉伸方法创建凸台。

① 单击【拉伸】图标 ⬡拉伸，单击【放置】→【定义】按钮。

② 草绘平面选刚创建的 DTM1 面，单击【草绘】按钮。

③ 单击【草绘视图】图标 ⬚，绘制如图 3-225 所示的图形，单击 ✔ 图标。

④ 在操控板中拉伸深度选【至下一曲面】图标 ≣，拉伸方向指向弯管，单击 ✔ 按钮，生成的凸台如图 3-226 所示。

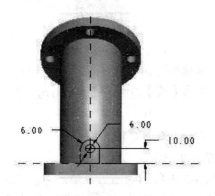

图 3-225　绘制凸台截面　　　　　　　　　　图 3-226　生成凸台

(7) 用拉深切除方法创建凸台上的通孔。

① 单击【拉伸】图标 ⬡拉伸。

② 在操控板中选择【移除材料】按钮 ⬚，单击【放置】→【定义】按钮。

③ 草绘平面选 DTM1 面，单击【草绘】按钮。

④ 单击【草绘视图】图标 ⬚，在草绘子工具栏中选取【投影】图标 ▢投影，再选取凸台上的小圆，单击类型对话框的【关闭】按钮，绘制如图 3-227 所示的圆截面，单击 ✔ 图标。

⑤ 在操控板中拉伸深度选【至下一曲面】图标 ≣，拉伸方向指向弯管，单击 ✔ 按钮，生成的内孔如图 3-328 所示。

图 3-227 选内孔轮廓线为拉伸切除截面

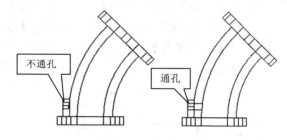

图 3-228 生成穿透的内孔

32．综合练习：根据图 3-217 所示尺寸作出三维实体。

提示：① 创建底板拉伸特征；② 创建斜基准面作草绘平面；③ 创建拉伸直径为 20 的圆柱体，拉伸至底板下表面；④ 创建孔特征。

(教程中图 3-217 所示的零件如本书图 3-229 所示。)

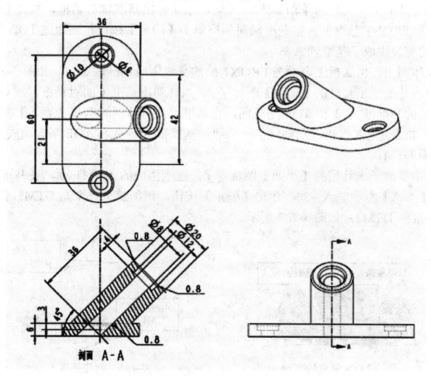

图 3-229 第 32 题图

操作步骤：

(1) 建立新文件。

① 单击工具栏的【新建】图标 ，系统弹出新建对话框。

② 在【名称】文本框内输入文件名 T3-229。

③ 取消选中 使用缺省模板 复选框，单击【确定】按钮，系统弹出新文件选项对话框，双击 mmns_part_solid 选项即可进入。

(2) 用拉伸方法创建底板。

① 单击【拉伸】图标 拉伸，单击【放置】→【定义】按钮。

② 草绘平面选 TOP 基准面，单击【草绘】按钮。

③ 单击【草绘视图】图标 ，绘制如图 3-230 所示的图形，单击 图标。

④ 在操控板中输入拉伸深度值 6，单击 按钮，生成的拉伸底板如图 3-231 所示。

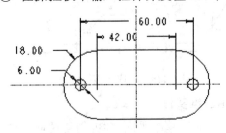

图 3-230 绘制底板拉伸截面

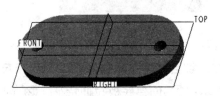

图 3-231 生成拉伸底板

(3) 创建基准轴线和基准平面。

① 单击基准子工具栏的【轴】图标 轴，系统弹出基准轴对话框，按住 Ctrl 键，同时选 TOP 和 FRONT 基准面，在基准轴对话框单击【确定】按钮，则通过 TOP 和 FRONT 两基准面的交线生成了基准轴 A_3。

② 操作同上，由底板上表面与 FRONT 面的交线生成基准轴 A_4，如图 3-232 所示。

③ 单击基准子工具栏的【平面】图标 ，系统弹出基准平面对话框，按 Ctrl 键，同时选刚生成的基准轴 A_3 和 TOP 基准面，在基准平面对话框的偏移【旋转】框中输入角度 135，单击【确定】按钮，则创建了一个通过基准轴 A_3 并与 TOP 基准面成 135° 夹角的新基准面 DTM1。

④ 单击基准子工具栏的【平面】图标 ，选刚生成的 DTM1 面，在基准平面对话框的偏移【平移】框中输入 –36，单击【确定】按钮，则创建了一个与 DTM1 平行且距离为 36 的基准面 DTM2，如图 3-233 所示。

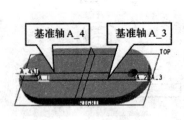

图 3-232 创建基准轴

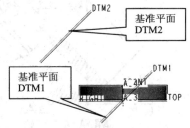

图 3-233 创建基准平面

 技巧：创建 A_4 轴线的作用是为了在创建斜圆柱体时，方便 $\phi20$ 圆的定位。

(4) 用拉伸方法创建斜圆柱体。

① 单击【拉伸】图标 拉伸，单击【放置】→【定义】按钮。

② 草绘平面选 DTM2 基准面，单击【草绘】按钮。

③ 单击【草绘视图】图标 ，单击设置子工具栏的【参考】图标，系统弹出参考对话框，选 RIGHT 基准面和 A_4 轴作为参考，在参考对话框中单击【关闭】按钮。绘制如图 3-234 所示的图形，单击关闭子工具栏的 图标。

④ 在操控板中拉伸深度选【至下一曲面】图标 ≡，拉伸方向指向底板，单击 ✓ 按钮，生成的斜圆柱体如图 3-235 所示。

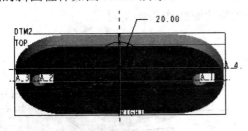

图 3-234 在 DTM2 上绘制拉伸截面

图 3-235 生成斜圆柱体

(5) 用草绘孔创建斜圆柱内台阶孔。

① 单击工程子工具栏的【孔】图标 孔，在操控板中单击【草绘孔】图标、【激活草绘】图标，进入草绘界面。

② 绘制孔的中心线及如图 3-236 所示的封闭图形，单击关闭子工具栏的 确定 按钮，结束孔截面的绘制。

③ 在操控板中单击【放置】按钮，打开放置下滑面板，按住 Ctrl 键，在绘图区选择斜圆柱体中心轴 A_5 和斜圆柱体顶面作为孔的放置参照，则孔的放置类型为【同轴】。

④ 单击 ✓ 按钮，生成的台阶孔如图 3-237 所示。

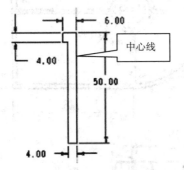

图 3-236 草绘台阶孔截面

图 3-237 生成台阶孔

(6) 以拉伸切除方法创建两侧沉孔。

① 单击【拉伸】图标 拉伸，在操控板中选择【移除材料】按钮，单击【放置】→【定义】按钮。

② 草绘平面选底板上表面，单击【草绘】按钮。

③ 单击【草绘视图】图标，绘制如图 3-238 所示的两个圆，单击 确定 图标。

④ 在操控板中输入拉伸深度值 3，单击 ✓ 按钮，生成底板上的沉孔如图 3-239 所示。

图 3-238 拉伸切除截面

图 3-239 生成两侧沉孔

(7) 创建倒角特征。

① 单击工程子工具栏的【倒角】图标 ◇倒角 ▼，系统弹出倒角操控板。

② 按住 Ctrl 键，选取如图 3-240 所示的四条轮廓线作为倒角对象。

③ 在操控板中输入倒角值为 0.8。

④ 在操控板中单击 ✓ 按钮，生成四条轮廓线的倒角如图 3-241 所示。

图 3-240　选择倒角边　　　　　　　　　　　　　图 3-241　生成倒角

33. 综合练习：作出如图 3-218 所示零件的三维实体。

(教程中图 3-218 所示的零件如本书图 3-242 所示。)

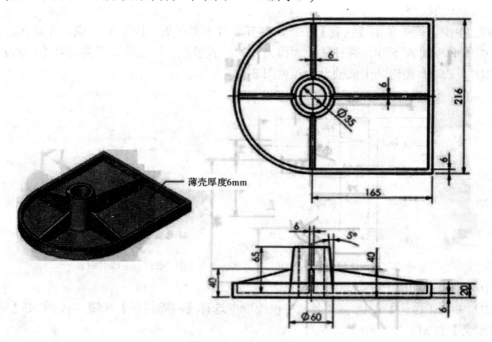

图 3-242　第 33 题图

操作步骤：

(1) 建立新文件。

① 单击工具栏的【新建】图标 ☐，系统弹出新建对话框。

② 在【名称】文本框内输入文件名 T3-242。

③ 取消选中 ☐ 使用缺省模板 复选框，单击【确定】按钮，系统弹出新文件选项对话框，双击 mmns_part_solid 选项即可进入。

(2) 用拉伸方法创建底板。

① 单击【拉伸】图标 ⬛ 拉伸，单击【放置】→【定义】按钮。

② 草绘平面选 TOP 基准面，单击【草绘】按钮。

③ 单击【草绘视图】图标 ，绘制如图 3-243 所示的图形，单击 确定 图标。

④ 在操控板中输入拉伸深度值 20，单击 ✔ 按钮，生成的底板如图 3-244 所示。

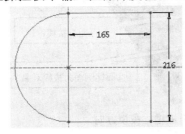

图 3-243 绘制底板拉伸截面

图 3-244 生成拉伸底板

(3) 用抽壳方法创建壳体。

① 单击工程子工具栏中的【壳】图标 壳，系统弹出壳操控板。

② 选择底板顶面作为开口面。

③ 在壳操控板中输入抽壳厚度 6。

④ 单击 ✔ 按钮，抽壳后的底板如图 3-245 所示。

(4) 用拉伸方法创建圆柱。

① 单击【拉伸】图标 拉伸，单击【放置】→【定义】按钮。

② 草绘平面选抽壳后的内底面，单击【草绘】按钮。

③ 单击【草绘视图】图标 ，绘制如图 3-246 所示的圆，单击 ✔ 图标。

④ 在操控板中输入拉伸深度值 65，单击 ✔ 按钮，生成的圆柱如图 3-247 所示。

图 3-245 抽壳后的底板

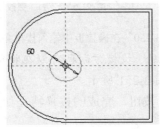

图 3-246 绘制拉伸截面

图 3-247 生成圆柱

(5) 对圆柱进行拔模。

① 单击工程子工具栏中的【拔模】图标 拔模，系统弹出拔模特征操控板，如图 3-248 所示。

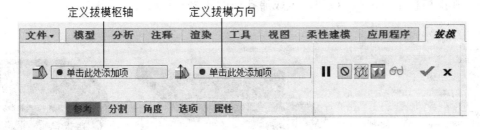

图 3-248 拔模特征操控板

② 在绘图区选择如图 3-249 所示的圆柱侧面作为拔模表面(对象)。

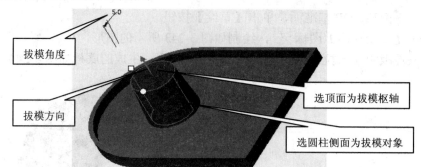

图 3-249　选择拔模面、拔模枢轴、拔模方向

③ 在拔模操控板中单击左侧的【单击此处添加项】 ，在模型中选择如图 3-249 所示的顶面为拔模枢轴。此时系统会以所选的拔模对象与枢轴平面的交线作为拔模枢轴。

④ 系统在操控板右侧的【单击此处添加项】 自动显示上步选取的上端面，即系统默认该平面的法线方向为拔模方向(出现橘红色箭头)。

⑤ 输入拔模角度值 5，通过单击 图标可以更改拔模角度方向，如图 3-250 所示。

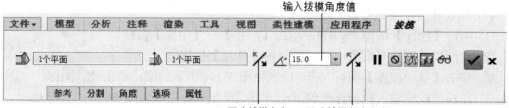

图 3-250　在操控板中输入拔模角度

❖ **注意**：定义拔模曲面、拔模枢轴、拔模方向也可以在特征操控板中单击【参考】选项卡，在参考下滑面板中实现，如图 3-251 所示。

⑥ 在拔模操控板中单击 按钮，完成的拔模特征如图 3-252 所示。

(6) 用孔工具创建 ϕ35 通孔。

① 单击【孔】图标 孔 。

② 在操控板中将孔的直径设置为 35，深度类型选【穿透】 。

③ 在操控板中单击【放置】按钮，打开放置下滑面板。在绘图区选择圆柱的轴线 A_1 为第一放置参考，按住 Ctrl 键选择圆柱顶面为孔的第二放置参考。

④ 在操控板中单击 按钮，生成通孔如图 3-253 所示。

图 3-251　参照下滑面板

图 3-252　生成拔模特征

图 3-253　生成通孔

(7) 创建筋板。

① 单击工程子工具栏中的【轮廓筋】图标 轮廓筋，系统弹出轮廓筋特征操控板。

② 单击【参考】→【定义】按钮，选择 FRONT 基准面作为草绘平面，单击【草绘】按钮，单击【草绘视图】按钮 。

③ 单击设置子工具栏的【参考】图标，系统弹出参考对话框，分别选圆柱最左素线、底板顶面和抽壳后左端内壁作为参考，在参考对话框中单击【关闭】按钮。

④ 绘制如图 3-254 所示的斜线，单击 按钮，结束草图绘制。

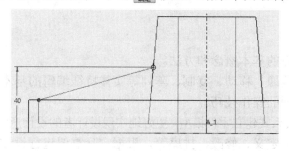

图 3-254 筋的截面

⑤ 使箭头指向筋要生成的区域，在厚度文本框中输入筋厚度为 6。

⑥ 在操控板中单击 按钮，生成左侧筋如图 3-255 所示。

⑦ 用同样的方法创建右侧筋、前面筋、后面筋，结果如图 3-256 所示，该零件创建完成。

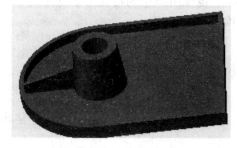

图 3-255 生成左侧筋

图 3-256 生成其余筋

前面筋生成后、后面筋可以进行镜像，不必再绘制，请读者自己进行操作。

项目四 三维实体特征的编辑及操作

一、学习目的

(1) 了解特征编辑的基本概念和方法。
(2) 掌握特征的镜像、移动、复制、阵列等实体特征编辑的基本工具。
(3) 熟悉特征阵列的操作技巧。
(4) 掌握用参数关系式建立零件模型，更好地实现设计者的设计意图并进行参数化的设计。
(5) 掌握特征的重定义、修改、排序等，根据实际需要进行设计参数的调整。

二、知识点

1. 特征的镜像

特征的镜像就像照镜子一样镜像出新的特征。镜像所产生的特征与原特征关于所选定的参考是完全对称的，所选镜像面的不同，镜像结果也不同。

2. 相同参考方式的特征复制

相同参考方式的特征复制即使用原特征的所有参数复制生成新特征。

3. 移动方式的特征复制

移动方式的特征复制包括平移和旋转特征，将原特征按照指定的方式进行平移和旋转以产生新的特征。

4. 特征阵列

特征阵列主要包括尺寸阵列、方向阵列、轴阵列、填充阵列、曲线阵列和表阵列等类型，是指将已建立的特征在指定的方向上以指定尺寸间距进行数量不等的复制以构建多个相似特征。

5. 参数关系式

参数关系式即在零件设计过程中可以根据参数尺寸之间所创建的数学关系式使相关参数联系起来，以提高设计的效率。

6. 特征的重定义

特征的重定义即对已经建立的零件进行尺寸和截面属性等的修改或重定义，根据实际需要进行设计参数的调整。

7. 特征的隐藏、恢复

特征的隐藏、恢复即可以对特征进行隐藏、恢复的操作。

8. 特征的删除

在模型树中右键单击特征，在弹出的右键快捷菜单中即可完成删除特征的操作。

9. 特征的调序和插入

特征的调序即在已建立的多个特征中重新排列各个特征的生成顺序，不同的添加顺序会产生不同的效果以增强设计的灵活性；特征插入是在已有特征顺序中插入新的特征，从而改变模型特征的创建次序。

三、练习题参考答案

1. 使用尺寸阵列方式，在长方体 100×50×10 上制作如图 4-123(a)所示的钳口板，槽的截面形状为如图 4-123(b)所示的三角形。

提示：① 创建与长方体侧面成 30°夹角的基准平面 DTM1；② 以创建的基准面 DTM1 为草绘平面，拉伸切除一个 V 型槽；③ 用尺寸阵列方式阵列 V 型槽，阵列增量为 5；④ 镜像阵列的 V 型槽。

(教程中图 4-123 所示的钳口板零件如本书图 4-1 所示。)

(a) 零件模型

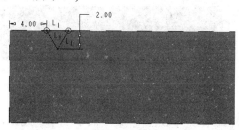

(b) 槽截面图

图 4-1 钳口板

操作步骤：

(1) 建立新文件。单击快速访问工具栏中的【新建】图标 □，在打开的新建对话框中输入文件名 T4-1，单击【确定】按钮，在打开的新文件选项对话框中选择 mmns_part_solid 模板，单击【确定】按钮。

(2) 用拉伸创建长方体毛坯。

① 单击【模型】选项卡中的形状子工具栏中的【拉伸】图标 ▨，在弹出的拉伸操控板中单击【放置】→【定义】按钮。

② 草绘平面选择 TOP 基准面，在草绘对话框中单击【草绘】按钮，绘制 100×50 的矩形截面(矩形截面关于 FRONT 基准面上下对称)，单击草绘子工具栏中的 ✔图标，结束草图的绘制。

③ 在操控板中输入拉伸深度值 10，单击拉伸操控板中的 ✔ 按钮，生成 100×50×10 的拉伸毛坯。

(3) 用拉伸切除创建 V 型槽。

① 单击【模型】选项卡中基准子工具栏中的【平面】图标 ▱，按住 Ctrl 键，选择长方体左前棱边和前侧面，在弹出的基准平面对话框中的【旋转】文本框中输入角度 30，单击【确认】按钮，则创建了一个穿过左前棱边且与前侧面成 30°夹角的基准面 DTM1，如图 4-2 所示。

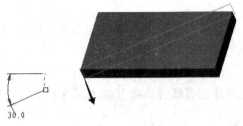

图 4-2　创建基准面 DTM1

❖ **注意**：此处创建的基准面 DTM1 作为后边创建 V 型槽的草绘平面使用。

② 单击形状子工具栏中的【拉伸】图标　，在拉伸操控板中单击【去除材料】图标　，再单击【放置】→【定义】按钮，草绘平面选 DTM1 面，在草绘对话框中单击【草绘】按钮。

③ 选毛坯上表面和左前侧棱边为参照，在参照对话框中单击【关闭】按钮。绘制如图 4-3 所示的正三角形截面，单击草绘子工具栏的　图标。

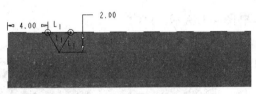

图 4-3　草绘拉伸切除截面

图 4-4　生成拉伸切除 V 型槽

④ 在操控板中单击【选项】选项卡，在弹出的下滑板中，深度侧 1 和侧 2 皆选择【穿透】命令，单击拉伸操控板中的　按钮，生成拉伸切除 V 型槽如图 4-4 所示。

(4) 对 V 型槽进行阵列。

① 选取上步所创建的 V 型槽特征，单击编辑子工具栏中的【阵列】图标　，或者在模型树中的 V 型槽特征上单击右键中的【阵列】图标　，弹出阵列操控板。

② 单击操控板中的【尺寸】选项卡，弹出尺寸下滑板，在其【方向 1】中选取参考尺寸 4，输入尺寸增量 5，阵列个数为 21 个。

③ 在操控板中单击　按钮，创建的阵列特征如图 4-5 所示。

❖ **注意**：阵列中尺寸增量是两个槽之间的距离，阵列个数包含原始的一个。

(5) 对阵列后的 V 型槽镜像。

① 选择刚创建的 V 型槽阵列特征，单击编辑子工具栏中的【镜像】图标　，出现镜像特征操控板。

② 选择 FRONT 基准平面为镜像平面。

③ 在操控板中单击　按钮确认，完成特征的镜像，钳口板实体造型如图 4-6 所示。

图 4-5　V 型槽阵列

图 4-6　镜像生成钳口板

2. 使用轴阵列的方式，制作如图 4-124 所示的法兰盘。

提示：① 使用旋转创建法兰盘基础实体；② 绘制孔；③ 用轴阵列功能阵列孔；④ 创建矩形槽；⑤ 阵列槽；⑥ 创建 M8 螺孔并阵列。

(教程中图 4-124 所示的法兰盘如本书图 4-7 所示。)

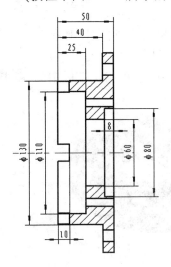

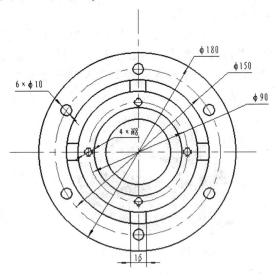

图 4-7　法兰盘

操作步骤：

(1) 建立新文件。单击【新建】图标 ，在打开的【新建】对话框中输入文件名 T4-2，单击【确定】按钮，在打开的新文件选项对话框中选择 mmns_part_solid 模板，单击【确定】按钮。

(2) 用旋转法创建法兰盘主体。

① 单击形状子工具栏中的【旋转】图标 ，系统弹出旋转操控板。在旋转操控板中单击【放置】→【定义】按钮。

② 草绘平面选择 TOP 基准面，在草绘对话框中单击【草绘】按钮，绘制水平中心线及如图 4-8 所示的截面，单击草绘工具栏中的 ✔ 图标，结束草图的绘制。

③ 默认旋转 360°，单击旋转操控板中的 ✔ 按钮，生成的旋转主体特征如图 4-9 所示。

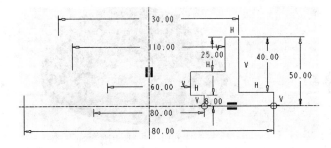

图 4-8　草绘选择截面

图 4-9　生成的旋转主体特征

(3) 创建 φ10 的孔。

① 单击工程子工具栏中的【孔】图标 ，在打开的孔特征操控板中设置孔直径为 10，

深度为【穿透】。

② 单击操控板中的【放置】选项卡，选择放置主参照为底板的上表面，【偏移参照】选择 RIGHT 及 TOP 基准面，修改孔轴线与 RIGHT 及 TOP 的偏距分别为 75、0。

③ 在操控板中单击 按钮，结果如图 4-10 所示。

(4) 阵列 ϕ10 的孔。

① 选取上步所创建的孔特征，单击工具栏的【阵列】图标，弹出阵列操控板。

② 单击操控板中的【轴】选项，选择旋转轴 A_1 作为阵列中心。

③ 在操控板中输入圆周上要阵列的个数 6，角度增量为 60°，单击操控板中的 按钮，阵列结果如图 4-11 所示。

图 4-10　生成的孔特征　　　　　　　图 4-11　生成的孔阵列

(5) 创建顶部的槽。

① 单击【拉伸】图标，在拉伸操控板中单击【去除材料】图标，再单击【放置】→【定义】按钮，选取 TOP 平面为草绘平面，在【草绘】对话框中单击【草绘】按钮。

② 选毛坯上表面为参照，在参照对话框中单击【关闭】按钮。绘制 10×15 的矩形截面，单击草绘工具栏的 图标。

③ 在操控板中输入拉伸深度为【穿透】，单击操控板中的 按钮，生成如图 4-12 所示的槽特征。

(6) 阵列槽。

① 选取上步所创建的槽特征，单击工具栏的【阵列】图标，弹出阵列操控板。

② 单击操控板中的【轴】选项，选择旋转轴 A_1 作为阵列中心。

③ 在操控板中输入圆周上要阵列的个数 4，角度增量为 90°，单击阵列操控板中的 按钮，阵列结果如图 4-13 所示。

图 4-12　生成的槽特征　　　　　　　图 4-13　生成的槽阵列

(7) 创建 M8×1.25 的螺孔。

① 单击工程子工具栏中的【孔】图标，在打开的孔特征操控板中选择【标准孔】/【添加攻丝】图标，选择螺纹规格为 M8×1.25，深度为【穿透】。

② 单击【放置】选项卡，选择放置主参考为内部凸台的上表面，【偏移参考】选择 RIGHT 及 TOP 基准面，修改孔轴线与 RIGHT 及 TOP 的偏距分别为 45、0。

③ 在操控板中单击 ✔ 按钮，结果如图 4-14 所示。

(8) 阵列螺纹孔。

① 选取上一步所创建的螺孔特征，单击工具栏的【阵列】图标 ⊞，弹出阵列操控板。

② 单击操控板中的【轴】选项，选择旋转轴 A_1 作为阵列中心。

③ 在操控板中输入圆周上要阵列的个数 4，角度增量为 90°，单击阵列操控板中的 ✔ 按钮，阵列结果如图 4-15 所示。

图 4-14　生成的螺纹孔特征

图 4-15　生成的螺纹孔阵列

3. 制作如图 4-125 所示的旋转楼梯。

提示：① 用旋转创建第一个台阶，注意：台阶的下表面和基准平面之间要标出尺寸；② 旋转复制第二个台阶，旋转角度为 10°，上升高度为 5；③ 尺寸阵列台阶，阵列的个数为 35，圆周上增量为 10，高度增量为 5。

(教程中图 4-125 所示的旋转楼梯如本书图 4-16 所示。)

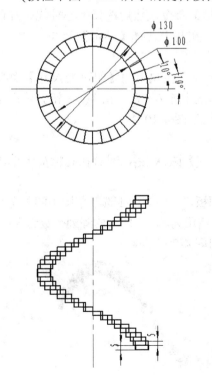

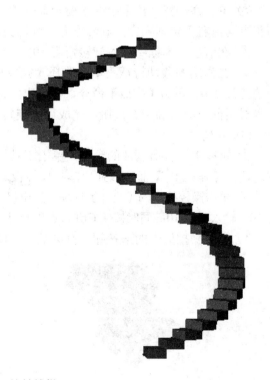

图 4-16　旋转楼梯

操作步骤：

(1) 建立新文件。

单击【新建】图标 ⬜，在打开的【新建】对话框中输入文件名 T4-3，单击【确定】按钮，在打开的新文件选项对话框中选择 mmns_part_solid 模板，单击【确定】按钮。

(2) 用旋转创建第一个台阶。

① 单击形状子工具栏中的【旋转】图标 ⬥，在操控板中单击【放置】→【定义】按钮。

② 草绘平面选择 TOP 基准面，在草绘对话框中单击【草绘】按钮，绘制垂直中心线及如图 4-17 所示的截面，单击草图工具栏中的 ✔ 图标，结束草绘。

③ 旋转 360°，在操控板中单击 ✔ 按钮，生成的旋转特征如图 4-18 所示。

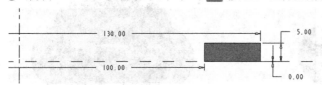 

图 4-17　旋转的草绘截面　　　　　　　　　　图 4-18　生成旋转特征

(3) 用旋转复制创建第二台阶。

① 单击功能区中的自定义选项卡中的【继承】→【特征】命令(见教材 4.2 节任务 21)，在弹出的【特征】菜单中选择【复制】命令，弹出【复制特征】菜单。在复制特征菜单中选择【移动/选择/独立/完成】命令，弹出【选择特征】菜单。

② 在模型树中选择已创建的第一个台阶，在选择特征菜单中选择【完成】命令，弹出【移动特征】菜单。

③ 单击移动特征菜单中的【旋转】→【曲线/边/轴】命令，然后选择中心轴线，红色箭头方向由右手定则判定为旋转方向，弹出方向菜单，在其中选择【确定】命令。

④ 在信息文本框中输入旋转角度 10°，单击 ✔ 按钮。

⑤ 在弹出的移动特征菜单中选择【完成移动】命令，在弹出的【组可变尺寸】菜单中选择尺寸 0，单击【完成】命令，在弹出的信息文本框中输入 5，单击 ✔ 按钮。单击组元素对话框中的【确定】按钮，完成后的旋转复制特征如图 4-19 所示。

(4) 阵列。

① 选取上一步所创建的台阶，单击工具栏的【阵列】图标 ▦，或者在孔特征上单击右键选择【阵列 ▦】命令，弹出阵列操控板。

② 单击操控板中的【尺寸】选项，弹出尺寸下滑面板，其中方向 1 选取草图中的参考尺寸 10，输入增量 10；同时按住 Ctrl 键选取尺寸 5，输入增量为 5，方向 1 的阵列个数为 35。

③ 单击操控板中的 ✔ 按钮，阵列后的台阶特征如图 4-20 所示。

图 4-19　旋转复制生成第二个台阶　　　　　　图 4-20　阵列后的台阶特征

4. 制作如图 4-126 所示的香皂盒(注：以下各题均为第三角投影)。

提示：① 拉伸外形；② 创建底面过渡圆角；③ 抽壳；④ 创建底部ϕ4 圆孔；⑤ 阵列。
(教程中图 4-126 所示的香皂盒如本书图 4-21 所示。)

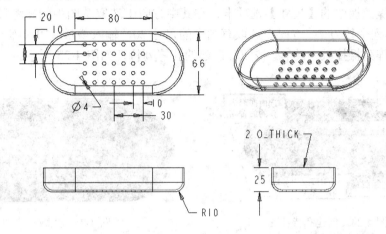

图 4-21 香皂盒

操作步骤：

(1) 建立新文件。单击【新建】图标，在打开的新建对话框中输入文件名 T4-4，单击【确定】按钮，在打开的新文件选项对话框中选择 mmns_part_solid 模板，单击【确定】按钮。

(2) 创建香皂盒壳体。

① 单击形状子工具栏中的【拉伸】图标，草绘平面选 TOP 面，绘制如图 4-22 所示的对称截面，单击✔图标。设置拉伸深度为 25，单击操控板中的 ✔ 按钮，创建香皂盒毛坯。

② 单击【倒圆角】图标，对香皂盒毛坯底面棱边倒圆角，圆角半径为 10，创建出 R10 的倒圆角特征。

③ 单击【壳】图标，开口面选顶面，厚度为 2，单击 ✔ 按钮，创建的壳体如图 4-23 所示。

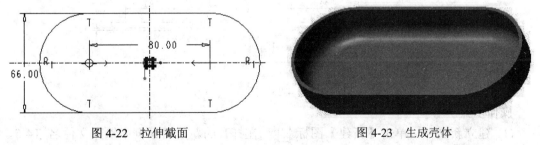

图 4-22 拉伸截面　　　　　　图 4-23 生成壳体

(3) 在香皂盒壳体底部打孔。

① 单击【孔】图标，在操控板中设置孔直径为 4，深度为【穿透】。

② 单击【放置】按钮，选择放置孔的主参考为底部的内表面，【偏移参考】选择 RIGHT 及 FRONT 基准面，修改孔轴线与 RIGHT 及 FRONT 的偏距分别为 30、20。在操控板中单击 ✔ 按钮，结果如图 4-24 所示。

(4) 对孔特征进行阵列。

① 选取上一步所创建的孔特征，单击模型选项卡中的编辑子工具栏中的【阵列】图标 ▦ ，或者在模型树中的孔特征上单击右键中的【阵列】图标 ▦ ，弹出阵列操控板。

② 单击操控板中的【尺寸】选项卡，在其中方向 1 选取草图中的参考尺寸 30，输入增量 –10，阵列个数为 7；方向 2 选取草图中的尺寸 20，输入增量 –10，阵列个数为 5。

③ 单击阵列操控板中的 ✔ 按钮，创建的孔阵列特征如图 4-25 所示。

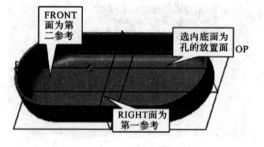

图 4-24　创建孔特征　　　　　　　　图 4-25　生成孔阵列

5. 根据如图 4-127 所示的尺寸，制作提篮的造型。

提示：① 拉伸 300×200×150 锥形；② 侧面进行 15° 拔模；③ 创建侧耳；④ 抽壳厚度为 10；⑤ 创建前后两侧的矩形切口 180×8；⑥ 阵列切口；⑦ 创建底面 φ15 圆孔；⑧ 阵列圆孔。

(教程中图 4-127 所示的提篮如本书图 4-26 所示。)

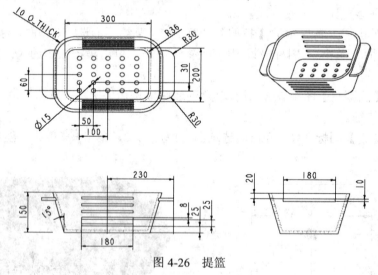

图 4-26　提篮

操作步骤：

(1) 建立新文件。单击【新建】图标 ▯ ，在打开的新建对话框中输入文件名 T4-5，单击【确定】按钮，在打开的新文件选项对话框中选择 mmns_part_solid 模板，单击【确定】按钮。

(2) 拉伸 300×200×150 锥形。单击【拉伸】图标 ◈ ，TOP 基准面作为草绘平面，绘制如图 4-27 所示的对称截面，输入拉伸深度值 150，单击拉伸操控板中的 ✔ 按钮，生成拉伸 300×200×150 锥形。

（3）创建侧面 15° 拔模。

① 单击工程子工具栏中的【拔模】图标 ◢，弹出拔模特征操控板。

② 选择拉伸实体的所有侧表面作为拔模表面。

③ 在操控板中单击左侧的【单击此处添加项目】，在模型中选择拉伸体的底面为拔模枢轴。

④ 输入拔模角度 15°，通过单击 ◪ 图标可以更改拔模角度的方向，在操控板中单击 ☑ 按钮，生成拔模特征如图 4-28 所示。

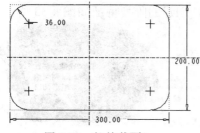

图 4-27　拉伸截面

图 4-28　生成拔模特征

（4）创建拉伸侧耳。

① 单击【拉伸】图标 ◢，以 RIGHT 基准面作为草绘平面，绘制如图 4-29 所示的截面，单击草绘工具栏中的 ☑ 图标。深度类型选择【对称】 ◫，深度值为 460，单击拉伸操控板中的 ☑ 按钮，生成拉伸实体特征。

② 单击【倒圆角】图标 ◥，选择侧耳的四个侧棱边，设置圆角半径值为 30，创建的倒圆角特征如图 4-30 所示。

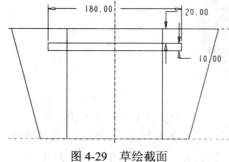

图 4-29　草绘截面

图 4-30　对侧耳倒圆角

（5）创建抽壳实体。

单击工程子工具栏中的【壳】图标 ▣，按 Ctrl 键，选择如图 4-30 所示大顶面和侧耳上表面作为开口表面，输入壳厚度 10，产生的抽壳特征如图 4-31 所示。

图 4-31　开口表面

(6) 用拉伸切除创建提篮前后两侧矩形切口。

① 单击【拉伸】图标 ，在操控板中选择【去除材料】图标 ，选择 FRONT 基准面为草绘平面，绘制截面如图 4-32 所示，两侧深度均设置为【穿透】 ，单击 ✔ 按钮，生成切除矩形切口。

② 选取上一步所创建的切口特征，单击编辑子工具栏中的【阵列】图标 ，弹出阵列特征操控板。

③ 单击操控板中的【尺寸】选项卡，在其中方向 1 选取参考尺寸 25，输入增量 25，阵列个数为 5 个。单击阵列操控板中的 ✔ 按钮，创建的阵列特征如图 4-33 所示。

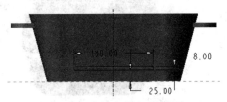
图 4-32　草绘拉伸切除截面

图 4-33　阵列两侧矩形切口

(7) 创建底面孔特征。

① 单击【孔】图标 ，在操控板中设置孔直径为 15，深度设置为【穿透】 。

② 单击【放置】按钮，选择放置孔的主参考为底部的内表面，偏移参考选择 RIGHT 及 FRONT 基准面，修改孔轴线与 RIGHT 及 FRONT 的偏距分别为 100、60，生成的孔如图 4-34 所示。

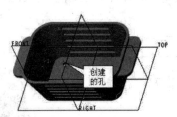
图 4-34　创建孔

③ 选取上一步所创建的孔特征，单击编辑子工具栏中的【阵列】图标 。

④ 单击操控板中的【尺寸】选项卡，在其中方向 1 选取参考尺寸 100，输入增量 –50，阵列个数为 5 个；方向 2 选取草图中的尺寸 60，输入增量 –30，阵列个数为 5。

⑤ 在操控板中单击 ✔ 按钮，创建的孔阵列特征如图 4-35 所示。至此提篮零件创建完毕。

图 4-35　生成孔阵列特征

6. 根据如图 4-128 所示的尺寸制作十字形连接管。

提示：① 用旋转方式绘制 $\phi16$、$\phi32$ 的旋转特征(创建 1/4)；② 用旋转和阵列的方法创建详细视图中的 $\phi4$ 圆环特征；③ 阵列所有特征；④ 创建 $\phi10$ 的孔；⑤ 创建 R1、

R3 的倒角特征。

(教程中图 4-128 所示的十字形连接管零件如本书图 4-36 所示。)

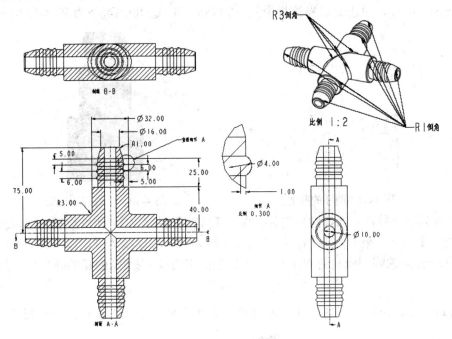

图 4-36　十字形连接管

操作步骤：

(1) 建立新文件。单击【新建】图标 ，在打开的新建对话框中输入文件名 T4-6，单击【确定】按钮，在打开的新文件选项对话框中选择 mmns_part_solid 模板，单击【确定】按钮。

(2) 用旋转方法创建 1/4 主体。单击形状子工具栏中的【旋转】图标 。草绘平面选择 TOP 基准面，绘制垂直中心线及如图 4-37 所示的截面，单击草绘工具栏中的 图标，结束草绘。旋转 360°，在操控板中单击 按钮，生成的旋转 1/4 主体特征如图 4-38 所示。

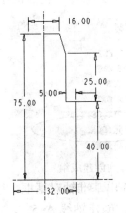

图 4-37　草绘旋转截面　　　　图 4-38　生成旋转 1/4 主体特征

❖ 注意：此处不能同时创建内孔，否则后边旋转复制后孔不通。

（3）用旋转增材方法创建圆环特征。单击【旋转】图标 。草绘平面选择 TOP 基准面，绘制垂直旋转中心线及旋转截面如图 4-39 所示，单击草绘工具栏中的 ✔ 图标，结束草绘。旋转 360°，单击旋转操控板中的 ✔ 按钮，生成的圆环特征如图 4-40 所示。

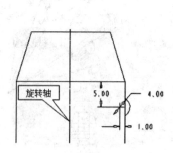

图 4-39　圆环的截面　　　　　　　图 4-40　生成圆环特征

（4）阵列圆环特征。选择圆环特征，单击【阵列】图标 ⊞，在操控板的下拉列表框中选择【方向】选项，然后在基础特征上选择旋转体的中心轴线 A_1，输入第一方向的成员数 3 和第一方向的阵列成员的间距 6，单击操控板中的 ✔ 按钮，创建的阵列特征如图 4-41 所示。

技巧：用方向阵列创建这 3 个圆环的操作既简单又方便，可以提高作图的效率。

图 4-41　方向阵列特征

（5）阵列所有特征。

① 按住 Ctrl 键，在模型树中依次选择前面创建的旋转特征和所有的圆环特征。

② 单击鼠标右键，弹出右键快捷菜单，选择【组】命令，创建的组如图 4-42 所示。

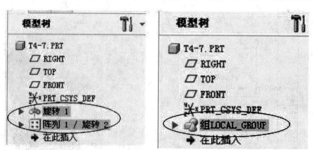

图 4-42　将 2 个旋转和 1 个阵列创建成组

③ 选择基准工具栏的【轴】图标 ／轴，系统弹出基准轴对话框，按住 Ctrl 键，依次选择 FRONT 和 TOP 基准平面，单击【确定】按钮，创建轴线 A_5。

④ 在模型树中选择轴线特征，并将其拖至组特征的前面，此时的模型树如图 4-43 所示。

⑤ 选择上面所创建的组特征，单击工具栏中的【阵列】图标 ⊞，打开阵列操控板。

⑥ 在阵列操控板的下拉列表框中选择【轴】选项，在模型中选择圆盘的轴 A_5。

⑦ 在阵列操控板中输入圆周上要创建的阵列成员数 4，角度增量为 90。

⑧ 单击阵列操控板中的 ✔ 按钮，生成的轴阵列特征如图 4-44 所示。

图 4-43　在模型树中将 A_5 移至组之前　　　　　　图 4-44　轴阵列结果

(6) 创建主体中间的 φ10 通孔。

① 单击工程子工具栏中的【孔】图标 🔲，系统弹出孔特征操控板。

② 在弹出的孔操控板中单击【直孔】图标 🔲，设置孔的直径为 10，孔的深度类型为 🔳。

③ 在操控板中单击【放置】选项，在绘图区选择旋转特征的端面为孔的放置主参考面；按住 Ctrl 键，选择中间旋转特征的轴线 A_1 为第二放置参考，则放置类型自动设置为【同轴】，创建的同轴孔特征如图 4-45 所示。

④ 用相同的方法创建另一个 φ10 的孔。

💡 **技巧**：用轴线和端面两个元素作为主参考放置孔的方法，创建同轴的孔最简单、最方便。

(7) 创建倒圆角。

① 单击工程子工具栏中的【倒圆角】图标 🔲，出现倒圆角操控板。

② 输入圆角半径值 1，按住 Ctrl 键，在工作区依次选取如图 4-46 所示八条边线，完成【集 1】的设置。

③ 在【集】下滑面板中，单击【新组】选项，输入圆角半径值 3，按住 Ctrl 键，在绘图区依次选取如图 4-46 所示四条边线，完成【集 2】的设置，再单击操控板中的 ✔ 确认，则创建了两组不同半径的倒圆角特征。

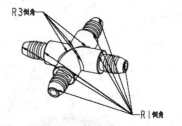

图 4-45　同轴孔特征　　　　　　　　　　图 4-46　倒圆角特征

7. 根据如图 4-129 所示的尺寸，制作支架的造型。

提示：① 拉伸底板和左右圆柱及中间圆柱；② 顶面切除 φ25 的半球凹坑；③ 阵列 6 个凹坑；④ 创建厚 20 的筋板；⑤ 打 3 个大通孔；⑥ 进行圆柱端部 3 处 5×5 倒棱角。

(教程中图 4-129 所示的支架零件如本书图 4-47 所示。)

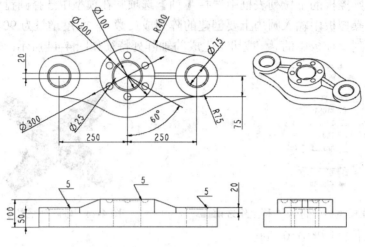

图 4-47　支架

操作步骤：

(1) 建立新文件。单击【新建】图标 ⬜，在打开的新建对话框中输入文件名 T4-47，单击【确定】按钮，在打开的新文件选项对话框中选择 mmns_part_solid 模板，单击【确定】按钮。

(2) 用拉伸创建底板及圆台。

① 单击形状子工具栏中的【拉伸】图标 ⬛，选择 TOP 基准面作为草绘平面，绘制如图 4-48 所示截面。单击草绘子工具栏的 ✔ 图标，在操控板中输入拉伸深度为 50，单击拉伸操控板中的 ✔ 按钮，生成拉伸底板。

② 再单击【拉伸】图标 ⬛，选择底板的上表面作为草绘截面，绘制如图 4-49 所示的截面，拉伸深度为 20，创建的两端圆柱凸台如图 4-50 所示。

③ 再次单击【拉伸】图标 ⬛，选择底板的上表面作为草绘截面，在中心位置绘制 ϕ200 的圆，拉伸深度设置为 50，创建的中间圆柱凸台如图 4-51 所示。

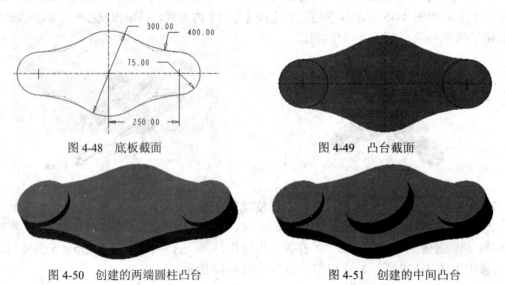

图 4-48　底板截面　　　　　　　　　　　图 4-49　凸台截面

图 4-50　创建的两端圆柱凸台　　　　　　图 4-51　创建的中间凸台

(3) 创建同轴孔特征。

① 单击【孔工具】图标 ，系统弹出孔操控板。

② 在孔操控板中设置孔的直径为 100，深度类型为【穿透】 。

③ 单击【放置】按钮，打开放置下滑面板，在绘图区选择中间凸台的上表面为孔的放置参考；按住 Ctrl 键，选择中间凸台的轴线 A_3 为第二放置参考，如图 4-52 所示。同时选择两个放置参考后，放置类型自动设置为同轴。

④ 单击孔特征操控板中的 ✓ 按钮，创建的孔特征如图 4-53 所示。

图 4-52 孔的放置面及定位参照　　　　　　　　图 4-53 创建的孔特征

⑤ 用同样的方法，创建左右两个 $\phi75$ 的孔，结果如图 4-54 所示。

图 4-54 创建的两个孔特征

(4) 创建加强筋及孔口倒角。

① 单击工程子工具栏中的【筋】图标 ，选择 FRONT 面作为草绘平面，绘制筋的截面如图 4-55 所示，为一条斜线，两端点分别与实体边对齐。设置筋板厚度为 20，生成的筋板如图 4-56 所示。

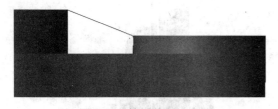 

图 4-55 筋板截面　　　　　　　　　　　　　图 4-56 创建的筋板

② 用相同的方法创建左边筋板。

❖ 注意：也可以用镜像命令创建左边筋板。

③ 单击工程子工具栏中的【边倒角】图标 ，倒角形式为 D×D，倒角值 D 为 5，选择三个孔的孔口边线为参考，单击操控板中的 ✓ 按钮确认，创建的倒角如图 4-57 所示。

(5) 用旋转切除创建中间圆柱端面上 $\phi25$ 的半球坑。

① 单击【旋转】图标 ，在操控板上单击【去除材料】图标 。

② 选择中间圆柱体的上端面作为草绘平面，绘制截面如图 4-58 所示，单击草图工具

栏中的 ✔ 图标。在操控板中设置旋转 360°，单击旋转特征操控板中的 ✔ 按钮，生成 φ25 的半球坑特征。

图 4-57　创建的倒角

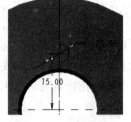

图 4-58　草绘截面

(6) 阵列 6 个半球坑。

① 选择前面创建的半球坑特征，单击编辑子工具栏中的【阵列】图标 ▦。

② 在阵列操控板中选择【轴】选项，选择中间孔的轴线 A_5 作为阵列中心。

③ 在操控板中输入圆周上要创建的阵列成员数 6、角度增量为 60，单击操控板中的 ✔ 按钮，完成的支架造型如图 4-59 所示。

图 4-59　完成的支架造型

8. 使用轴阵列完成如图 4-130 所示的造型。

提示：① 用旋转创建内侧第一根圆柱，高度 100，直径 φ3；② 轴阵列圆柱，中心轴为 Z 轴，阵列个数为 68，角度为 15°，高度增量为 −1.5，径向增量为 0.5。

(教程中图 4-130 所示的零件如本书图 4-60 所示。)

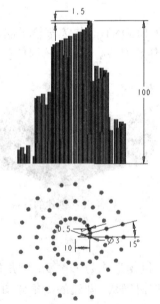

图 4-60　轴阵列特征

操作步骤：

(1) 建立新文件。单击【新建】图标 ，在打开的新建对话框中输入文件名 T4-8，单击【确定】按钮，在打开的新文件选项对话框中选择 mmns_part_solid 模板，单击【确定】按钮。

(2) 用旋转创建位于中心的第一个圆柱。单击【旋转】图标 ，草绘平面选择 TOP 基准面，绘制垂直中心线及如图 4-61 所示的截面，单击草图工具栏中的 图标，结束草绘。旋转 360°，在操控板中单击 按钮，生成的旋转特征如图 4-62 所示。

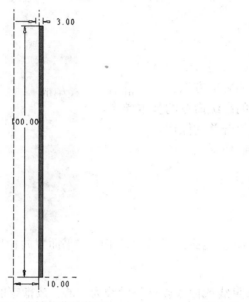

图 4-61 旋转的草绘截面   图 4-62 生成的旋转特征

(3) 阵列。

① 选择上面所创建的圆柱特征，单击编辑子工具栏中的【阵列】图标 ，打开阵列操控板。

② 在阵列操控板的下拉列表框中选择【轴】选项 ，在模型中选择坐标系中的 Z 轴。

③ 在阵列操控板中输入圆周上要创建的阵列成员数 68，角度增量为 15，在尺寸面板方向 1 中选取尺寸 10，增量为 0.5，同时按下 Ctrl 键选取尺寸 100，增量为 -1.5，如图 4-63 所示。

④ 单击阵列操控板中的 按钮，完成的轴阵列特征如图 4-64 所示。

图 4-63 设置好的尺寸下滑面板   图 4-64 完成的轴阵列特征

项目五　曲面特征的建立

一、学习目的

(1) 掌握创建曲面特征的常用方法。
(2) 掌握编辑曲面特征的常用方法。
(3) 了解创建曲面特征的高级命令的基本操作。
(4) 掌握曲面修剪、曲面合并的操作。
(5) 掌握曲面实体化的操作。

二、知识点

1. 拉伸曲面特征

拉伸曲面特征是指以一条直线或曲线沿垂直于绘图平面方向拉伸所生成的曲面特征。

2. 旋转曲面特征

旋转曲面特征是指一条直线或曲线以一条轴线为中心，按指定的角度旋转所生成的曲面特征。

3. 扫描曲面特征

扫描曲面是指用一条二维曲线沿着一条轨迹线导动出的曲线。其中，二维曲线可以是封闭或非封闭的，也可以是自相交的；轨迹线可以是已有的曲线特征，也可以自行绘制。

4. 混合曲面特征

混合曲面特征是指把处于不同位置的几个截面串联起来形成的一个曲面特征。

5. 螺旋扫描曲面特征

螺旋扫描曲面特征是指沿着一条螺旋线产生螺旋状态的曲面特征。

6. 扫描混合曲面特征

扫描混合曲面特征是指在一条轨迹线的不同位置创建不同的剖截面，这些剖截面沿着该轨迹线扫描形成的一个曲面特征。

7. 边界混合曲面特征

边界混合曲面特征是用选定的曲线或模型边链作为参考(在一个或两个方向上定义曲面)，采用特定的混合方式来创建的一种曲面。

8. 曲面偏移

曲面偏移命令可以将选定的实体表面或曲面面组，向指定方向偏移恒定的距离或可变的距离来创建新的曲面特征。

9. 曲面合并

曲面合并命令可以通过让两个面组相交来合并两个面组，或者是通过连接两个以上面组来合并两个以上面组，生成的面组会成为主面组。

10. 曲面实体化

曲面实体化命令可通过选定的曲面特征或面组几何来生成实体或编辑实体，也就是使用实体化命令可以添加、移除或替换实体材料。

三、练习题参考答案

1. 创建曲线的命令有哪些？它们分别适合什么样的应用场合？

答：创建曲线的命令有下述几种：

(1) 基准子工具栏中的【草绘】图标 ⫬，该命令创建的曲线为二维平面曲线，在创建时需选择一个平面为草绘面。

(2) 基准子工具栏中的【曲线】图标 ～ 曲线，该命令创建的曲线可以是二维曲线，也可以是空间曲线，可作为边界混合的轮廓边或拟合曲线，也可作为扫描的轨迹使用。

(3) 操作子工具栏中的【复制】图标 复制 和【粘贴】图标 粘贴，复制和粘贴的对象可以是特征、曲线或边链等，当复制和粘贴边链时即可创建曲线。

(4) 编辑子工具栏中的【投影】图标 投影，该命令可以在实体表面或曲面上创建投影曲线。

(5) 编辑子工具栏中的【相交】图标 相交，该命令可在选定曲面的相交处创建曲线，还可以用于创建二次投影曲线。

2. 在曲面偏移中，其偏移特征主要有哪几种类型？

答：偏移特征的类型有 4 种：

(1) 标准偏移曲面特征：偏移一个曲面、面组或者实体表面而新创建的一个曲面特征。

(2) 带有拔模的偏移特征：指以指定的参考曲面为拔模曲面，并以草图截面为拔模截面，向参考曲面一侧偏移创建出具有拔模特征的拔模曲面。

(3) 展开偏移特征：可以在封闭面组或曲面的选定面之间创建一个连续的体积块。

(4) 使用替换偏移：可以用选定基准平面或面组替换实体上的指定曲面。需要注意的是，曲面替换不同于伸出项，因为它能在某些位置添加材料而在其他位置移除材料。

3. 可以通过两条草绘曲线创建二次投影的空间曲线吗？请举例说明。

答：可以创建二次投影的空间曲线。

举例 1：教材中任务 42 曲面特征的相交。该实例就说明通过两条草绘曲线可以创建二次投影的空间曲线。

举例 2：

(1) FRONT 基准平面和 TOP 基准平面上分别有一条曲线，如图 5-1(a)所示。

(2) 按住 Ctrl 键，选择这两条曲线，再选择编辑子工具栏中的【相交】图标 相交，最后结果如图 5-1(b)所示(系统会将两条参考曲线隐藏)。

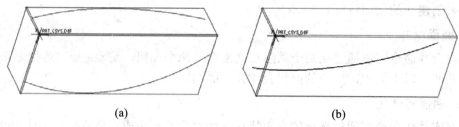

(a)   (b)

图 5-1　创建二次投影的空间曲线

举例 3：上机指导书中项目五第 11 题圆柱凸轮的实体造型。该实例就说明通过两条草绘曲线可以创建二次投影的空间曲线。

4. 实体化命令的类型主要包括哪些？其中切口与曲面片有什么区别？

答：实体化命令有三种类型：

(1) 伸出项：使用曲面特征或面组几何作为边界来添加实体材料。

(2) 切口：使用曲面特征或面组几何作为边界来移除实体材料。

(3) 曲面片：使用曲面特征或面组几何替换指定的曲面部分，仅当选定的曲面或面组边界位于实体几何上才可使用。

其中切口与曲面片有区别。使用切口类型可移除面组内侧或外侧的材料，相当于用面组切除实体。使用曲面片类型时，面组边界必须位于曲面或实体表面上。

5. 在应用曲面创建产品造型时，主要思路是什么？

答：在应用曲面创建产品时，主要思路如下：

(1) 创建多个单独的曲面；

(2) 对曲面进行编辑，如修剪、合并、偏移等操作；

(3) 将多个单独曲面合并为一个整体的面组；

(4) 通过实体化或加厚命令将面组转化为实体。

6. 用曲面的方法创建如图 5-148 所示的实体造型。

(教程中图 5-148 所示的实体造型如本书图 5-2 所示。)

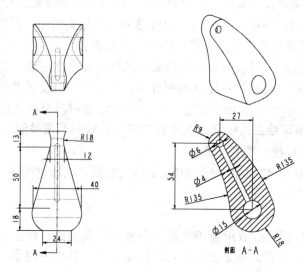

图 5-2　实体造型

操作步骤：

(1) 建立新文件。单击【新建】图标📄，在打开的新建对话框中输入文件名 lx5-6，取消使用默认模板，单击该对话框中的【确定】按钮，在弹出的新文件选项对话框中选择 mmns_part_solid 模板，单击该对话框中的【确定】按钮。

(2) 用曲面方法创建实体造型。

① 单击【拉伸】图标🔲，在拉伸操控板中单击【拉伸为曲面】图标⌒。

② 选择 TOP 基准面为草绘平面，单击【草绘视图】图标，绘制二维草图如图 5-3 所示，单击【确定】图标✔。

③ 在拉伸操控板中选择【对称】🔲，输入拉伸深度值 100，回车，单击 ✔ 按钮确定，生成拉伸曲面一如图 5-4 所示。

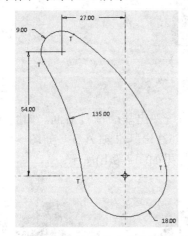

图 5-3　绘制的二维草图

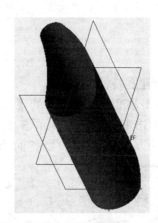

图 5-4　创建的拉伸曲面一

④ 单击【拉伸】图标🔲，在弹出的拉伸操控板中单击【拉伸为曲面】图标⌒。

⑤ 选择 RIGHT 基准面为草绘平面，单击【草绘视图】图标，绘制二维图形如图 5-5 所示，单击【确定】图标✔。

⑥ 在拉伸操控板中选择【对称】图标🔲，输入拉伸深度值 100，单击 ✔ 按钮确定，生成拉伸曲面二如图 5-6 所示。

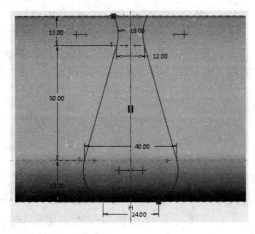

图 5-5　绘制的二维草图

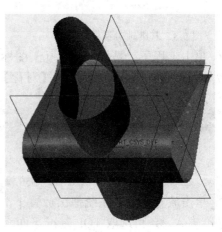

图 5-6　创建的拉伸曲面二

⑦ 按住 Ctrl 键，选取刚创建的两个拉伸曲面，再选择编辑子工具栏中的【合并】图标 合并，系统弹出合并操控板，单击该操控板右侧的 ✓ 按钮。

⑧ 选择合并后的面组，再选择编辑子工具栏中的【实体化】图标 实体化，系统弹出实体化操控板。在该操控板中单击【用实体材料填充由面组界定的体积块】图标 ，单击该操控板右侧的 ✓ 按钮，由合并后的曲面生成实体的结果如图 5-7 所示。

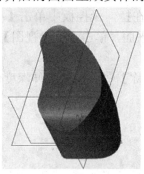

图 5-7 由合并后的曲面生成实体

(3) 创建孔特征。

① 单击基准子工具栏中的【轴】图标 轴，系统弹出基准轴对话框，如图 5-8 所示。在绘图区单击 R18 圆柱面，单击【确定】按钮，则创建出基准轴 A_1，如图 5-9(a)所示。采用相同的方法，创建 R9 圆柱面的基准轴 A_2，结果如图 5-9(b)所示。

(a) (b)

图 5-8 基准轴对话框 图 5-9 创建基准轴 A_1 和 A_2

② 单击工程子工具栏中的【孔】图标 孔，系统弹出孔操控板，如图 5-10 所示。设置参数如下：孔直径为 $\phi15$，选择【对称】图标 ，深度为 100。

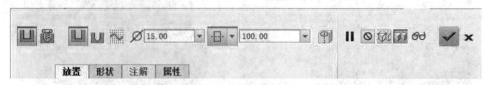

图 5-10 在孔操控板进行孔的参数设置

③ 单击放置选项，系统弹出放置下滑面板如图 5-11 所示。按住 Ctrl 键，在绘图区先选取基准轴 A_1，再选取 TOP 基准平面，如图 5-12 所示。单击该操控板右侧的 ✓ 按钮，则创建了 $\phi15$ 的通孔。采用相同的方法，创建另一直径为 $\phi6$ 的孔，结果如图 5-13 所示。

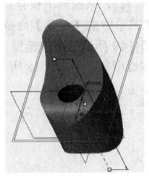

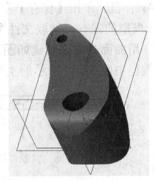

图 5-11 放置选项卡　　图 5-12 选取的元素　　图 5-13 创建的孔特征

④ 单击基准子工具栏中的【平面】图标 ▱，系统弹出基准平面对话框，按住 Ctrl 键选取基准轴 A_1 和 A_2，如图 5-14 所示，单击【确定】按钮，创建了通过基准轴 A1 和 A2 的基准平面 DTM1，如图 5-15 所示。

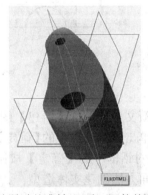

图 5-14 基准平面对话框　　图 5-15 创建的通过基准轴 A1 和 A2 的基准平面 DTM1

⑤ 单击【旋转】图标 ◇ 旋转，在旋转操控板中单击【移除材料】图标 ▱。

⑥ 选择基准平面 DTM1 为草绘平面，单击【草绘视图】图标 ，绘制二维图形如图 5-16 所示。单击【确定】图标✔，系统返回到旋转操控板，单击该操控板右侧的 ✔ 按钮，结果如图 5-17 所示。

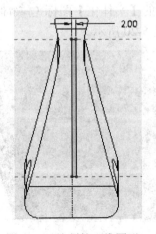

图 5-16 绘制的二维图形　　　　图 5-17 旋转命令创建的孔特征

(4) 存盘。单击【保存】图标 ■，系统弹出保存对象对话框，单击【确定】按钮，完成设计模型的保存。选取文件主菜单中的【关闭】命令 📄 关闭(C)，关闭设计模型界面。

7. 用曲面的方法创建如图 5-149 所示的实体造型。

(教程中图 5-149 所示的实体造型如本书图 5-18 所示。)

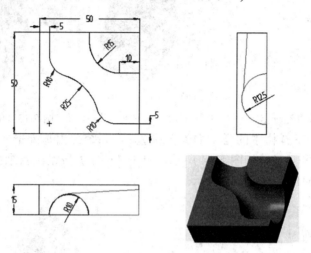

图 5-18　实体造型

操作步骤：

(1) 建立新文件。单击【新建】图标 □，在新建对话框中输入文件名 lx5-7，取消使用默认模板，单击该对话框中的【确定】按钮。在新文件选项对话框中选择 mmns_part_solid 模板，单击该对话框中的【确定】按钮。

(2) 用曲面方法创建实体造型。

① 单击【拉伸】图标 ，在拉伸操控板中单击【拉伸为曲面】图标 。

② 选择 TOP 基准面为草绘平面，单击【草绘视图】图标 ，绘制二维草图如图 5-19 所示，单击【确定】图标 ✓。

③ 输入拉伸深度值 15 并回车，再单击【选项】→【封闭端】命令，最后单击 ✓ 按钮，生成封闭拉伸曲面。

④ 选择刚创建的拉伸曲面，选择编辑子工具栏中的【实体化】图标 实体化，系统弹出实体化操控板，单击 ✓ 按钮，由曲面生成实体如图 5-20 所示。

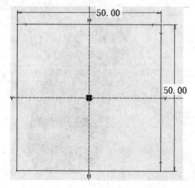

图 5-19　绘制的二维草图

图 5-20　由两端封闭的拉伸曲面生成实体

(3) 绘制曲线。

① 选择基准子工具栏中的【草绘】图标 ，系统弹出草绘对话框，选取实体模型上表面为草绘面，单击【草绘】按钮。

② 系统进入二维草绘界面，单击【草绘视图】图标 ，绘制二维草图如图 5-21 所示，单击【确定】图标 ，生成的曲线特征如图 5-22 所示。

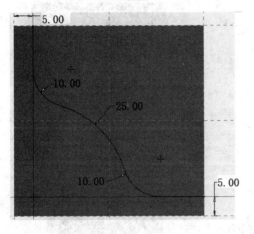

图 5-21　绘制的二维草绘

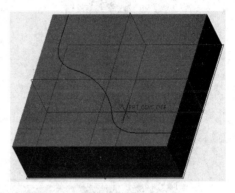

图 5-22　创建的第一条曲线特征

③ 采用相同的方法创建第二条曲线，绘制的二维草图如图 5-23(a)所示，创建的第二条曲线特征如图 5-23(b)所示。

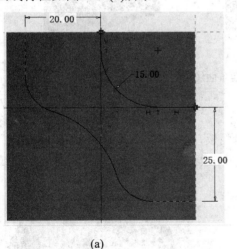

(a)

(b)

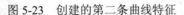

图 5-23　创建的第二条曲线特征

④ 单击【草绘】图标 ，系统弹出草绘对话框，选取实体模型右侧面为草绘面，单击【草绘】按钮。

⑤ 系统进入二维草绘界面，单击【草绘视图】图标 ，绘制二维草图如图 5-24 所示，单击【确定】图标 ，创建的第三条曲线特征如图 5-25 所示。

⑥ 采用相同的方法在与右侧面相邻的另一侧面上创建第四条曲线，绘制的二维草图如图 5-26(a)所示，最终创建的第四条曲线特征如图 5-26(b)所示。

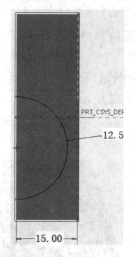

图 5-24　绘制的二维草图

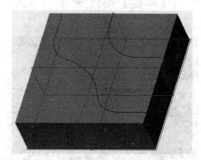

图 5-25　创建的第三条曲线特征

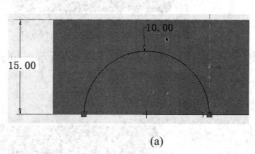

(a)

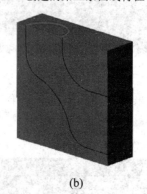

(b)

图 5-26　创建的第四条曲线特征

(4) 创建凹槽特征。

① 单击曲面子工具栏中的【边界混合】图标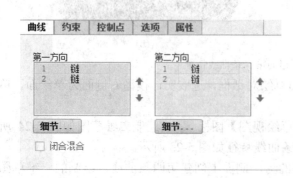，系统弹出边界混合操控板。在该操控板中单击【曲线】选项卡，系统弹出曲线下滑面板，如图 5-27 所示。

② 在第一方向区域，选取顶面的两条曲线，在第二方向区域选取侧面的两条曲线，如图 5-28 所示。

图 5-27　曲线选项卡

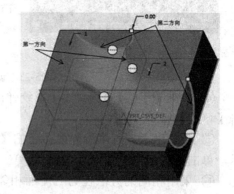

图 5-28　选取的曲线特征

③ 单击该操控板右侧的 ✔ 按钮，创建的边界混合曲面特征如图 5-29 所示。

④ 选取该曲面特征，再选择编辑子工具栏中的【实体化】图标 实体化，系统弹出实体化操控板。在该操控板中单击【移除面组内侧或外侧的材料】图标 ，单击该操控板右侧的 按钮，创建的凹槽特征如图 5-30 所示。至此，该实体创建完毕。

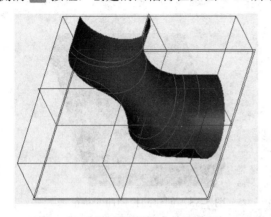　　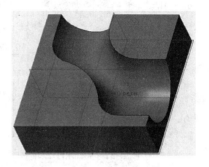

图 5-29　创建的边界混合曲面特征　　　　　　　图 5-30　创建的凹槽特征

8. 用曲面的方法创建如图 5-150 所示的实体造型。

(教程中图 5-150 所示的实体造型如本书图 5-31 所示。)

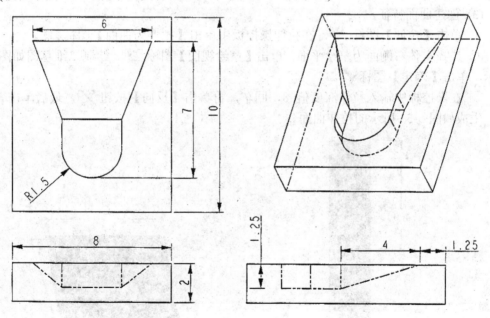

图 5-31　实体特征

操作步骤：

(1) 建立新文件。单击【新建】图标 ，在新建对话框中输入文件名 lx5-8，取消使用默认模板，单击该对话框中的【确定】按钮。在新文件选项对话框中选择 mmns_part_solid 模板，单击【确定】按钮。

(2) 用曲面方法创建实体造型。

① 单击【拉伸】图标 ，在拉伸操控板中单击【拉伸为曲面】图标 。

② 选择 TOP 基准面为草绘平面，单击【草绘视图】图标 ，绘制二维草图为如图

5-32 所示的 8×10 的矩形，单击【确定】图标✔。

③ 在操控板中输入拉伸深度值 2，回车，再单击【选项】→【封闭端】，最后单击 ✔ 按钮，结果如图 5-33 所示。

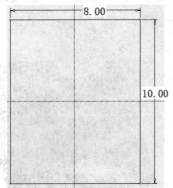

图 5-32　绘制的二维草图

图 5-33　创建的拉伸曲面特征

④ 选择该拉伸曲面，再选择编辑子工具栏中的【实体化】图标✎实体化，系统弹出实体化操控板。在该操控板中单击【用实体材料填充由面组界定的体积块】图标 □，再单击✔按钮，结果将封闭曲面转化成实体，如图 5-33 所示。

(3) 创建曲面特征。

① 单击【拉伸】图标🔷，在拉伸操控板中单击【拉伸为曲面】图标🌂。

② 选择实体右侧面为草绘平面，单击【草绘视图】图标🔁，绘制二维草图如图 5-34 所示，单击【确定】图标✔。

③ 在操控板中输入拉伸深度值 8，回车，再单击【反向】按钮⤢，最后单击 ✔ 按钮，生成如图 5-35 所示的拉伸曲面。

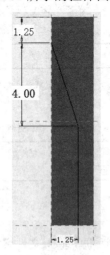

图 5-34　绘制的二维草图

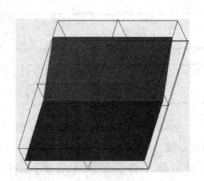

图 5-35　创建的拉伸曲面特征

④ 采用相同的方法创建另一拉伸曲面特征。选上表面为草绘平面，绘制的二维草图如图 5-36(a)所示，最终创建的曲面特征如图 5-36(b)所示。

⑤ 按住 Ctrl 键，在绘图区单击创建的两个曲面特征，再选择编辑子工具栏中的【合并】图标🔗合并，系统弹出合并操控板，单击该操控板右侧的 ✔ 按钮，合并后的曲面如

图 5-37 所示。

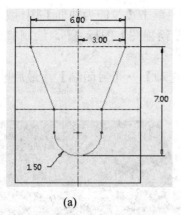

(a)

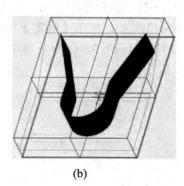

(b)

图 5-36　创建的另一曲面特征

⑥ 单击合并后的曲面特征，选择【实体化】图标 ☑实体化，在实体化操控板中单击 ☑ 图标，再单击 ✅ 按钮，生成用合并曲面移除部分材料后的实体，如图 5-38 所示。

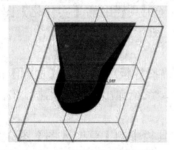

图 5-37　合并后的曲面特征

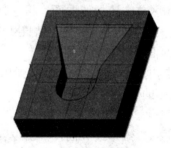

图 5-38　创建的实体特征

9. 用曲面的方法创建如图 5-151 所示的实体造型。

(教程中图 5-151 所示的实体造型如本书图 5-39 所示。)

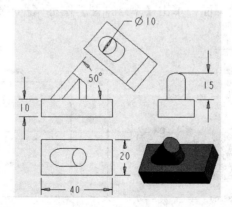

图 5-39　实体造型

操作步骤：

(1) 建立新文件。单击【新建】图标 🗋，在新建对话框中输入文件名 lx5-9，取消使用默认模板，单击该对话框中的【确定】按钮。在新文件选项对话框中选择 mmns_part_solid 模板，单击【确定】按钮。

(2) 用曲面方法创建实体造型。

① 单击【拉伸】图标 ，在拉伸操控板中单击【拉伸为曲面】图标 。

② 选择 TOP 基准面为草绘平面，单击【草绘视图】图标 ，绘制二维草图 20×40 的矩形，如图 5-40 所示，单击【确定】图标 。

③ 输入拉伸深度值 10，回车，再单击【选项】→【封闭端】，最后单击 按钮，结果如图 5-41 所示。

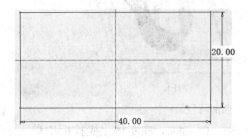

图 5-40 绘制的二维草图   图 5-41 创建的拉伸曲面特征

④ 在绘图区单击该拉伸曲面，再选择编辑子工具栏中的【实体化】图标 实体化，单击实体化操控板右侧的 按钮，结果如图 5-41 所示。

(3) 创建曲面特征。

① 单击【扫描】图标 扫描，在弹出的扫描操控板中先单击【曲面】图标 ，再单击该操控板右侧的【基准】→【草绘】按钮 ，系统弹出草绘对话框，选择实体 FRONT 基准面为草绘平面，单击【草绘】按钮。

② 系统进入二维草绘界面，单击设置子工具栏中的【草绘视图】图标 ，绘制二维草图如图 5-42 所示，单击【确定】图标 。系统返回到扫描操控板，先单击【退出暂停模式，继续使用此工具】按钮 ，再单击【参考】选项卡，接着在绘图区单击该曲线，最后单击该操控板中的【创建或编辑扫描截面】图标 。

③ 系统进入二维草绘界面，单击【草绘视图】图标 ，绘制二维草图如图 5-43 所示，单击【确定】图标 。

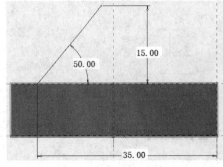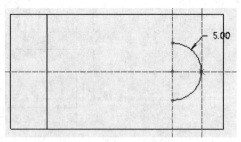

图 5-42 绘制的二维草图   图 5-43 绘制的二维草图

④ 系统返回到扫描操控板，单击该操控板 按钮，结果如图 5-44 所示。

⑤ 在绘图区选择扫描曲面的边链(绿色显示)，如图 5-44 所示。单击操作子工具栏中的【复制】图标 复制，再单击【粘贴】图标 粘贴，在弹出的曲线：复合操控板中单击右侧的 按钮，结果如图 5-45 所示。

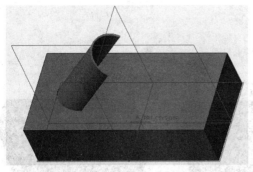

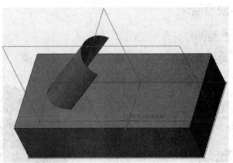

图 5-44 创建的扫描曲面特征 　　　　　　　图 5-45 复制的边链

⑥ 在基准子工具栏中单击【平面】图标 ▱，系统弹出基准平面对话框，如图 5-46 所示。按住 Ctrl 键，选取扫描曲面的前后两个边(绿色显示)，如图 5-47 所示，单击【确定】按钮，创建基准平面 DTM1，如图 5-48 所示。

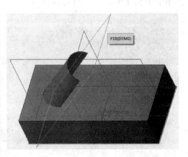

图 5-46 基准平面对话框 　　　图 5-47 选取的曲面边 　　　图 5-48 创建的基准平面 DTM1

⑦ 选取顶上复制的曲线，单击编辑子工具栏中的【镜像】图标 ⅅⅅ 镜像，系统弹出镜像操控板。在绘图区先单击基准平面 DTM1，再单击镜像操控板中右侧的 ✓ 按钮，镜像的曲线如图 5-49 所示。

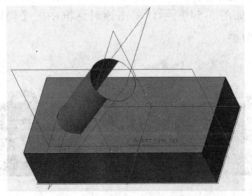

图 5-49 镜像的曲线特征

⑧ 选择该镜像曲线，单击编辑子工具栏中的【投影】图标 ⌁ 投影，系统弹出投影曲线操控板。再单击【参考】选项卡，在如图 5-50 所示的参考下滑面板中，在【链】区域选取镜像的曲线，在【曲面】区域单击 ● 单击此处添加项目 按钮，然后在绘图区选择底座上表面为投影曲面，再单击参考选项卡中的方向参考区域将其激活(该区域颜色变深色)，在【方向参考】区域接着单击底座上表面为方向参考，如图 5-51 所示。单击 ✓ 按钮，投影结果如

Creo 3.0 项目化教学上机指导

图 5-52 所示。

 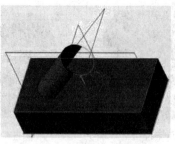 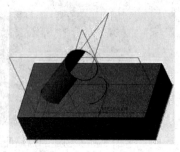

图 5-50　参考选项卡　　　　图 5-51　选取的底座上表面　　　　图 5-52　创建的投影曲线

⑨ 单击曲面子工具栏中的【边界混合】图标，系统弹出边界混合操控板，按住 Ctrl 键依次选取镜像的曲线和投影的曲线，单击操控板中右侧的 ✔ 按钮，创建的边界混合曲面如图 5-53 所示。

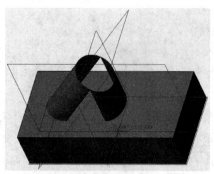

图 5-53　创建的边界混合曲面

(4) 创建填充曲面特征。

① 单击【平面】图标，系统弹出基准平面对话框，按住 Ctrl 键，选取两个曲面前侧的两个边(绿色显示)，如图 5-54 所示，单击该对话框中的【确定】按钮，创建基准平面 DTM2，结果如图 5-55 所示。

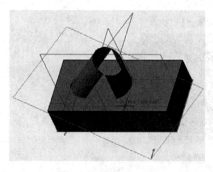 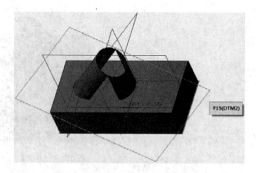

图 5-54　选取两个边创建基准面　　　　图 5-55　创建的基准平面 DTM2

② 单击曲面子工具栏中的【填充】按钮，系统弹出填充操控板。在该操控板中单击【参考】→【定义】按钮，系统弹出草绘对话框，选择基准平面 DTM2 为草绘平面，单击该对话框中的【草绘】按钮。

③ 系统进入二维草绘界面，单击【草绘视图】图标，绘制二维草图如图 5-56 所示，

单击【确定】图标 ✔。系统返回到填充操控板，单击该操控板中 ✔ 按钮，结果如图 5-57 所示。

图 5-56 绘制的二维草图

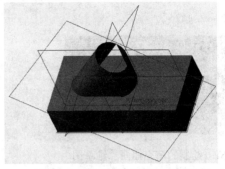

图 5-57 创建填充的曲面特征

④ 选取该填充曲面，单击编辑子工具栏中的【镜像】按钮 ◐◖ 镜像，在绘图区先单击 FRONT 基准面，再单击镜像操控板中的 ✔ 按钮，结果如图 5-58 所示。

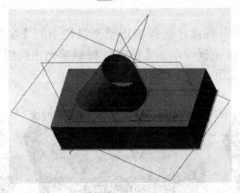

图 5-58 将填充曲面镜像到另一侧

⑤ 单击【平面】图标 ▱，选取左边顶上曲面的边(绿色显示)，如图 5-59 所示，单击基准平面对话框中的【确定】按钮，创建基准平面 DTM3，结果如图 5-60 所示。

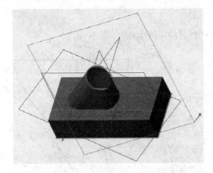

图 5-59 选取曲面边链创建平面

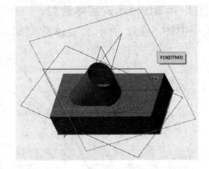

图 5-60 创建的基准平面 DTM3

⑥ 单击曲面子工具栏中的【填充】按钮 ▨ 填充，系统弹出填充操控板。在该操控板中单击【参考】→【定义】按钮，系统弹出草绘对话框，选择基准平面 DTM3 为草绘平面，单击该对话框中的【草绘】按钮。

⑦ 单击【草绘视图】图标 ⿴，绘制二维草图如图 5-61 所示，单击【确定】图标 ✔。系统返回到填充操控板，单击 ✔ 按钮，结果如图 5-62 所示。

图 5-61 绘制的填充曲面二维草图

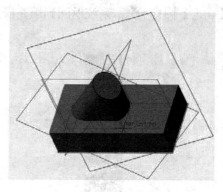

图 5-62 创建的填充曲面特征

(5) 合并各曲面特征并进行实体化。

① 按住 Ctrl 键，在绘图区先选取刚创建的五个曲面，如图 5-63 所示，再选择编辑子工具栏中的【合并】图标 ⊖合并，系统弹出合并操控板，单击该操控板右侧的 ✔ 按钮，结果如图 5-64 所示。

② 在绘图区单击该合并曲面，选择编辑子工具栏中的【实体化】图标 ◁实体化，系统弹出实体化操控板。在该操控板中单击【用实体材料填充由面组界定的体积块】图标 □，单击该操控板右侧的 ✔ 按钮，结果如图 5-65 所示。

图 5-63 选取刚创建的五个曲面

图 5-64 合并完成后的面组

图 5-65 实体化后的面组

10. 根据图 5-152(a)所示的两条轨迹线、截面尺寸及关系式(sd4=2*sin(trajpar*360)+3)，作出如图 5-152(b)所示的实体造型。

(教程中图 5-152 所示的实体造型如本书图 5-66 所示。)

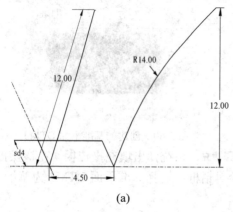

(a)   (b)

图 5-66 实体造型

操作步骤：

(1) 建立新文件。

单击【新建】图标 □，在新建对话框中输入文件名 lx5-10，取消使用默认模板，单击该对话框中的【确定】按钮。在新文件选项对话框中选择 mmns_part_solid 模板，单击该对话框中的【确定】按钮。

(2) 绘制曲线。

① 单击基准子工具栏中的【草绘】图标 ⟋，系统弹出草绘对话框，选取 TOP 基准面为草绘平面，单击该对话框中的【草绘】按钮。

② 单击【草绘视图】图标 🔁，绘制二维草图如图 5-67 所示，单击【确定】图标 ✓，结果如图 5-68 所示。

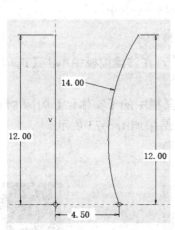

图 5-67　绘制的二维草绘

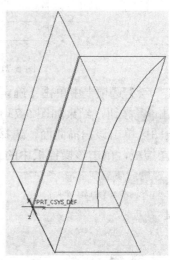

图 5-68　创建的曲线特征

(3) 创建曲面特征。

① 单击【扫描】图标 🗗扫描，系统弹出扫描操控板。在该操控板中先单击【扫描为曲面】图标 ⬜，再单击【允许界面根据参数化参考或沿扫描的关系进行变化】图标 ⤴，单击【参考】选项卡，系统弹出如图 5-69 所示的参考下滑面板。在绘图区按住 Ctrl 键，先选择直线，再选择圆弧，如图 5-70 所示。

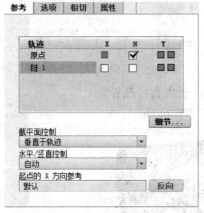

图 5-69　参考选项卡

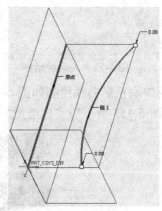

图 5-70　选择的曲线

② 在该操控板中单击【创建或编辑扫描截面】图标 📝，系统进入二维草绘界面，单

Creo 3.0 项目化教学上机指导

击【草绘视图】图标 ，绘制二维草图如图 5-71 所示，单击【确定】图标 ✔。

③ 在【工具】选项卡模型意图子工具栏中单击【关系】图标 **d= 关系**，系统弹出关系对话框，如图 5-72 所示，在其中输入 sd4=2*sin(trajpar*360)+3，单击该对话框中的【确定】按钮。

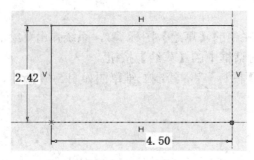

图 5-71　绘制的二维草图

④ 在【草绘】选项卡中单击【确定】图标 ✔，在该操控板中单击【选项】→【封闭端】，再单击 ✔ 按钮，结果如图 5-73 所示。

⑤ 在绘图区单击该扫描曲面，选择编辑子工具栏中的【实体化】图标 ⬜实体化，系统弹出实体化操控板，单击该操控板中的 ✔ 按钮，结果如图 5-73 所示。

图 5-72　关系对话框

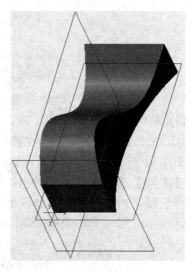

图 5-73　扫描创建的曲面特征

11. 使用二次投影曲线绘制如图 5-153 所示的圆柱凸轮。

(教程中图 5-153 所示的实体造型如本书图 5-74 所示。)

图 5-74　圆柱凸轮实体造型

操作步骤：

(1) 建立新文件。单击【新建】图标 ，在新建对话框中输入文件名 lx5-11，取消使用默认模板，单击该对话框中的【确定】按钮。在新文件选项对话框中选择 mmns_part_solid 模板，单击该对话框中的【确定】按钮。

(2) 绘制圆柱实体造型。

单击【拉伸】图标 ，系统弹出拉伸操控板，选择 TOP 基准面为草绘平面，单击【草绘视图】图标 ，绘制直径 $\phi100$ 的圆作为二维草图，单击【确定】图标 ，系统返回到操控板，在拉伸操控板中输入拉伸深度值 200，回车，单击 按钮，结果如图 5-75 所示。

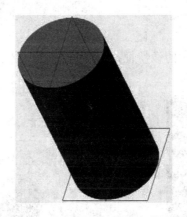

图 5-75　拉伸创建的圆柱实体造型

(3) 创建二次投影曲线。

① 在基准子工具栏中单击【平面】图标 ，系统弹出基准平面对话框。选取 RIGHT 基准面为参考平面，输入偏移距离 150，回车，单击该对话框中的【确定】按钮，创建基准平面 DTM1，结果如图 5-76 所示。

② 采用相同方法创建另一基准平面 DTM2，偏移圆柱上表面距离为 150，结果如图 5-77 所示。

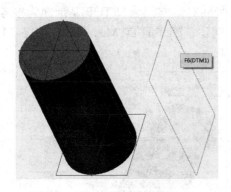
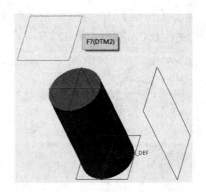

图 5-76　创建的基准平面 DTM1　　　　图 5-77　创建的基准平面 DTM2

③ 单击基准子工具栏中的【草绘】图标 ，系统弹出草绘对话框，选取基准面 DTM2 为草绘平面，单击该对话框中的【草绘】按钮。

④ 单击【草绘视图】图标 ，绘制二维草图如图 5-78 所示，单击【确定】图标 ，

结果如图 5-79 所示。

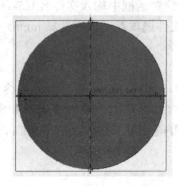

图 5-78　绘制 R50 的右半圆

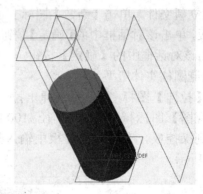

图 5-79　创建的曲线特征

⑤ 采用相同方法创建另一曲线特征，以基准面 DTM1 为草绘平面，绘制二维草图如图 5-80 所示，结果如图 5-81 所示。

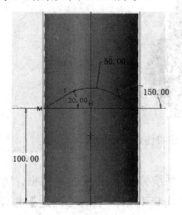

图 5-80　绘制的二维草图

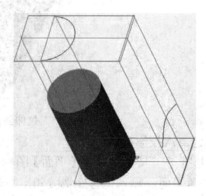

图 5-81　创建的曲线特征

⑥ 按住 Ctrl 键，在绘图区选择刚绘制的两条曲线，单击编辑子工具栏中的【相交】图标 相交，结果如图 5-82 所示。

⑦ 单击【平面】图标 ，系统弹出基准平面对话框，选取 TOP 基准面为参考平面，输入偏移距离 100，回车，单击【确定】按钮，创建基准平面 DTM3，结果如图 5-83 所示。

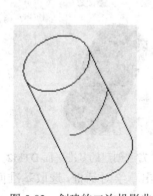

图 5-82　创建的二次投影曲线

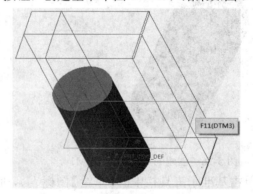

图 5-83　创建的基准平面 DTM3

⑧ 单击【草绘】图标 ，系统弹出草绘对话框，选取基准面 DTM3 为草绘平面，单

击该对话框中的【草绘】按钮。

⑨ 单击【草绘视图】图标 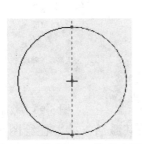，绘制二维草图如图 5-84 所示，单击【确定】图标 ✔，结果如图 5-85 所示。

图 5-84　绘制 R50 的左半圆

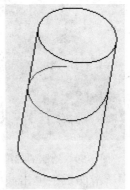

图 5-85　创建的二次投影曲线特征

(4) 创建圆柱凸轮的凹槽。

① 单击形状子工具栏中的【扫描混合】图标 ⏵扫描混合，系统弹出扫描混合操控板，如图 5-86 所示。

图 5-86　扫描混合操控板

② 在该操控板中先单击【移除材料】图标 ◁，再单击【参考】选项卡，系统弹出如图 5-87 所示参考下滑面板。按住 Shift 键，在绘图区选择二次投影曲线，再单击【截面】选项卡，系统弹出截面下拉选项，如图 5-88 所示。

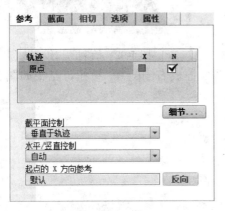

图 5-87　参考下滑面板

图 5-88　截面下滑面板

③ 在截面下滑面板中单击【草绘】按钮 草绘，系统进入二维草绘界面，单击【草绘视图】图标 ，绘制 12×20 矩形草图，如图 5-89 所示，单击【确定】图标 ✔。

④ 系统返回扫描混合操控板，在截面下滑面板中单击【插入】按钮，在截面中增加截面 2，如图 5-90 所示。

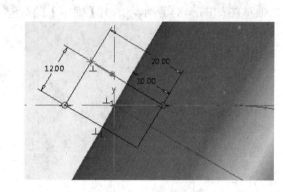

图 5-89　绘制的二维草图

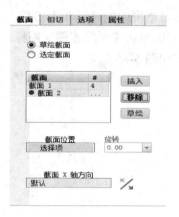

图 5-90　截面选项卡

⑤ 先在截面下滑面板中单击截面位置区域，将其激活，接着在绘图区单击两条曲线的交点，如图 5-91 所示。再单击【草绘】按钮 草绘 ，系统进入二维草绘界面，单击【草绘视图】图标 ，再绘制一个 12×20 矩形草图，如图 5-92 所示，单击【确定】图标 ✔ 。

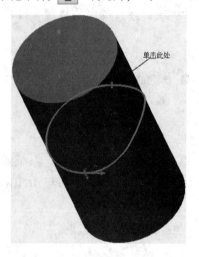

图 5-91　选取的插入点

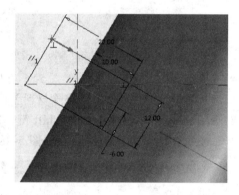

图 5-92　绘制的二维草图

⑥ 系统返回扫描混合操控板，单击该操控板右侧的 ✔ 按钮，结果如图 5-74 所示。

项目六 装配设计

一、学习目的

(1) 了解 Creo 3.0 装配的基本概念和零件装配的基本步骤。

(2) 熟悉装配模块的各个图标按钮及有关命令的使用。

(3) 掌握装配方法及约束条件。

(4) 掌握装配体的编辑操作。

(5) 掌握装配爆炸图的生成及编辑。

二、知识点

1. 装配约束条件

零件的装配过程，实际上就是一个使用约束定位的过程，根据不同的零件模型及设计需要，选择合适的装配约束类型，从而完成零件的定位。一般要实现一个零件的完全定位，需要同时满足几种约束条件。

Creo 3.0 系统提供了 11 种约束条件，包括自动、距离、角度偏移、平行、重合、法向、共面、居中、相切、固定、默认。

2. 装配中的逻辑关系

在装配模型中有两类逻辑关系，分别为装配关系和层次关系。

(1) 装配关系。

① 位置关系：描述产品中两个零、部件几何元素之间的相对位置关系，如同轴、对齐等。

② 连接关系：描述零、部件之间的直接连接关系，如螺钉连接、键连接等。

③ 配合关系：描述产品零、部件之间配合关系及配合精度。

④ 运动关系：描述产品零、部件之间的相对运动关系和传动关系，如绕轴旋转等。

(2) 层次关系。机械产品由具有层次结构的零、部件装配而成。一个产品可以分解成若干部件，部件又可分解成若干零件和子部件，这种结构关系可以形象地表示为倒置的"树"，它直观地表达了产品、部件和部件之间的父子从属关系。

① 根构件：是一个装配体的总称，处于一个装配模型中最顶层，也是装配树的最顶端。当创建一个装配体文件时，根构件就自动产生；此后所引入该装配体中的任何零件都会在根构件之后。

② 构件：装配体中的子装配体称为构件，它又可分为更小的构件和零件。

③ 零件：零件位于整个装配体最底层，是不能再分的实体，所有根构件和构件都是

由若干零件组成。

3. Creo 3.0 装配造型方式

(1) 自上而下(自顶向下)：在布局模块和装配模块中先构造产品的装配框架模型，再逐渐细化，装配模型时可随时到 Part 模块中设计、修改零件模型，然后再返回到装配模块中进行装配模型的设计。

(2) 从下而上(自底向上)：先在 Part 模块中设计完成所有的零件模型，然后在装配模块中进行装配模型的组装，最后完成设计的全部工作。

(3) 混合方式：用户根据情况混合使用自顶向下装配和自底向上的装配方式。例如，一开始使用自底向上方式，随着设计的进行，也可以使用自顶向下方式。

4. 装配元件的重复使用

用户在装配零件时，常常会遇到在装配模型中需要装配相同的元件，即重复使用元件。重复使用元件的操作可以在装配模型中完成，具体操作步骤如下：

① 在装配模型上选取要重复使用的元件，单击鼠标右键，在弹出的快捷菜单中，选择【重复】命令，弹出【重复元件】对话框。

② 在【可变装配参考】栏中选择所有的约束关系，单击【添加】按钮，根据提示信息，选择新的装配模型参照。

③ 完成装配模型参照的选取，单击【确认】按钮，则完成元件的重复使用。

三、练习题参考答案

1. 简述装配设计中常用的约束条件及其用途。

(1) 重合。

重合约束是 Creo 3.0 装配模块中应用最多的一种约束。该约束可使元件参考与装配参考重合。约束所选对象可以是平面、实体的顶点、边线；也可以是基准平面、基准轴线；还可以是具有中心轴线的旋转面(柱面、锥面和球面等)。

① 当重合约束对象为面与面时，可使两个平面(实体表面或基准平面)重合，并且朝向相同方向。

② 当重合约束对象是实体边线或基准轴线时，边线或基准轴线相重合。

③ 当重合约束对象是线与点时，可将一条线与一个点重合。线可以是零件或装配件上的边线、轴线或基准曲线；点可以是顶点或基准点。

④ 当重合约束对象是面与点时，可使一个曲面和一个点重合。曲面可以是零件或装配体上的基准平面、曲面特征或零件的表面；点可以是零件或装配件上的顶点或基准点。

⑤ 当重合约束对象是线与面时，可将一个曲面与一条边线重合。曲面可以是零件或装配体中的基准平面、表面或曲面面组；边线为零件或装配体上的边线。

⑥ 当重合约束对象是坐标系时，可将两个元件的坐标系重合，或者将元件的坐标系与装配体的坐标系重合，即两个元件坐标系中的 X 轴、Y 轴和 Z 轴分别重合。

(2) 默认。

默认约束也称为缺省约束，可以使元件上的默认坐标系与装配环境的默认坐标系对齐。向装配环境中引入第一个元件时，一般采用该约束方式。

(3) 距离。

距离约束可以使元件参考与装配参考间隔一定的距离。约束对象可以是元件中的平整表面、边线、顶点、基准点、基准平面或基准轴。

距离约束所选对象不必是同一种类型，例如可以定义一条直线与一个平面之间的距离。当约束对象是两平面时，两平面平行；当约束对象是两直线时，两直线平行；当约束对象是一直线与一平面时，直线与平面平行。当距离值为 0 时，所选对象将重合、共线或共面。

2．在设置约束条件时，一次能否同时设置多个？每个约束条件必须选择几个元素？在选择两个零件上的装配元素时，先后顺序对装配结果有没有影响？

(1) 在给定约束条件时，一次只能给定一个，不能同时设置多个约束条件。

(2) 每个约束条件必须选择不同的两个零件上各自的一个元素。

(3) 两个零件上装配元素选取的先后顺序，对装配结果没有任何影响。

3．简述零件装配的基本过程。

(1) 新建装配文件。

单击【新建】图标 📄，在弹出的新建对话框中，文件类型选【装配】选项、子类型选【设计】选项，输入文件名(如 I6-1)，取消选中 ☑ 使用默认模板 复选框，单击【确定】按钮。在新文件选项对话框中选取 mmns_asm_design 模板，再单击【确定】按钮。

(2) 调入装配基础零件。

单击【模型】选项卡中的元件子工具栏中的【装配】图标 📐，或者单击 组装 按钮下方的黑色小三角，在弹出子菜单中选择【组装】选项，系统弹出打开对话框。在其中选取需要装配的第一个零件，然后单击【打开】按钮。在元件放置操控板中选择零件装配约束条件【缺省】选项。

(3) 调入其他装配零件。

单击【装配】图标 📐，在弹出的打开对话框中选择其他装配零件名称并单击【打开】按钮，在元件放置操控板中选择零件装配约束条件，再分别指定装配件与被装配件上的对应元素，直至完全约束。

(4) 在元件放置操控板中单击 ✔ 按钮，装配结束。

装配其他零件，直至所有零件装配完成。

4. 为什么要用户建立装配分解图而不用系统默认的分解图？用户自己怎样建立分解图？在多个分解图中，怎样设置要显示的分解图？

(1) 系统可以自动建立装配体的分解图，但自动建立的分解图中各零组件的位置是由系统内定的固定位置来确定的，有时往往不符合设计要求。在这种情况下，用户就要自行创建分解图。

(2) 用户创建分解图的步骤。

① 单击【模型】选项卡中的模型显示子工具栏，在其中单击【管理视图】图标📊，弹出视图管理器对话框，切换到【分解】选项卡，在名称列表中系统提供的【默认分解】就是上面所讲的系统建立的分解图。单击对话框左下角的【属性】按钮，再单击【分解视图】图标💹 即可看到。

② 单击【新建】按钮，接受默认的 Exp0001 作为分解图名称，按回车键。

③ 单击【属性】按钮，进入属性设置窗口，单击【编辑位置】图标 ，弹出分解工具操控板。或者单击模型选项卡中的模型显示子工具栏中的【编辑位置】图标 编辑位置，也可弹出分解工具操控板。

④ 根据具体情况选取移动件，定义移动(旋转)方向和移动位置。

⑤ 在视图管理器对话框中切换到【分解】选项卡，单击【编辑】按钮下的【保存】选项。在弹出的保存显示元素对话框中单击【确定】按钮，对分解视图进行保存，完成了名为 Exp0001 分解图的创建。

(3) 分解图的显示步骤。

① 单击【模型】选项卡中的模型显示子工具栏中的【管理视图】图标 ，弹出视图管理器对话框，切换到【分解】选项卡，在名称列表中既有系统提供的【默认分解】选项，也有用户建立的分解图。单击对话框左下角的【属性】按钮，再单击【分解视图】图标 即可看到。

② 如要要显示刚建立的分解图，可直接双击 Exp0001 名称，屏幕中即显示 Exp0001 分解图。同理，要显示哪一个分解图，可双击该分解图名称。

5. 装配相同零件的方法有哪些？简述其操作步骤。

装配相同零件的方法有两种：

(1) 阵列元件。

① 首先在需要的位置装配好一个零部件，在左侧的模型树中左键选中该零部件，单击右键，在快捷菜单中选择【阵列】命令。

② 在弹出的操控板中选择合适的阵列方式，并进行相关参数设置。

③ 在操控板中单击 按钮，就实现了使用阵列的方式来装配具有规则排列的多个相同的零部件。

(2) 重复放置元件。

重复放置元件对于装配相同的零件非常有用，使用该方法之前，需要先在装配体中按常规的方法装配一个用于重复的父项元件。装配好父项元件之后，选择父项元件，然后，进行元件的重复放置操作。

① 在装配体中装配好一个零部件，该零部件作为重复操作的父项元件。

② 在模型树中选择已装配好的父项元件，然后在右键快捷菜单中选择【重复】命令，或者单击【模型】选项卡中的元件子工具栏，选择其中的【重复】按钮 重复，弹出重复元件对话框。

③ 在重复元件对话框中的【可变装配参考】区，可以看到已经装配好的零件的约束类型及所选参考，可以从【可变装配参考】选项组的列表中选择要改变的装配参考。

④ 一般情况下，装配参考的选取不止一个，按住键盘上的 Ctrl 键，选取可变配选项组内的项目，单击重复元件对话框中的 按钮，并在装配体中选择与之相配合的可变参考。所选参考出现在对话框下方的【放置元件】选项组的列表中。

⑤ 选择完可变参考后，单击重复元件对话框中的【确认】按钮，从而实现以重复放置的方式在装配体中添加该父项元件。

6. 根据图 6-49 提供的剖视图及尺寸，设计一套装配体，其中包含底座、螺塞、销、套筒。

提示：读者可以自行设计出 4 个零件，也可以打开本教材提供的素材文件(文件路径为CH6/LX6)，并将其装配成一副完整的机构。

(教程中图 6-49 所示的零件图如本书图 6-1 所示。)

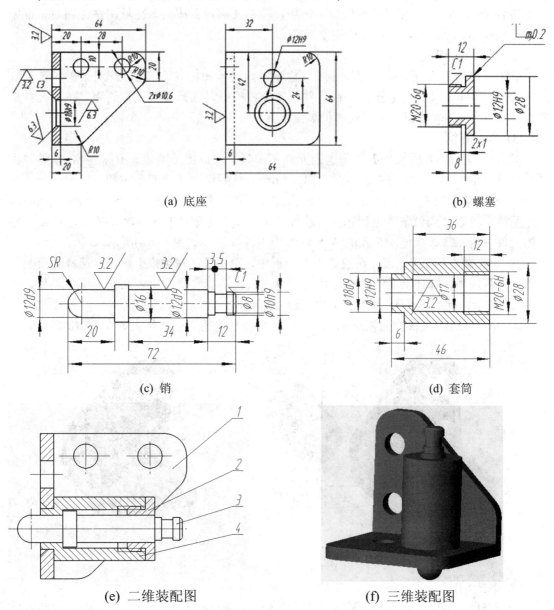

(a) 底座 (b) 螺塞

(c) 销 (d) 套筒

(e) 二维装配图 (f) 三维装配图

图 6-1 机构尺寸

操作步骤：

1) 设置工作目录

① 打开【我的电脑】，打开教材提供的素材文件，找到文件夹 LX6。

② 在 Creo 3.0 界面下，选择主菜单中的【文件】→【管理会话】→【选择工作目录】命令，或者选取主界面中【主页】选项卡下的【选择工作目录】图标，在弹出的选择工作目录对话框中将目录设置为 D:\LX6，单击【确定】按钮。

2) 装配各个零件

(1) 创建装配文件。

单击【新建】图标 ，在新建对话框中选择文件类型为【装配】/【设计】选项，输入文件名 T6-1，取消【使用缺省模板】选项，单击【确定】按钮。在新文件选项对话框中选用 mmns_asm_design，单击【确定】按钮。

(2) 装配基础零件(底座)。

单击【模型】选项卡中的元件子工具栏中的组装配图标 ，在打开对话框中选择底座(T6-1.prt)，单击【打开】按钮。在元件放置操控板中，选择【默认】约束，单击元件放置操控面板上的 按钮，完成底座的装配。

(3) 装配套筒。

① 打开套筒。在【模型】选项卡的元件子工具栏中单击【组装】图标 ，系统弹出文件打开对话框，在其中选取套筒零件(T6-4.prt)，然后单击【打开】按钮。

② 定义装配约束条件 1。在元件放置操控板中单击【放置】按钮，弹出放置下滑面板，在此面板中可以对约束条件进行选择。选择约束类型为【重合】选项，选择套筒的 A_1 轴作为元件项目，选择底座ϕ18 孔的 A_8 轴作为组件项目，如图 6-2(a)所示。

③ 定义装配约束条件 2。在放置下滑面板中，单击【新建约束】选项，选择约束类型为【重合】选项，选择套筒的阶梯面作为元件项目，选择底座的上表面作为组件项目，如图 6-2(a)所示。此时显示装配状况为"完全约束"。

④ 单击元件放置操控面板上的 按钮，完成套筒的装配，结果如图 6-2(b)所示。

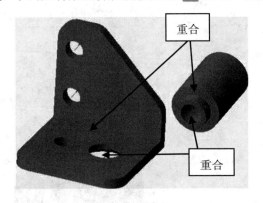

(a) 选择参考   (b) 套筒装配完成

图 6-2   放置套筒零件

(4) 装配销。

① 打开销。单击【组装】图标 ，系统弹出文件打开对话框，在其中选取销零件(T6-3.prt)，然后单击【打开】按钮。

② 定义装配约束条件 1。在元件放置操控板中单击【放置】按钮，弹出放置下滑面板，在此面板中可以对约束条件进行选择。选择约束类型为【重合】选项，选择销的 A_1 轴作为元件项目，选择套筒的 A_1 轴作为组件项目，如图 6-3(a)所示。

③ 定义装配约束条件 2。在放置下滑面板中，单击【新建约束】选项，选择约束类型为【重合】选项，选择销的上端阶梯面作为元件项目，选择套筒内部的阶梯面作为组件项

目，如图 6-3(a)所示。此时显示装配状况为"完全约束"。

④ 单击元件放置操控面板上的 ✅ 按钮，完成销的装配，结果如图 6-3(b)所示。

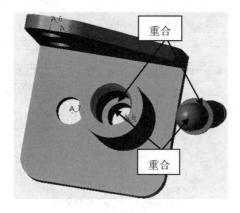

(a) 选择参考

(b) 销装配完成

图 6-3　放置销零件

(5) 装配螺塞。

① 打开螺塞。单击【组装】图标 📥，系统弹出文件打开对话框，在其中选取螺塞零件(T6-2.prt)，然后单击【打开】按钮。

② 定义装配约束条件。

选择【重合】选项：选择元素为螺塞的 A_1 轴、销的 A_1 轴，如图 6-4(a)所示。

选择【重合】选项：选择元素为螺塞的下端阶梯面、套筒上表面，如图 6-4(a)所示。此时显示装配状况为"完全约束"。

③ 单击元件放置操控板上的 ✅ 按钮，完成螺塞的装配，结果如图 6-4(b)所示。

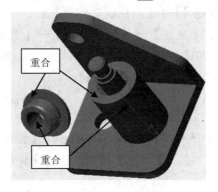

(a) 选择参考

(b) 螺塞装配完成

图 6-4　放置螺塞零件

(6) 保存图形。

单击【保存】图标 💾，在保存对象对话框中单击【确定】按钮。

7．根据如图 6-50(a)、(b)、(c)、(d)所示零件及尺寸，图中未注倒角为 1×45°，读者可以自行创建底座、螺旋杆、螺母套、绞杠的实体零件，也可以打开本教程提供的素材文件(文件路径为 CH6/LX7)，将它们按图 6-5(e)所示的位置关系装配，并创建其分解图。

(教程中图 6-50 所示的零件图如本书图 6-5 所示。)

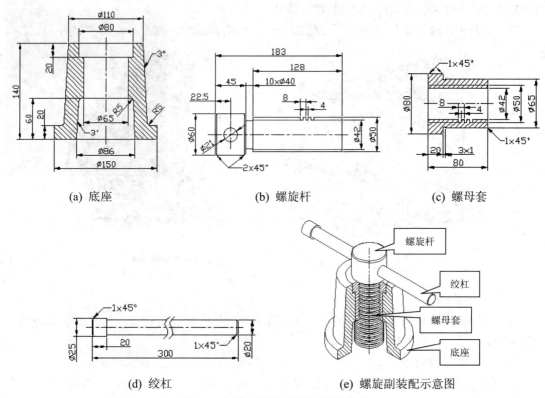

(a) 底座 (b) 螺旋杆 (c) 螺母套

(d) 绞杠 (e) 螺旋副装配示意图

图 6-5　螺旋副的组成零件及装配图

操作步骤：

1) 设置工作目录

① 打开【我的电脑】，打开教材提供的素材文件，找到文件夹 LX7。

② 在 Creo 3.0 界面下，选择主菜单中的【文件】→【管理会话】→【选择工作目录】命令，或者选取主界面中【主页】选项卡下的【选择工作目录】图标，弹出的选择工作目录对话框，在其中将目录设置为 D:\LX7，单击【确定】按钮。

2) 装配各个零件

(1) 创建装配文件。

单击【新建】图标，在新建对话框中选择文件类型为【装配】/【设计】选项，输入文件名 LX7，取消【使用缺省模板】选项，单击【确定】按钮。在新文件选项对话框中选用 mmns_asm_design，单击【确定】按钮。

(2) 装配基础零件(底座)。

单击【组装】图标，在打开对话框中选择底座(T7-1.prt)，单击【打开】按钮。在元件放置操控板中，选【默认】约束，单击元件放置操控面板上的　按钮，完成底座的装配。

(3) 装配螺母套零件。

① 打开螺母套。单击【组装】图标，系统弹出文件打开对话框，在其中选取螺母套零件(T7-3.prt)，然后单击【打开】按钮。

② 定义装配约束条件 1。在元件放置操控板中单击【放置】按钮，弹出放置下滑面板，

在此面板中可以对约束条件进行选择。选择约束类型为【重合】选项，选择螺母套的 A_1 轴作为元件项目，选择底座的 A_1 轴作为组件项目，如图 6-6(a)所示。

③ 定义装配约束条件 2。在放置下滑面板中，单击【新建约束】选项，选择约束类型为【重合】选项，选择螺母套的前端面作为元件项目，选择底座的前端面作为组件项目，如图 6-6(a)所示。此时显示装配状况为"完全约束"。

④ 单击元件放置操控面板上的 ✅ 按钮，完成螺母套的装配，结果如图 6-6(b)所示。

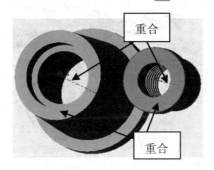 

(a) 螺母套的装配约束   (b) 装配后的零件

图 6-6 装配螺母套

(4) 装配螺旋杆零件。

① 打开螺旋杆。单击【组装】图标 ，系统弹出文件打开对话框，在其中选取螺旋杆零件(T7-2.prt)，然后单击【打开】按钮。

② 定义装配约束条件。

选择【重合】选项：选择元素为螺旋杆 A_1 轴、底座的 A_1 轴，如图 6-7(a)所示。

选择【重合】选项：选择元素为螺旋杆头部的下表面、底座台阶面的上表面，如图 6-7(a)所示。此时显示装配状况为"完全约束"。

③ 单击元件放置操控板上的 ✅ 按钮，完成螺旋杆的装配，结果如图 6-7(b)所示。

(a) 螺旋杆的装配约束   (b) 装配后的零件

图 6-7 装配螺旋杆

(5) 装配绞杠零件。

① 打开绞杠。单击【组装】图标 ，系统弹出文件打开对话框，在其中选取绞杠零件(T7-4.prt)，然后单击【打开】按钮。

② 定义装配约束条件。

选择【重合】选项：选择元素为绞杠的 A_1 轴、螺杆头部孔的 A_2 轴，如图 6-8(a)所示。

选择【重合】选项：选择元素为绞杠的 RIGHT 面、螺杆的 TOP 面，如图 6-8(a)所示。此时显示装配状况为"完全约束"。

③ 单击元件放置操控板上的 ✔ 按钮，完成绞杠的装配，结果如图 6-8(b)所示。

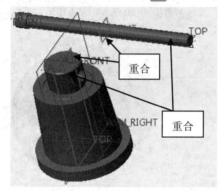

| (a) 绞杠的装配约束 | (b) 装配后的零件 |

图 6-8 装配绞杠

3) 保存文件

螺旋副装配完成，共计 4 个零件，单击【保存】图标 🖫，在保存对象对话框中单击【确定】按钮。

8. 利用本教程提供的素材文件，文件路径为：CH6/LX8，其中包括螺杆(T8-1)、虎钳基座(T8-2)、螺钉 1(T8-3)、钳口板(T8-4)、螺钉 2(T8-5)、活动钳身(T8-6)、螺母块(T8-7)、销(T8-8)、垫片 2(T8-9)、环(T8-10)、垫片 1(T8-11)共 11 个零件，建立如图 6-51 所示的装配图，并建立其分解图(爆炸图)。

(教程中图 6-51 所示的装配图如本书图 6-9 所示。)

操作步骤：

1) 设置工作目录

① 打开【我的电脑】，打开教材提供的素材文件，找到文件夹 LX8。

② 在 Creo 3.0 界面下，选择主菜单的【文件】→【设置工作目录】命令，在选取工作目录对话框中，将目录设置为文件夹 LX8，单击【确定】按钮。

图 6-9 机用虎钳的装配图

2) 装配子部件

(1) 创建子装配文件。

单击【新建】图标 🗋，在新建对话框中选择文件类型为【装配】/【设计】选项，输入文件名 huqian1，取消【使用缺省模板】选项，单击【确定】按钮。在新文件选项对话框中选用 mmns_asm_design，单击【确定】按钮。

(2) 装配基础零件(螺杆)。

单击【组装】图标 🔩，在打开对话框中选择螺杆(T8-1.prt)，并单击【打开】按钮。在元件放置操控板中用【默认】方式作为装配的约束条件，单击元件放置操控板上的 ✔ 按钮，完成螺杆零件的装配。

(3) 装配垫片 1。

① 打开垫片 1。单击【组装】图标 ，系统弹出文件打开对话框，在其中选取垫片 1 零件(T8-11.prt)，然后单击【打开】按钮。

② 定义装配约束条件。

选择【重合】选项：选择元素为垫片的 A_1 轴、螺杆的 A_2 轴，如图 6-10(a)所示。

选择【重合】选项：选择元素为垫片的下表面、螺杆台阶面的下表面，如图 6-10(a) 所示。此时显示装配状况为"完全约束"。

③ 单击元件放置操控板上的 按钮，完成垫片 1 的装配，结果如图 6-10(b)所示。

④ 单击【保存】图标 ，在保存对象对话框中的单击【确定】按钮，完成子部件的 装配。

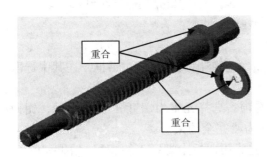

(a) 垫片 1 的装配约束　　　　　　　　　(b) 装配后的垫片 1

图 6-10　装配垫片 1

3) 进行总装配

(1) 创建总装配体文件。

单击【新建】图标 ，在新建对话框中选择文件类型为【装配】/【设计】，输入文件名 huqian，取消【使用缺省模板】选项，单击【确定】按钮。在新文件选项对话框中选用 mmns_asm_design，单击【确定】按钮。

(2) 装配体基础零件(虎钳基座)。

单击【组装】图标 ，在打开对话框中选择虎钳基座(T8-2.prt)并打开，在元件放置操控板中用【默认】方式作为装配的约束条件，单击元件放置操控板上的 按钮，完成虎钳基座零件的装配。

(3) 装配钳口板。

① 打开钳口板。单击【组装】图标 ，系统弹出文件打开对话框，在其中选取钳口板零件(T8-4.prt)，然后单击【打开】按钮。

② 定义装配约束条件。

选择【重合】选项：选择元素为钳口板的 A_1 轴、虎钳基座的 A_19 轴，如图 6-11(a) 所示。

选择【重合】选项：选择元素为钳口板的 A_2 轴、虎钳基座的 A_20 轴，如图 6-11(a) 所示。

选择【重合】选项：选择元素为钳口板的光面、虎钳基座的侧表面，如图 6-11(a)所示。

此时显示装配状况为"完全约束"。

③ 单击元件放置操控板上的 ✓ 按钮，完成钳口板的装配，结果如图 6-11(b)所示。

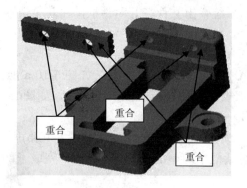

(a) 钳口板的装配约束   (b) 装配后的钳口板

图 6-11 装配钳口板

(4) 装配螺钉 1。

① 打开螺钉 1。单击【组装】图标 ，系统弹出文件打开对话框，在其中选取螺钉 1 零件(T8-3.prt)，然后单击【打开】按钮。

② 定义装配约束条件。选择【居中】选项：选择元素为螺钉 1 头部弧面、钳口板孔弧面，如图 6-12(a)所示。此时显示装配状况为"完全约束"。

③ 单击元件放置操控板上的 ✓ 按钮，完成钳口板上螺钉 1 的装配，结果如图 6-12(b)所示。

用同样的方法装配另一侧的螺钉，结果如图 6-12(b)所示。

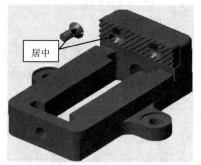

(a) 螺钉 1 的装配约束   (b) 装配后的螺钉 1

图 6-12 装配螺钉 1

❖ **注意**：如果是两圆锥面居中，实质是两锥面的顶点对齐，轴线对齐，剩余 1 个旋转自由度；如果是坐标系居中，实际是两坐标系的原点重合，剩余 3 个旋转自由度。

(5) 装配螺母块。

① 打开螺母块。单击【组装】图标 ，系统弹出文件打开对话框，在其中选取螺母块零件(T8-7.prt)，然后单击【打开】按钮。

② 定义装配约束条件。

选择【重合】选项：选择元素为螺母块的 A_2 轴、虎钳基座的 A_5 轴，如图 6-13(a)所示。

选择【平行】选项：选择元素为螺母块的上表面、虎钳基座的上表面，如图 6-13(a)所示。

选择【距离】选项：选择元素为螺母块的左侧面、虎钳基座的左侧面，如图 6-13(a)所示。输入偏移值为50，如果方向不符合要求，可以单击偏移值输入框后面的"反向"按钮。此时显示装配状况为"完全约束"。

③ 单击元件放置操控板上的 ✅ 按钮，完成螺母块的装配，结果如图 6-13(b)所示。

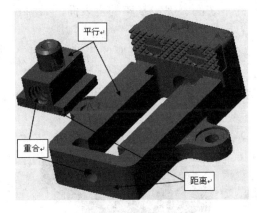

     (a) 螺母块的装配约束   (b) 装配后的螺母块

图 6-13 装配螺母块

(6) 装配子部件。

① 打开子部件。单击【组装】图标 ，系统弹出文件打开对话框，在其中选取子部件(huqian1.asm)，然后单击【打开】按钮。

② 定义装配约束条件。

选择【重合】选项：选择元素为螺杆的 A_3 轴、虎钳基座后端孔的 A_5 轴，如图 6-14(a)所示。

选择【重合】选项：选择元素为子部件上垫片的表面、虎钳基座的台阶面，如图 6-14(a)所示。此时显示装配状况为"完全约束"。

③ 单击元件放置操控板上的 ✅ 按钮，完成子部件与总装体的装配，结果如图6-14(b)所示。

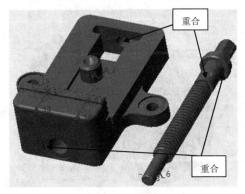

     (a) 子部件的装配约束   (b) 装配后的子部件

图 6-14 装配子部件

(7) 装配活动钳身。

① 打开活动钳身。单击【组装】图标 📂，系统弹出文件打开对话框，在其中选取活动钳身零件(T8-6.prt)，然后单击【打开】按钮。

② 定义装配约束条件。

选择【重合】选项：选择元素为活动钳身的 A_1 轴、螺母块的 A_1 轴，如图 6-15(a)所示。

选择【重合】选项：选择元素为活动钳身的下表面、虎钳基座的上表面，如图 6-15(a)所示。

选择【平行】选项：选择元素为活动钳身的左侧面、虎钳基座的侧面，如图 6-15(a)所示。此时显示装配状况为"完全约束"。

③ 单击元件放置操控板上的 ✔ 按钮，完成活动钳身的装配，结果如图 6-15(b)所示。

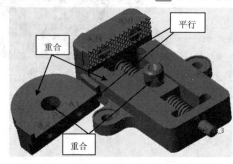

(a) 活动钳身的装配约束   (b) 装配后的活动钳身

图 6-15　装配活动钳身

(8) 装配活动钳身上的钳口板和螺钉 1。

本练习中，活动钳身上装配的钳口板与螺钉，和固定钳身上装配的元件是相同的。当装配体中出现需要重复装配的元件时，可以采用更加快捷的装配方式。具体操作方法如下：

① 在模型树中选择已装配好的父项元件(如钳口板)，然后在右键快捷菜单中选择【重复】命令，单击【模型】功能选项卡中的元件子工具栏中的【重复】按钮 ↻重复，弹出重复元件对话框，如图 6-16(a)所示。

　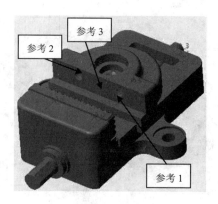

(a) 重复元件对话框   (b) 装配后的活动钳身

图 6-16　装配活动钳身上的钳口板与螺钉 1

② 在对话框中的可变装配参考区显示出已经装配好的钳口板的类型、元件参考及装配参考。按住键盘上的 Ctrl 键，选取可变装配参考区内的三个项目，单击重复元件对话框中的 **添加(A)** 按钮。

③ 选择活动钳身的两个轴及端面，如图 6-16(b)所示。单击重复元件对话框中的【确认】按钮，从而实现以重复放置的方式在装配体中添加钳口板。

装配活动钳身上的螺钉 1 做法相同。

(9) 装配螺钉 2。

① 打开螺钉 2。单击【组装】图标 ，系统弹出文件打开对话框，在其中选取螺钉 2 零件(T8-5.prt)，然后单击【打开】按钮。

② 定义装配约束条件。

选择【重合】选项：选择元素为螺钉 2 的 A_2 轴、活动钳身的 A_2 轴，如图 6-17(a)所示。

选择【重合】选项：选择元素为螺钉 2 头部的下表面、活动钳身的台阶面，如图 6-17(a)所示。此时显示装配状况为"完全约束"。

③ 单击元件放置操控板上的 按钮，完成螺钉 2 的装配，结果如图 6-17(b)所示。

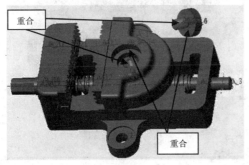 

(a) 螺钉 2 的装配约束　　　　　(b) 装配后的螺钉 2

图 6-17　装配螺钉 2

(10) 装配垫片 2。

① 打开垫片 2。单击【组装】图标 ，系统弹出文件打开对话框，在其中选取垫片 2 零件(T8-9.prt)，然后单击【打开】按钮。

② 定义装配约束条件。

选择【重合】选项：选择元素为垫片的 A_1 轴、螺杆的 A_3 轴，如图 6-18(a)所示。

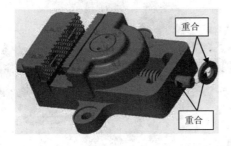 

(a) 垫片 2 的装配约束　　　　　(b) 装配后的垫片 2

图 6-18　装配垫片 2

选择【重合】选项：选择元素为垫片的侧面、虎钳基座的右侧面，如图 6-18(a)所示。此时显示装配状况为"完全约束"。

③ 单击元件放置操控板上的 ✓ 按钮，完成垫片 2 的装配，结果如图 6-18(b)所示。

(11) 装配环。

① 打开环。单击【组装】图标 📂，系统弹出文件打开对话框，在其中选取环零件(T8-10.prt)，然后单击【打开】按钮。

② 定义装配约束条件。

选择【重合】选项：选择元素为环的 A_1 轴、螺杆的 A_3 轴，如图 6-19(a)所示。

选择【重合】选项：选择元素为环上小孔的 A_3 轴、螺杆上孔的 A_6 轴，如图 6-19(a)所示。

选择【重合】选项：选择元素为环的侧面、垫片 2 的侧面，如图 6-19(a)所示。此时显示装配状况为"完全约束"。

③ 单击元件放置操控板上的 ✓ 按钮，完成环的装配，结果如图 6-19(b)所示。

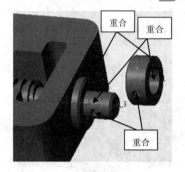

(a) 环的装配约束

(b) 装配后的环

图 6-19　装配环

(12) 装配销。

① 打开销。单击【组装】图标 📂，系统弹出文件打开对话框，在其中选取销零件(T8-8.prt)，然后单击【打开】按钮。

② 定义装配约束条件。

选择【重合】选项：选择元素为销的 A_1 轴、环上小孔的 A_3 轴，如图 6-20(a)所示。

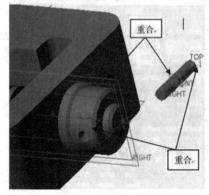

(a) 销的装配约束

(b) 装配后的销

图 6-20　装配销

选择【重合】选项：选择元素为销的右端面 FRONT 面、螺杆中间的 RIGHT 面，如图 6-20(a)所示。此时显示装配状况为"完全约束"。

③ 单击元件放置操控板上的 ✔ 按钮，完成销的装配，结果如图 6-20(b)所示。

至此，虎钳装配完成，共计 11 种零件。

4) 创建装配体分解图(爆炸图)

(1) 显示系统建立的分解图。

单击【模型】功能选项卡中的模型显示子工具栏，在其中单击【分解图】图标，则在屏幕中会显示出由系统自行建立的分解图，如图 6-21 所示。

(2) 用户创建爆炸图。

① 单击【模型】功能选项卡中的模型显示子工具栏中的【管理视图】图标，弹出视图管理器对话框，切换到【分解】选项卡。

② 单击【新建】按钮，接受默认的 Exp0001 作为爆炸图名称，按回车键。

③ 单击【属性】按钮，进入属性设置窗口，单击【编辑位置】按钮，弹出分解工具操控板。

④ 在分解工具操控板中，运动类型选择【平移】选项，左键选择螺杆，出现橘色坐标系，选择平移轴后移动鼠标，此时螺杆会随鼠标一起移动，移到合适位置后再单击鼠标左键，即可完成绞杠的移动。

⑤ 使用上述方法，分别单击其他零件进行移动，进行位置编辑。

⑥ 在视图管理器对话框中切换到【分解】选项卡，单击【编辑】按钮下的【保存】选项，在弹出的保存显示元素对话框中单击【确定】按钮，对分解视图进行保存，至此完成名为 Exp0001 分解图的创建，如图 6-22 所示。

图 6-21 系统默认的爆炸图

图 6-22 用户创建的爆炸图

5) 保存文件

单击【保存】图标，在保存对象对话框中的单击【确定】按钮，完成保存。

9．利用本教程提供的素材文件，文件路径为 CH6/LX9，其中包括泵体(T9-1)、主动齿轮轴(T9-2)、轴套(T9-3)、套筒(T9-4)、压紧螺母(T9-5)、从动齿轮轴 (T9-6)、键(T9-7)、从动齿轮(T9-8)、垫片(T9-9)、泵盖 (T9-10)、螺钉(T9-11)共 11 个零件，建立如图 6-52 所示的齿轮油泵装配图。

(教程中图 6-52 所示的装配图如本书图 6-23 所示。)

图 6-23 齿轮油泵的装配图

操作步骤：

1) 设置工作目录

(1) 打开【我的电脑】，打开教材提供的素材文件，找到文件夹 LX9。

(2) 在 Creo 3.0 界面下，选择主菜单的【文件】→【设置工作目录】命令，在选取工作目录对话框中，将目录设置为文件夹 LX9，单击【确定】按钮。

2) 装配泵体子部件 1

(1) 创建子装配文件。

单击【新建】图标 □，在新建对话框中选择文件类型为【装配】/【设计】，输入文件名 1，取消【使用缺省模板】选项，单击【确定】按钮。在新文件选项对话框中选用 mmns_asm_design，单击【确定】按钮。

(2) 装配基础零件(泵体)。

单击【组装】图标 ，在打开对话框中选择泵体(T9-1.prt)并打开，在元件放置操控板中用【默认】方式作为装配的约束条件，单击元件放置操控板上的 ✓ 按钮，完成泵体零件的装配，如图 6-24 所示。

图 6-24　装配泵体

(3) 装配主动齿轮轴。

① 打开主动齿轮轴。单击【组装】图标 ⬚，系统弹出文件打开对话框，在其中选取主动齿轮轴零件(T9-2.prt)，然后单击【打开】按钮。

② 定义装配约束条件。

选择【重合】选项：选择元素为齿轮轴的表面、泵体下边孔的表面，如图 6-25(a)所示。

选择【重合】选项：选择元素为齿轮端面、泵体台阶面，如图 6-25(a)所示。

选择【平行】选项：选择元素为轴上的小平面、泵体底座上表面，如图 6-25(a)所示。此时显示装配状况为"完全约束"。

③ 单击元件放置操控板上的 ✓ 按钮，完成主动齿轮轴的装配，结果如图 6-25(b)所示。

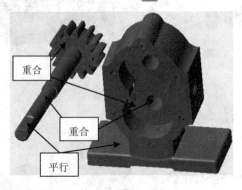

重合

重合

平行

(a) 主动齿轮轴的装配约束　　　　　　　(b) 装配后的主动齿轮轴

图 6-25　装配主动齿轮轴

(4) 装配轴套。

① 打开轴套。单击【组装】图标 ⬚，系统弹出文件打开对话框，在其中选取轴套零件(T9-3.prt)，然后单击【打开】按钮。

② 定义装配约束条件。

选择【重合】选项：选择元素为轴套的 A_1 轴、泵体的 A_4 轴，如图 6-26(a)所示。

选择【距离】选项：选择元素为轴套的 RIGHT 面、泵体端面，如图 6-26(a)所示，在偏移输入框中输入 −32.5，如果方向相反，可单击距离输入框后的【反向】按钮。此时显示装配状况为"完全约束"。

③ 单击元件放置操控板上的 ✔ 按钮，完成轴套的装配，结果如图 6-26(b)所示。

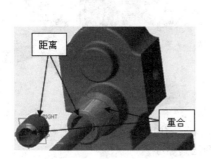

(a) 轴套的装配约束　　　　　　(b) 装配后的轴套

图 6-26　装配轴套

(5) 装配套筒。

① 打开套筒。单击【组装】图标 ⬚，系统弹出文件打开对话框，在其中选取套筒零件(T9-4.prt)，然后单击【打开】按钮。

② 定义装配约束条件。

选择【重合】选项：选择元素为套筒的 A_1 轴、泵体的 A_4 轴，如图 6-27(a)所示。

选择【重合】选项：选择元素为套筒台阶面、泵体端面，如图 6-27(a)所示。此时显示装配状况为"完全约束"。

③ 单击元件放置操控板上的 ✔ 按钮，完成套筒的装配，结果如图 6-27(b)所示。

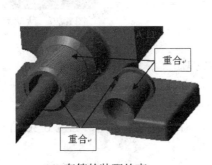

(a) 套筒的装配约束　　　　　　(b) 装配后的套筒

图 6-27　装配套筒

(6) 装配压紧螺母。

① 打开压紧螺母。单击【组装】图标 ⬚，系统弹出文件打开对话框，在其中选取压紧螺母零件(T9-5.prt)，然后单击【打开】按钮。

② 定义装配约束条件。

选择【重合】选项：选择元素为压紧螺母的 A_1 轴、泵体的 A_1 轴，如图 6-28(a)所示。

选择【重合】选项：选择元素为压紧螺母的台阶面、套筒端面，如图 6-28(a)所示。此时显示装配状况为"完全约束"。

③ 单击元件放置操控板上的 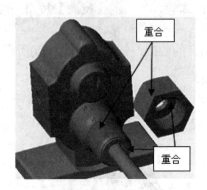 按钮，完成压紧螺母的装配，结果如图 6-28(b)所示。

(a) 压紧螺母的装配约束　　　　　　　　　　(b) 装配后的压紧螺母

图 6-28　装配压紧螺母

④ 单击【保存】图标 ，在保存对象对话框中的单击【确定】按钮，完成子部件 1 的装配。

3) 装配从动齿轮轴子部件 2

(1) 创建子装配文件。

单击【新建】图标 ，在新建对话框中选择文件类型为【装配】/【设计】，输入文件名 2，取消【使用缺省模板】选项，单击【确定】按钮。在新文件选项对话框中选用 mmns_asm_design，单击【确定】按钮。

(2) 装配基础零件(从动齿轮轴)。

单击【组装】图标 ，在打开对话框中选择文件从动齿轮轴(T9-6.prt)并打开，在元件放置操控板中用【默认】方式作为装配的约束条件，单击 按钮，完成从动齿轮轴的装配，如图 6-29 所示。

图 6-29　从动齿轮轴

(3) 装配键。

① 打开键。单击【组装】图标 ，系统弹出文件打开对话框，在其中选取键零件(T9-7.prt)，然后单击【打开】按钮。

② 定义装配约束条件。

选择【重合】选项：选择元素为键的侧面、轴上键槽的侧面，如图 6-30(a)所示。

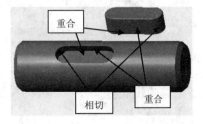

(a) 键的装配约束　　　　　　　　　　(b) 装配后的键

图 6-30　装配键

选择【重合】选项：选择元素为键的底面、键槽的底面，如图 6-30(a)所示。

选择【相切】选项：选择元素为键的外圆柱面、键槽的内圆柱面，如图 6-30(a)所示。此时显示装配状况为"完全约束"。

③ 单击元件放置操控板上的 ☑ 按钮，完成键的装配，结果如图 6-30(b)所示。

(4) 装配从动齿轮。

① 打开从动齿轮。单击【组装】图标 ▣，系统弹出文件打开对话框，在其中选取从动齿轮零件(T9-8.prt)，然后单击【打开】按钮。

② 定义装配约束条件。

选择【距离】选项：选择元素为齿轮的端面、轴的端面，输入偏移值为 8，如图 6-31(a)所示。

选择【重合】选项：选择元素为齿轮中心孔表面、轴表面，如图 6-31(a)所示。

选择【重合】选项：选择元素为齿轮上键槽侧面、键的侧面，如图 6-31(a)所示。此时显示装配状况为"完全约束"。

③ 单击元件放置操控板上的 ☑ 按钮，完成从动齿轮的装配，结果如图 6-31(b)所示。

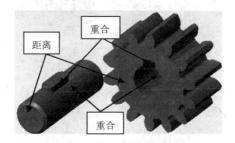

(a) 从动齿轮的装配约束　　　　(b) 装配后的从动齿轮

图 6-31　装配从动齿轮

④ 单击【保存】图标 ▣，在保存对象对话框中的单击【确定】按钮，完成子部件 2 的装配。

4) 总装配

(1) 创建总装配体文件。

单击【新建】图标 ▯，在新建对话框中选择文件类型为【装配】/【设计】，输入文件名 zp，取消【使用缺省模板】，单击【确定】按钮。在新文件选项对话框中选用 mmns_asm_design，单击【确定】按钮。

(2) 装配子部件 1。

① 单击【组装】图标 ▣，在打开对话框中选择已经保存的子部件(1.asm)并打开。

② 在元件放置操控面板中用【默认】方式作为装配的约束条件，单击☑按钮，完成子部件 1 的装配。

(3) 装配子部件 2。

① 打开子部件 2。单击【组装】图标 ▣，系统弹出文件打开对话框，在其中选取子部件 2(2.asm)，然后单击【打开】按钮。

② 定义装配约束条件。

Creo 3.0项目化教学上机指导

选择【重合】选项：选择元素为从动齿轮端面、主动齿轮端面，如图 6-32(a)所示。

选择【重合】选项：选择元素为从动齿轮轴的 A_1 轴、泵体上部孔的 A_1 轴，如图 6-32(a)所示。

选择【相切】选项：选择元素为从动齿轮的齿面、主动齿轮的齿面，如图 6-32(a)所示。此时显示装配状况为"完全约束"。

③ 单击元件放置操控板上的 ✔ 按钮，完成子部件 2 的装配，结果如图 6-32(b)所示。

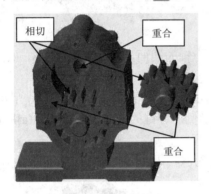

(a) 子部件 2 的装配约束　　　　　　(b) 装配后的子部件 2

图 6-32　装配子部件 2

(4) 装配垫片。

① 打开垫片。单击【组装】图标 📁，系统弹出文件打开对话框，在其中选取垫片(T9-9.prt)，然后单击【打开】按钮。

② 定义装配约束条件。

选择【重合】选项：选择元素为垫片的 A_3 轴、泵体的 A_10 轴，如图 6-33(a)所示。

选择【重合】选项：选择元素为垫片的 A_8 轴、泵体的 A_9 轴，如图 6-33(a)所示。

选择【重合】选项：选择元素为垫片的后表面、泵体的前表面，如图 6-33(a)所示。此时显示装配状况为"完全约束"。

③ 单击元件放置操控板上的 ✔ 按钮，完成垫片的装配，结果如图 6-33(b)所示。

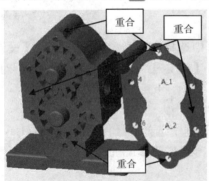

(a) 垫片的装配约束　　　　　　(b) 装配后的垫片

图 6-33　装配垫片

(5) 装配泵盖。

① 打开泵盖。单击【组装】图标 📁，系统弹出文件打开对话框，在其中选取泵盖

(T9-10.prt)，然后单击【打开】按钮。

② 定义装配约束条件。

选择【重合】选项：选择元素为泵盖的 A_5 轴、泵体的 A_10 轴，如图 6-34(a)所示。

选择【重合】选项：选择元素为泵盖的左侧面、泵体的右侧面，如图 6-34(a)所示。

选择【重合】选项：选择元素为泵盖的端面、垫片的端面，如图 6-34(a)所示。此时显示装配状况为"完全约束"。

③ 单击元件放置操控板上的 ✓ 按钮，完成泵盖的装配，结果如图 6-34(b)所示。

(a) 泵盖的装配约束　　　　　　　　(b) 装配后的泵盖

图 6-34　装配泵盖

(6) 装配螺钉。

① 打开螺钉。单击【组装】图标 📎，系统弹出文件打开对话框，在其中选取螺钉 (T9-11.prt)，然后单击【打开】按钮。

② 定义装配约束条件。

选择【重合】选项：选择元素为螺钉的 A_4 轴、泵盖的 A_5 轴，如图 6-35(a)所示。

选择【重合】选项：选择元素为螺钉头部台阶面、泵盖孔的台阶面，如图 6-35(a)所示。此时显示装配状况为"完全约束"。

③ 单击元件放置操控板上的 ✓ 按钮，完成螺钉的装配，结果如图 6-35(b)所示。

(a) 螺钉的装配约束　　　　　　　　(b) 装配后的螺钉

图 6-35　装配螺钉

同理装配其他螺钉，装配结果如图 6-23 所示。至此，齿轮油泵装配完成，共计 11 种零件。

5) 保存文件

单击【保存】图标 ，在保存对象对话框中的单击【确定】按钮，完成装配。

💡 **技巧**：可以用轴阵列的方式分两组将 6 个螺钉阵列出，这样可以提高工作效率。

10．利用本教程提供的素材文件，文件目录为 CH6/LX10，包括下箱体(T10-1)、垫片 1(T10-2)、反光片(T10-3)、油面指示片(T10-4)、螺钉 1(T10-5)、小盖(T10-6)、螺栓 1 (T10-7)、箱盖(T10-8)、垫片 2(T10-9)、气盖(T10-10)、通气塞(T10-11)、垫片 3(T10-12)、螺母 1(T10-13)、螺钉 2(T10-14)、螺栓 2(T10-15)、弹簧垫圈 (T10-16)、 螺 母 2(T10-17)、 销 (T10-18)、 螺 塞 (T10-19)、 垫圈(T10-20)、从动齿轮(T10-21)、轴承 1(T10-22)、调整环 1(T10-23)、大端不通端盖(T10-24)、套筒 (T10-25)、 油封 1(T10-26)、 从动主动齿轮轴

图 6-36　装配减速器

(T10-27)、小端可通端盖(T10-28)、轴承 2(T10-29)、挡油环(T10-30)、调整环 2(T10-31)、小端不通端盖(T10-32)、从动轴(T10-33)、油封 2(T10-34)、大端可通端盖(T10-35)、键 (T10-36)共 36 个零件，建立如图 6-53 所示的减速器装配图。

(教程中图 6-53 所示的装配图如本书图 6-36 所示。)

操作步骤：

1) 设置工作目录

① 打开【我的电脑】，打开教材提供的素材文件，找到文件夹 LX10。

② 在 Creo 3.0 界面下，选择主菜单的【文件】→【设置工作目录】命令，在选取工作目录对话框中，将目录设置为文件夹 LX10，单击【确定】按钮。

2) 装配主动齿轮轴系(子部件 1)

(1) 创建子装配文件。

单击【新建】图标 ，在【新建】对话框中选择文件类型为【装配】/【设计】，输入文件名 1，取消【使用缺省模板】选项，单击【确定】按钮。在新文件选项对话框中选用 mmns_asm_design，单击【确定】按钮。

(2) 装配基础零件(主动齿轮轴)。

单击【组装】图标 ，在打开对话框中选择主动齿轮轴(T10-27.prt)并打开，在元件放置操控板中用【默认】方式作为装配的约束条件，单击 ✓ 按钮，完成主动齿轮轴的装配，如图 6-37 所示。

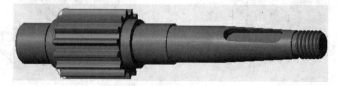

图 6-37　装配主动齿轮轴

(3) 装配挡油环。

① 打开挡油环。单击【组装】图标 ，系统弹出文件打开对话框，在其中选取挡油环(T10-30.prt)，然后单击【打开】按钮。

② 定义装配约束条件。

选择【重合】选项：选择元素为挡油环的 A_1 轴、主动齿轮轴的 A_1 轴，如图 6-38(a) 所示。

选择【重合】选项：选择元素为挡油环的小端面、主动齿轮轴的台阶面，如图 6-38(a) 所示。此时显示装配状况为"完全约束"。

③ 单击元件放置操控板上的 ✓ 按钮，完成挡油环的装配，结果如图 6-38(b)所示。

同样方法装配主动齿轮轴另一端的挡油环，过程不再赘述，结果如图 6-38(c)所示。

💡 **技巧**：在 Creo 3.0 装配模块中，可以用镜像的方式实现元件的重复装配，只需要选取一个平面镜像参考。也可以采用【重复】命令进行装配，具体方法在练习题 8 中有详细介绍。这两种方法都可以大大减少装配设计的时间，从而提高工作效率。

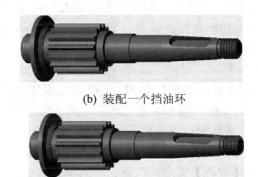

(b) 装配一个挡油环

(a) 挡油环的装配约束

(c) 装配两个挡油环

图 6-38 装配挡油环

(4) 装配轴承。

① 打开轴承。单击【组装】图标 🗗，系统弹出文件打开对话框，在其中选取轴承 2(T10-29.prt)，然后单击【打开】按钮。

② 定义装配约束条件。选择【重合】选项：选择元素为轴承的 A_1 轴、主动齿轮轴的 A_1 轴，如图 6-39(a)所示，选择【重合】选项：选择元素为轴承端面、挡油环端面，如图 6-39(a)所示。此时显示装配状况为"完全约束"。

③ 单击元件放置操控板上的 ✓ 按钮，完成轴承 2 的装配，结果如图 6-39(b)所示。

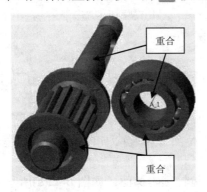

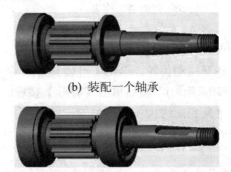

(b) 装配一个轴承

(a) 轴承的装配约束

(b) 装配两个轴承

图 6-39 装配轴承

同样方法装配主动齿轮轴另一端的轴承，结果如图6-39(c)所示。

④ 单击【保存】图标 ，在保存对象对话框中的单击【确定】按钮，完成子部件1的装配。

3) 装配从动齿轮轴子部件2

(1) 创建子装配文件。

单击【新建】图标 ，在新建对话框中选择文件类型为【装配】/【设计】，输入文件名2，取消【使用缺省模板】，单击【确定】按钮。在新文件选项对话框中选用 mmns_asm_design，单击【确定】按钮。

(2) 装配基础零件(从动轴)。

单击【组装】图标 ，在打开对话框中选择文件从动轴(T10-33.prt)并打开，在元件放置操控板中用【默认】方式作为装配的约束条件，单击元件放置操控板上的 按钮，完成从动轴的装配，如图6-40所示。

图6-40 装配从动轴

(3) 装配键。

① 打开键。单击【组装】图标 ，系统弹出文件打开对话框，在其中选取键(T10-36.prt)，然后单击【打开】按钮。

② 定义装配约束条件。

选择【重合】选项：选择元素为键的侧面、轴上键槽的侧面，如图6-41(a)所示。

选择【重合】选项：选择元素为键的底面、键槽的底面，如图6-41(a)所示。

选择【相切】选项：选择元素为键的外圆柱面、键槽的内圆柱面，如图6-41(a)所示。此时显示装配状况为"完全约束"。

③ 单击元件放置操控板上的 按钮，完成键的装配，结果如图6-41(b)所示。

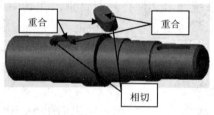

(a) 键的装配约束   (b) 装配后的键

图6-41 装配键

(4) 装配从动齿轮。

① 打开从动齿轮。单击【组装】图标 ，系统弹出文件打开对话框，在其中选取从动齿轮(T10-21.prt)，然后单击【打开】按钮。

② 定义装配约束条件。

选择【重合】选项：选择元素为从动齿轮的 A_1 轴、齿轮轴的 A_1 轴，如图6-42(a)所示。

选择【重合】选项：选择元素为齿轮端面、齿轮轴阶梯面，如图6-42(a)所示。

选择【平行】选项：选择元素为齿轮上键槽底面、键的顶面，如图6-42(a)所示。此时显示装配状况为"完全约束"。

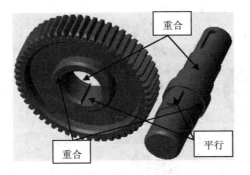

(a) 从动齿轮的装配约束

(b) 装配后的从动齿轮

图 6-42　装配从动齿轮

③ 单击元件放置操控板上的 按钮，完成从动齿轮的装配，结果如图 6-42(b)所示。

(5) 装配套筒。

① 打开套筒。单击【组装】图标 ，系统弹出文件打开对话框，在其中选取套筒 (T10-25.prt)，然后单击【打开】按钮。

② 定义装配约束条件。

选择【重合】选项：选择元素为套筒的 A_1 轴、主动齿轮轴的 A_1 轴，如图 6-43(a) 所示。

选择【重合】选项：选择元素为套筒端面、齿轮端面，如图 6-43(a)所示。此时显示装配状况为"完全约束"。

③ 单击元件放置操控板上的 按钮，完成套筒的装配，结果如图 6-43(b)所示。

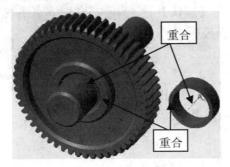

(a) 套筒的装配约束

(b) 装配后的套筒

图 6-43　装配套筒

(6) 装配轴承 1。

① 打开轴承 1。单击【组装】图标 ，系统弹出文件打开对话框，在其中选取轴承 1(T10-22.prt)，然后单击【打开】按钮。

② 定义装配约束条件。

选择【重合】选项：选择元素为轴承 1 的 A_1 轴、主动齿轮轴的 A_1 轴，如图 6-44(a) 所示。

选择【重合】选项：选择元素为轴承 1 的端面、套筒端面，如图 6-44(a)所示。此时显示装配状况为"完全约束"。

③ 单击元件放置操控板上的 按钮，完成轴承 1 的装配，结果如图 6-44(b)所示。

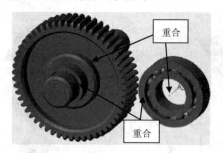

| (a) 轴承 1 的装配约束 | (b) 装配后的轴承 1 |

图 6-44　装配轴承 1

④ 同样方法装配主动齿轮轴另一端的轴承 1，结果如图 6-45 所示。

⑤ 单击【保存】图标 ，在保存对象对话框中的单击【确定】按钮，完成子部件 2 的装配。

4) 装配箱体

(1) 创建箱体装配文件。

单击【新建】图标 ，在新建对话框中选择文件类型为

图 6-45　装配另一个轴承 1

【装配】/【设计】选项，输入文件名 3，取消【使用缺省模板】选项，单击【确定】按钮。在新文件选项对话框中选用 mmns_asm_design，单击【确定】按钮。

(2) 装配基础零件(下箱体)。

单击【组装】图标 ，在打开对话框中选择下箱体(T10-1.prt)并打开，在元件放置操控板中用【默认】方式作为装配的约束条件，单击元件放置操控板上的 按钮，完成下箱体的装配，如图 6-46 所示。

(3) 装配垫片。

① 打开垫片。单击【组装】图标 ，系统弹出文件打开对话框，在其中选取垫片(T10-2.prt)，然后单击【打开】按钮。

图 6-46　装配下箱体

② 定义装配约束条件。

选择【重合】选项：选择元素为垫片的 A_1 轴、下箱体的 A_4 轴，如图 6-47(a)所示。

选择【重合】选项：选择元素为垫片的 A_3 轴、下箱体的 A_11 轴，如图 6-47(a)所示。

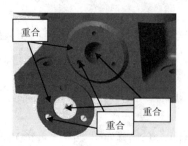
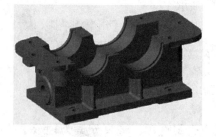

| (a) 垫片的装配约束 | (b) 装配后的垫片 |

图 6-47　装配垫片

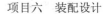

选择【重合】选项：选择元素为垫片的后表面、箱体的左侧孔端面，如图6-47(a)所示。此时显示装配状况为"完全约束"。

③ 单击元件放置操控板上的 ✓ 按钮，完成垫片的装配，结果如图6-47(b)所示。

(4) 装配反光片、油面指示片、小盖。

反光片、油面指示片、小盖与垫片的装配方法相同，都是三个【重合】约束条件，具体装配操作过程与垫片一样，装配结果如图6-48所示。

(a) 装配后的反光片　　　(b) 装配后的油面指示片　　　(c) 装配后的小盖

图6-48　装配反光片、油面指示片、小盖

(5) 装配螺钉1。

① 打开螺钉1。单击【组装】图标，系统弹出文件打开对话框，在其中选取螺钉1(T10-5.prt)，然后单击【打开】按钮。

② 定义装配约束条件。

选择【重合】选项：选择元素为螺钉1的A_1轴、小盖的A_6轴，如图6-49(a)所示。

选择【重合】选项：选择元素为螺钉1的头部底面、小盖的台阶孔的阶梯面，如图6-49(a)所示。此时显示装配状况为"完全约束"。

③ 单击元件放置操控板上的 ✓ 按钮，完成螺钉1的装配，结果如图6-49(b)所示。

④ 阵列装配螺钉1。

在左侧的模型树中选中装配好的螺钉1，鼠标单击右键，在弹出的快捷菜单中选择【阵列】命令。

在阵列操控板中选择【轴】阵列方式，在装配模型中选择小盖的中心轴A_1，输入要创建的阵列成员数为3，角度增量为120。

⑤ 在阵列操控板中单击 ✓ 按钮，完成螺钉1的装配阵列，结果如图6-49(c)所示。

(a) 螺钉1的装配约束　　　(b) 装配后的螺钉1　　　(c) 装配阵列后的螺钉1

图6-49　装配螺钉1

(6) 装配垫圈。

① 打开垫圈。单击【组装】图标，系统弹出文件打开对话框，在其中选取垫圈

(T10-20.prt)，然后单击【打开】按钮。

② 定义装配约束条件。

选择【重合】选项：选择元素为垫圈的 A_1 轴、下箱体的 A_3 轴，如图 6-50(a)所示。

选择【重合】选项：选择元素为垫圈的端面、下箱体端面，如图 6-50(a)所示。此时显示装配状况为"完全约束"。

③ 单击元件放置操控板上的 ☑ 按钮，完成垫圈的装配，结果如图 6-50(b)所示。

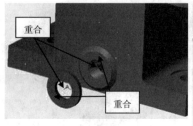

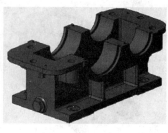

(a) 垫圈的装配约束   (b) 装配后的垫圈   (c) 装配后的螺塞

图 6-50　装配垫圈及螺塞

(7) 装配螺塞。

① 打开螺塞。单击【组装】图标 ，系统弹出文件打开对话框，在其中选取螺塞(T10-19.prt)，然后单击【打开】按钮。

② 定义装配约束条件。

选择【重合】选项：选择元素为螺塞的 A_1 轴、垫圈的 A_1 轴。

选择【重合】选项：选择元素为螺塞头部底面、垫圈端面。此时显示装配状况为"完全约束"。

③ 单击元件放置操控板上的 ☑ 按钮，完成螺塞的装配，结果如图 6-50(c)所示。

(8) 装配小端不通端盖。

① 打开小端不通端盖。单击【组装】图标 ，系统弹出文件打开对话框，在其中选取小端不通端盖(T10-32.prt)，然后单击【打开】按钮。

② 定义装配约束条件。

选择【重合】选项：选择元素为小端不通端盖的 A_1 轴、下箱体的 A_1 轴，如图 6-51(a)所示。

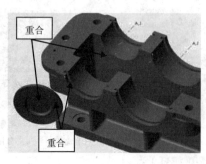

(a) 小端不通端盖的装配约束   (b) 装配后的小端不通端盖

图 6-51　装配小端不通端盖

选择【重合】选项：选择元素为小端不通端盖的端面、下箱体的端面，如图 6-51(a) 所示。此时显示装配状况为"完全约束"。

③ 单击元件放置操控板上的 ✅ 按钮，完成小端不通端盖的装配，结果如图 6-51(b)所示。

(9) 装配箱体上其余零件。

① 以相同的方法装配箱体上的其他零件，包括小端可通端盖(T10-28.prt)、油封 1(T10-26.prt)、调整环 2(T10-31.prt)、大端不通端盖(T10-24.prt)、调整环 1(T10-23.prt)、大端可通端盖(T10-35.prt)、油封 2(T10-34.prt)。这些零件的装配过程与前面零件相同。

② 装配结果如图 6-52(a)、(b)所示。

③ 单击【保存】图标 💾，在保存对象对话框中的单击【确定】按钮，完成子部件 3 的装配。

(a) 装配后的小端各元件   (b) 装配后的大端各元件

图 6-52　装配下箱体其他元件

5) 总装配

(1) 创建总装配文件。

单击【新建】图标 ▢，在新建对话框中选择文件类型为【装配】/【设计】，输入文件名 zp，取消【使用缺省模板】，单击【确定】按钮。在新文件选项对话框中选用 mmns_asm_design，单击【确定】按钮。

(2) 装配箱体部件。

① 单击【组装】图标 🔧，在打开对话框中选择已经保存的箱体子部件(3.asm)并打开。

② 在元件放置操控面板中用【默认】方式作为装配的约束条件，单击元件放置操控板上的 ✅ 按钮，完成子部件 1(箱体)的装配。

(3) 装配主动齿轮轴系(子部件 1)。

① 打开主动齿轮轴系。单击【组装】图标 🔧，系统弹出文件打开对话框，在其中选取已经保存的子部件 1 主动齿轮轴系(1.asm)，然后单击【打开】按钮。

② 定义装配约束条件。

选择【重合】选项：选择元素为主动齿轮轴的 A_1 轴、箱体的 A_1 轴，如图 6-53(a)所示。

选择【重合】选项：选择元素为主动齿轮轴的轴承端面、箱体小端不通端盖的调整环端面，如图 6-47(a)所示。

选择【平行】选项：选择元素为主动齿轮的键槽底面、箱体的上表面，如图 6-53(a)所示。此时显示装配状况为"完全约束"。

③ 单击元件放置操控板上的 ✅ 按钮，完成主动齿轮轴系的装配，结果如图 6-53(b)所示。

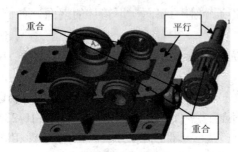

(a) 主动齿轮轴系的装配约束　　　　　　　(b) 装配后的主动齿轮轴系

图 6-53　装配子部件 1

(4) 装配从动齿轮轴系(子部件 2)。

① 打开从动齿轮轴系。单击【组装】图标，系统弹出文件打开对话框，在其中选取已经保存的子部件 2 从动齿轮轴系(2.asm)，然后单击【打开】按钮。

② 定义装配约束条件。

选择【重合】选项：选择元素为从动齿轮轴的 A_1 轴、箱体的 A_2 轴，如图 6-54(a) 所示。

选择【重合】选项：选择元素为从动齿轮轴的轴承端面、箱体大端不通端盖的调整环端面，如图 6-47(a)所示。

选择【平行】选项：选择元素为从动齿轮的键槽底面、箱体的上表面，如图 6-54(a) 所示。此时显示装配状况为"完全约束"。

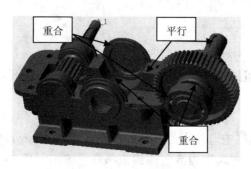

(a) 从动齿轮轴系的装配约束　　　　　　　(b) 装配后的从动齿轮轴系

图 6-54　装配子部件 2

③ 单击元件放置操控板上的 ✓ 按钮，完成从动齿轮轴系的装配，结果如图 6-54(b)所示。

(5) 装配箱盖。

① 打开箱盖。单击【组装】图标，系统弹出文件打开对话框，在其中选取箱盖 (T10-8.prt)，然后单击【打开】按钮。

② 定义装配约束条件。

选择【重合】选项：选择元素为箱盖的底面、箱体的上表面，如图 6-55(a)所示。

选择【重合】选项：选择元素为箱盖的左侧面、箱体的左侧面，如图 6-55(a)所示。

选择【重合】选项：选择元素为箱盖的前侧面、箱体的前侧面，如图 6-55(a)所示。此时显示装配状况为"完全约束"。

③ 单击元件放置操控板上的 ✓ 按钮，完成箱盖的装配，结果如图 6-55(b)所示。

项目六 装配设计

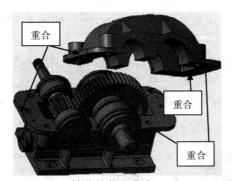

(a) 箱盖的装配约束　　　　　　　　　　(b) 装配后的箱盖

图 6-55 装配箱盖

(6) 装配箱盖上通气塞及其他元件。

　　装配箱盖上的其他零件，包括垫片 2(T10-9.prt)、气盖(T10-10.prt)、螺母 1(T10-13.prt)、垫片 3(T10-12.prt)、通气塞(T10-11.prt)、螺钉 2(T10-14.prt)。装配操作与前面所讲述的过程相似，这里不再赘述，装配结果如图 6-56(a)、(b)所示。

(a) 部分装配效果　　　　　　　　　(b) 装配后的整体效果

图 6-56 装配通气塞部分

(7) 装配弹簧垫圈。

　　① 打开弹簧垫圈。单击【组装】图标 ，系统弹出文件打开对话框，在其中选取弹簧垫圈(T10-16.prt)，然后单击【打开】按钮。

　　② 定义装配约束条件。

　　选择【重合】选项：选择元素为弹簧垫圈 A_1 轴、箱盖的 A_9 轴，如图 6-57(a)所示。

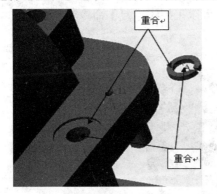

(a) 弹簧垫圈的装配约束　　　　　　　　(b) 装配后的弹簧垫圈

图 6-57 装配弹簧垫圈

选择【重合】选项：选择元素为弹簧垫圈顶面、泵盖孔的台阶面，如图 6-57(a)所示。此时显示装配状况为"完全约束"。

③ 单击元件放置操控板上的 ✓ 按钮，完成弹簧垫圈的装配，结果如图 6-57(b)所示。

(8) 装配螺栓 1。

① 采用同样的方法装配这个位置的螺栓 1(T10-7.prt)，装配结果如图 6-58 所示。

图 6-58　装配螺栓

② 在减速器左侧对称位置也有同样的弹簧垫圈及螺栓，可以采用【重复】命令进行装配，或者将装配好的螺栓 1 和弹簧垫圈进行成组操作后，再采用【复制】命令进行操作。

③ 同时，减速器箱体上其他位置的弹簧垫圈，也可以采用【重复】命令进行装配，结果如图 6-59 所示。

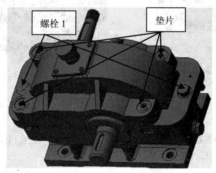

图 6-59　装配其他位置的弹簧垫圈及螺栓

(9) 装配螺栓 2、螺母 2、销。

① 同理装配其他位置的螺栓 2(T10-15.prt)，可以采用【重复】命令进行装配，结果如图 6-60 所示。

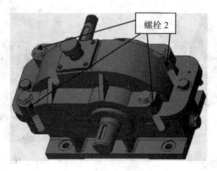

图 6-60　装配螺栓 2

② 同理装配所有位置的螺母 2(T10-17.prt)，可以采用【重复】命令进行装配。

③ 同理装配所有位置的销(T10-18.prt)，均可以采用【重复】命令进行装配，结果如图 6-61 所示。

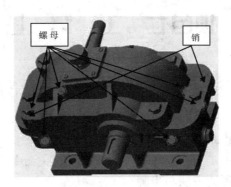

图 6-61 装配螺母 2 及销

至此，减速器装配完成，共计 36 种零件。

6) 保存文件

单击【保存】图标 ，在保存对象对话框中的单击【确定】按钮，完成保存。

项目七 工 程 图

一、学习目的

(1) 掌握进入工程图模块的操作步骤。

(2) 熟悉工程图界面中工具栏的各个图标按钮及有关命令的使用。

(3) 掌握生成各种视图的方法与步骤。

(4) 掌握工程图的编辑修改方法。

(5) 掌握工程图上尺寸显示、整理、标注、编辑的操作方法。

(6) 掌握工程图上技术要求的标注方法。

(7) 掌握图幅、图框、标题栏的调用方法。

二、知识点

1. 工程图模块

工程图模块是指绘制、编辑工程图的模块。

2. 常规视图

常规视图也叫一般视图，是由用户自定义投影方向的视图，它可以是二维视图，也可以是立体图。第一个生成的视图只能是常规视图，这个视图称为父视图，它和投影视图之间具有正交投影对应关系。

3. 投影视图

投影视图是由【投影视图】命令生成的视图，它是第二个及以后创建的视图，是子视图，它和前边绘制的视图之间具有正交投影对应关系。

4. 截面图

截面图也叫剖视图，是将零件剖切后进行投影得到的视图。生成这种视图必须有剖切面，剖切面可以在创建三维模型时建立，也可在生成工程图的过程中建立，其建立过程基本相同。但在三维模型上建立剖切面不易出错，因此最好是在三维模型上建立。这样，在生成工程图时只需选用已建立的剖切面，生成工程图的过程就相对简单。

5. 尺寸显示

Creo 3.0 软件的工程图是由三维模型按照一定方法自动生成的，其三维模型上的参数化尺寸在二维工程图中是被显示出来或者隐藏起来的，显示出来的尺寸是继承了三维模型上的参数化尺寸。创建三维模型的方法不同，工程图上的尺寸显示也就不同。当然，用户也可以标注尺寸。在工程图上显示出来的尺寸具有参数化的功能，它与三维零件上的尺寸是联动的；而在工程图上直接标注出的尺寸与三维零件上的尺寸不能联动，没有参数化的功能。

6. 技术要求

技术要求包括尺寸公差、形位公差、表面粗糙度和用文字说明的内容，这些要求决定了零件的精度和表面质量，这些内容在工程图上都应表达出来。Creo 3.0 软件提供了标注尺寸公差、形位公差、表面粗糙度和文字说明的功能。

三、练习题参考答案

1. 试列出进入工程图模块的操作步骤。

进入工程图模块的操作步骤如下：

(1) 单击【新建】图标 📄，系统弹出新建对话框。

(2) 在【类型】选项组选取【绘图】单选项，在名称文本框内输入工程图的文件名(如T7-1)，取消 ☑ 使用默认模板 前的对钩，然后单击【确定】按钮，系统弹出新制图对话框。

(3) 在对话框的缺省模型文本框内显示【无】，单击【浏览】按钮，弹出打开对话框。在该对话框中选择已保存文件的盘符、文件夹及文件名(例如 F:\XM7 \T7-1)，然后单击【打开】按钮，返回到新制图对话框，则 T7-1 自动加入到该文本框中。

(4) 在【指定模板】选项组选择【空】单选按钮。

(5) 在【方向】选项组选择【横向】单选按钮。

(6) 在【大小】选项组的标准大小后的文本框右侧单击▼按钮，然后在其中选择图幅大小(如 A3)。

(7) 单击【确定】按钮，则进入工程图模块的界面。

2. 试列出设置第一角的操作步骤。

(1) 进入工程图界面。

(2) 单击【文件】→【准备】→【绘图属性】命令，系统弹出绘图属性对话框，如图7-1 所示。

图 7-1 绘图属性对话框

(3) 单击"详细信息选项"后的【更改】命令，系统弹出选项对话框，如图 7-2 所示。

(4) 在选项对话框中的"这些选项控制视图和它们的注释"区，单击【Projection_type】选项，则该选项添加到下边选项区的文本框中。

(5) 单击"值"文本框中的下拉箭头，在下拉选项中单击【first_angle】命令。

(6) 单击【添加/更改】按钮，则第一角设置为当前值。

(7) 单击选项对话框中的【关闭】按钮，再单击绘图属性对话框中的【关闭】按钮，第一角设置完成。

图 7-2　选项对话框

3．生成第一个视图用什么命令？

生成第一个视图用【常规视图】命令，可以通过以下两种方法执行该命令：

(1) 单击功能区的【布局】选项卡下的模型视图工具栏中的【常规视图】图标⬚。

(2) 在绘图区单击右键，系统弹出快捷菜单，选择菜单中的【常规视图】命令。

4．投影视图和常规视图有何不同？

第一个生成的视图只能是常规视图，它是由立体图转换的视图，这个视图称为父视图。投影视图是由【投影视图】命令生成的视图，它是子视图。它和前边绘制的视图之间是父子关系，具有正交投影对应关系。

5．辅助视图与正交视图的生成方法有何不同？

辅助视图与正交视图的生成方法的不同之处如下：

(1) 辅助视图的视图类型应选【辅助】命令。

(2) 辅助视图的观察方向应与零件上要表达的倾斜部位垂直。

(3) 辅助视图是将零件沿着这一观察方向的全部投影。

6．在生成剖视图的过程中，需要剖切符号标注和不需要剖切符号标注的操作有何区别？

(1) 需要剖切符号标注的情况：在生成剖视图后，在绘图区单击右键，在快捷菜单中选择【添加箭头】命令，然后指定剖切符号所在的视图。如在俯视图上任意位置单击，即在俯视图中出现剖切符号及箭头。

(2) 不需要剖切符号标注的情况：在生成剖视图后，直接单击鼠标中键结束即可。

7．用户在工程图上直接标注尺寸时，如何进入尺寸标注状态？

单击【注释】选项卡下的注释工具栏的【尺寸】图标⊢⊣，或者在绘图区单击右键，在快捷菜单中选择【尺寸】命令，系统弹出选择参考对话框，进入尺寸标注状态，即可进行尺寸标注。

❖ 注意：直接标注出的尺寸没有参数化的功能，与三维零件上的尺寸不能联动。

8．试列出在工程图上显示尺寸的操作过程。

在工程图上显示尺寸的操作过程如下：

(1) 单击功能区的【注释】选项卡。

(2) 按住 Ctrl 键，选择需要显示尺寸的视图，然后单击注释子工具栏的【显示模型注释】图标 ，系统弹出显示模型注释对话框，同时预显出了尺寸。

(3) 单击对话框左下角的【确认】图标 ，则对话框中的【显示】按钮下的矩形框均打上了对勾，而且【确定】按钮亮显，单击【确定】按钮，则生成了尺寸。

也可用另一种方法显示尺寸：

(1) 在左边模型树中右击某个特征，系统弹出右键快捷菜单。

(2) 在其中选择【显示模型注释】命令，系统弹出显示模型注释对话框，同时预显出了尺寸。

(3) 单击对话框左下角的【确认】图标 ，单击【确定】按钮，则生成这个特征的尺寸。

(4) 用同样方法可以生成其他特征的尺寸。

9．在工程图上显示出的尺寸与在工程图上直接标注出的尺寸有什么区别？直接标注出的尺寸是否具有参数化的功能？

在工程图上显示出的尺寸与在工程图上直接标注出的尺寸都是工程图上的尺寸。但是在工程图上自动显示出的尺寸具有参数化的功能，它与三维零件上的尺寸是联动的；而在工程图上用手工方法直接标注出的尺寸与三维零件上的尺寸不能联动，直接标注出的尺寸没有参数化的功能。

◇ 建议：在创建三维模型时，尽量考虑到工程图上尺寸的需要，使其尺寸符合工程图的要求。

10．用如图 3-108 所示的连接块零件生成如图 7-166 所示的基本视图。

(教程中图 7-166 所示的基本视图如本书图 7-3 所示。)

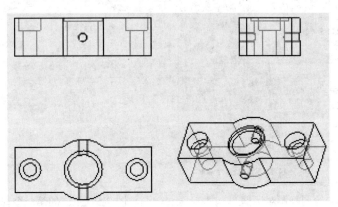

图 7-3　连接块的基本视图

操作步骤：

(1) 进入工程图模块。步骤见本项目练习题 1，不过在第(2)步中文件名要修改，第(3)步中要打开的文件名应为 T7-1。

(2) 设置第一角投影。

① 单击【文件】→【准备】→【绘图属性】命令，系统弹出绘图属性对话框，如图

7-1 所示。

② 单击绘图属性对话框中的"详细信息选项"后的【更改】命令，系统弹出选项对话框，如图 7-2 所示。

③ 在选项对话框中的"这些选项控制视图和它们的注释"区，单击【Projection_type】选项，则该选项添加到下边选项区的文本框中。

④ 单击"值"文本框中的下拉箭头，在下拉选项中单击【first_angle】命令。

⑤ 单击【添加/更改】按钮，则第一角设置为当前值。

⑥ 单击选项对话框中的【关闭】按钮，再单击绘图属性对话框中的【关闭】按钮，第一角设置完成。

(3) 生成第一个视图——俯视图。

① 单击功能区的【布局】选项卡下的模型视图工具栏中的【常规视图】图标，或者在绘图区单击右键，在弹出的快捷菜单中选择【常规视图】命令。

② 系统弹出选择组合状态对话框，单击【确定】按钮。

③ 在绘图区左下角位置单击左键，确定第一个视图的位置，则在绘图区出现零件的三维视图，同时弹出了绘图视图对话框，如图 7-4 所示。

④ 在绘图视图对话框中视图方向区选择【几何参考】项。

⑤ 在此对话框中参考 1 的默认值为【前】，在三维图上选择底板的顶面作为前面；参考 2 的默认值为【上】，单击其后的 ▼ 按钮，在下拉项目中选择【下】选项，然后选择零件的前面作为下，单击对话框中的【确定】按钮，俯视图完成，如图 7-5 所示。

图 7-4　绘图视图对话框

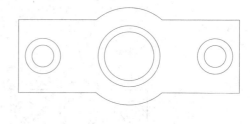

图 7-5　生成的第一个视图——俯视图

❖ 注意：① 第一个视图可以是主视图，也可以是俯视图或者左视图，它应该是容易生成的视图。② 生成第一个视图时需要确定两个参考，每个参考对应需选择零件上的一个元素。

(4) 生成主视图。

① 单击工具栏的【投影视图】图标，或者在绘图区单击右键，在系统弹出的快捷菜单中选择【投影视图】命令。

② 在主视图的上方单击以确定主视图放置位置，则生成主视图，如图 7-6 所示。

(5) 生成左视图。

① 单击右键，在快捷菜单中选择【投影视图】命令。

② 在主视图的右方单击以确定左视图放置位置，则生成左视图，如图 7-6 所示。

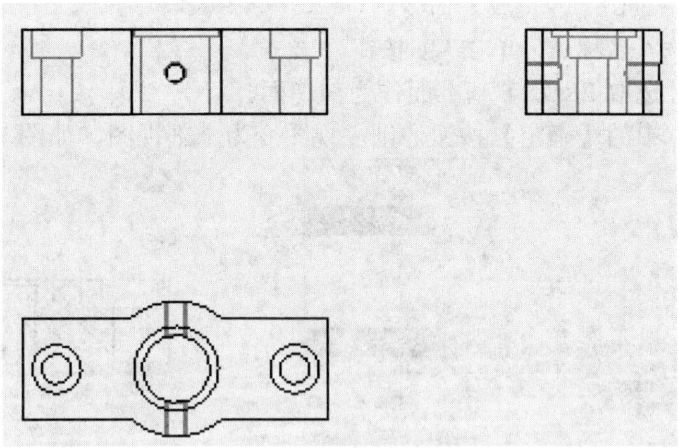

图 7-6　生成主、左视图

(6) 生成轴测图。

① 单击工具栏的【常规视图】图标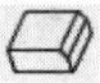。

② 在绘图区右下角单击，用于确定轴测图的位置，再单击绘图视图对话框中的【确定】按钮，即生成轴测图，结果如图 7-3 所示。

11．将如图 7-166 所示的基本视图修改成如图 7-167 所示的工程图。

(教程中图 7-167 所示的工程图如本书图 7-7 所示。)

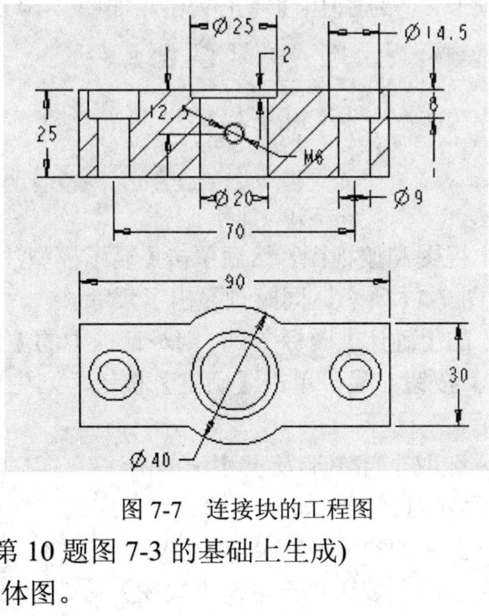

图 7-7　连接块的工程图

操作步骤：(此题在第 10 题图 7-3 的基础上生成)

(1) 删除左视图和立体图。

① 按住 Ctrl 键，在绘图区选择左视图和立体轴测图。

② 单击右键，在快捷菜单中选择【删除】命令，即删除左视图和立体轴测图。

(2) 将主视图改成全剖视图。

① 双击主视图,系统弹出绘图视图对话框。

② 在【类别】区选择【截面】选项,将【剖面选项】设置为【2D 横截面】,然后单击 ➕ 按钮,单击【名称】区的【新建】命令,系统弹出横截面创建菜单,如图 7-8 所示。在该菜单中选取【平面/单一/完成】命令。

③ 在提示框输入名称 A,单击 ✔ 按钮。

④ 在俯视图上选取 FRONT 基准面作为剖切面。

⑤ 单击对话框中的【确定】按钮,则主视图变为全剖视图,如图 7-9 所示。

图 7-8　横截面创建菜单

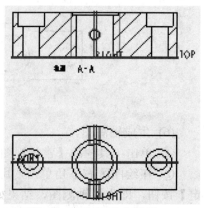

图 7-9　全剖视的主视图

(3) 显示尺寸。

① 单击【注释】选项卡,系统弹出注释工具栏,如图 7-10 所示。

图 7-10　注释工具栏

② 按住 Ctrl 键选择主视图和俯视图,然后单击【显示模型注释】图标 ，系统弹出显示模型注释对话框,如图 7-11 所示,同时预显出了尺寸。

③ 单击对话框左下角的【确认】图标 ，则对话框中的【显示】按钮下的矩形框均打上了对钩,而且【确定】按钮亮显,单击【确定】按钮,则生成尺寸。

(4) 整理尺寸。

① 用矩形框在绘图区选取全部图形及尺寸,单击注释子工具栏的【清理尺寸】图标 清理尺寸,系统弹出清理尺寸对话框,如图 7-12 所示。

② 将对话框的【增量】后的数值 0.3755 改为 0.5。

③ 单击对话框中的【应用】按钮,再单击【关闭】按钮,结果如图 7-13 所示。

❖ 注意:整理尺寸后,图形上的尺寸就清晰多了,便于后边的编辑。但是,清理尺寸命令只能对线性尺寸进行整理。对于其他类型的尺寸,则应手动进行整理。

图 7-11　显示模型注释对话框

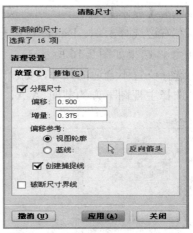

图 7-12　清除尺寸对话框

(5) 编辑尺寸及图形。

① 选择不需要的尺寸，如俯视图上的 0、主视图上的 17、8 等，单击右键，在快捷菜单中选择【拭除】命令，拭除掉多余的尺寸。

② 选择不需要的元素(捕捉线——图中的虚线)，单击右键，选择【删除】命令，删除掉多余的元素。

③ 选择位置不合适的尺寸，如左边的 25 将其移到合适位置。

④ 选择俯视图上 $\phi25$，单击右键，在快捷菜单中选择【移动到视图】命令，再选择主视图，则会将 $\phi25$ 从俯视图上移动到主视图上。

⑤ 用同样的方法，将俯视图上的直径尺寸移动到主视图上。

技巧：在操作过程中，右键快捷菜单的功能非常大，灵活使用右键快捷菜单，可以极大地提高作图的效率。

(6) 标注螺纹孔的直径 M6。

① 选择俯视图上 M$\phi6$，单击右键，在快捷菜单中选择【属性】命令，弹出尺寸属性对话框，如图 7-14 所示。

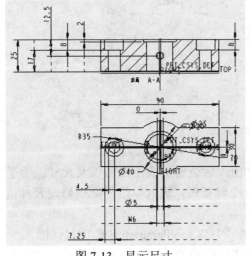

图 7-13　显示尺寸

图 7-14　尺寸属性对话框

② 单击【显示】选项卡，则切换到显示选项卡下，如图 7-15 所示。

③ 在右边选择ϕ，按 Delete 键则删除掉ϕ。最后单击对话框的【确定】按钮，图中就只有 M6 了，结果如图 7-16 所示。

④ 选择位置不合适的尺寸，如ϕ9、ϕ14.5、ϕ40 将其移到合适位置。

⑤ 选择主视图下方的截面 A-A，右击，在快捷菜单中选择【拭除】命令，结果如图 7-16 所示。

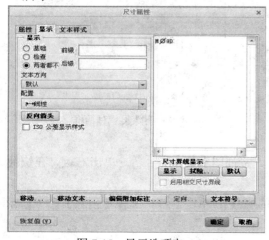

图 7-15　显示选项卡　　　　　　　　　图 7-16　移动后的尺寸

12. 根据如图 7-168 所示的零件图，绘制座体的实体图，调用该三维零件生成工程图。

(教程中图 7-168 所示的零件图如本书图 7-17 所示。)

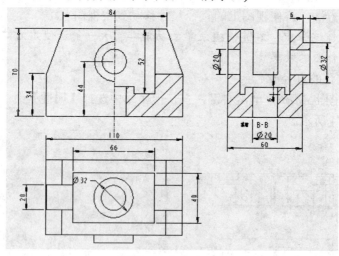

图 7-17　座体零件图

操作步骤：

(1) 绘制座体的实体图。绘制此座体的实体图，后边要生成工程图以及尺寸。为了生成的尺寸数值小数点后不带 2 个零，在创建第一个特征时，进入草绘界面后修改尺寸值的小数位数，操作步骤如下：

① 单击【文件】→【选项】命令，系统弹出 PTC Creo Parametric 选项对话框。

② 在该对话框中单击【草绘器】选项，在【精度和敏感度】区域的【尺寸的小数位

数】文本框中显示的是 2，就是显示小数点后 2 位。在该文本框中输入 0，单击对话框的【确定】按钮。

③ 在系统弹出的对话框中单击【是】按钮，在弹出的【另存为】对话框中单击【确定】按钮(要注意存盘的路径，最好设置工作目录)，即按照整数值显示尺寸。

结果如图 7-18 所示，将其保存为 T7-18(创建过程略)。

❖ **注意**：后边各题在创建零件实体图时，均应这样进行操作。

(2) 进入工程图模块。步骤见本项目练习题 1，不过在第(2)步中文件名被修改，第(3)步中要打开的文件名应为 T7-18。

(3) 设置第一角投影。步骤见本项目练习题 10 步骤(2)。

(4) 生成第一个视图——俯视图。

① 单击功能区的【布局】选项卡下的模型视图工具栏中的【常规视图】图标，或者在绘图区单击右键，在弹出的快捷菜单选择【常规视图】命令。

图 7-18 座体实体

② 系统弹出选择组合状态对话框，单击【确定】按钮。

③ 在绘图区左下角位置单击左键，确定第一个视图的位置，则在绘图区出现零件的三维视图，同时弹出了【绘图视图】对话框。

④ 在绘图视图对话框中视图方向区选择【几何参考】项。

⑤ 在此对话框中参考 1 的默认值为【前】，在三维图上选择底板的顶面作为前面；参考 2 的默认值为【上】，单击其后的 ▼ 按钮，在下拉项目中选择【下】选项，然后选择零件的前面作为下，单击对话框中的【确定】按钮，完成俯视图，如图 7-19 所示。

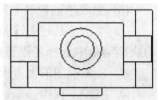

图 7-19 生成的第一个视图
——俯视图

(5) 创建剖截面。由于此零件图的主视图是半剖视、左视图是全剖视，需要创建剖截面。此处，在三维零件上创建剖截面，在生成工程图时直接调用。

① 单击快速启动工具栏的【打开】图标，在弹出的打开对话框中选择 T7-18.prt，单击【打开】按钮，则座体实体图调入零件截面。

② 单击视图选项卡，在模型显示工具栏中单击【截面】图标，系统弹出截面操控板，如图 7-20 所示。

图 7-20 截面操控板

③ 单击截面操控板中的【属性】选项卡，在弹出的【名称】文本框中输入 A(默认的剖截面名称为 XSEC0001)。

④ 根据提示：选择平面、曲面、坐标系或坐标系轴来放置截面。在设计区选择 FRONT 基准面作为剖切面。

⑤ 如果此时看到的是剖切后的一半，如图 7-21 所示，这是系统默认的【预览并修剪】

图标 的结果。如果要得到全部图形，则单击操控板中的【预览而不修剪】图标 即可，结果如图 7-22 所示。

⑥ 单击截面操控板中的 按钮，完成剖截面 A 的创建。

⑦ 用同样的方法创建左视图剖截面 B，只是在第③步中要输入剖截面名称 B。

⑧ 单击保存图标，保存零件。

⑨ 切换到工程图界面。

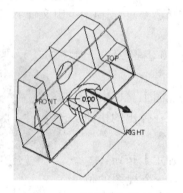
图 7-21　预览并修剪

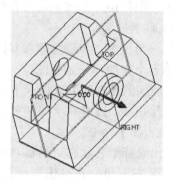
图 7-22　预览而不修剪

(6) 生成半剖视的主视图。

① 单击工具栏的【投影视图】图标 ，或者在绘图区单击右键，在系统弹出的快捷菜单中选择【投影视图】命令。

② 在主视图的上方单击以确定主视图放置位置，则生成主视图。

③ 双击主视图，系统弹出绘图视图对话框，如图 7-23 所示。

④ 在【类别】区选择【截面】选项，将【剖面选项】设置为【2D 横截面】，然后单击 按钮，选择【名称】区的字母 A，在【剖切区域】下选择【半倍】命令，如图 7-23 所示。

⑤ 在俯视图上选择 RIGHT 基准面，此时主视图上出现一个红色向右的箭头，表明右边为剖视图。

⑥ 单击对话框中的【确定】按钮，则主视图变为半剖视图，如图 7-24 所示。

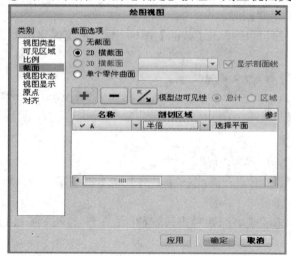
图 7-23　截面选项

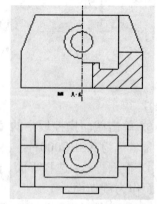
图 7-24　生成半剖视的主视图

技巧：如果此时半剖视图的分界线是实线，则如同设置第一角投影那样，在选项对话框中的【这些选项控制横截面和它们的箭头】区，选择【half_section_line】选项，将【solid】改为【centerline】即可。

(7) 生成全剖视的左视图。

① 单击右键，在快捷菜单中选择【投影视图】命令。

② 在主视图的右方单击以确定左视图放置位置，则生成左视图。

③ 双击左视图，系统弹出绘图视图对话框。

④ 在【类别】区选择【截面】选项，将【剖面选项】设置为【2D 横截面】，然后单击 ➕ 按钮，选择【名称】区的字母 B，在【剖切区域】下选择【完整】命令。

⑤ 单击对话框中的【确定】按钮，则左视图变为全剖视图，如图 7-25 所示。

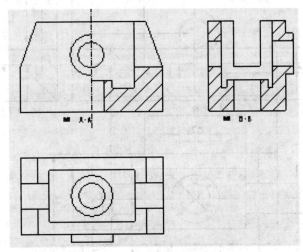

图 7-25　生成全剖视的左视图

(8) 将竖直方向的尺寸字头改为向左。

在练习第 11 题中直接显示尺寸，则显示出的竖直方向的尺寸字头向上。我国制图标准规定竖直方向的尺寸字头向左，为此应该进行参数的设置。

① 单击【文件】→【准备】→【绘图属性】命令，系统弹出绘图属性对话框。

② 单击绘图属性对话框中的"详细信息选项"后的【更改】命令，系统弹出选项对话框。

③ 在选项对话框中的"这些选项控制尺寸"区，单击【default_lindim_text_orientation】选项，则该选项添加到下边选项区的文本框中。

④ 单击"值"文本框中的下拉箭头，在下拉选项中单击【parallel_to_and_above_leader】命令。

⑤ 单击【添加/更改】按钮。

⑥ 单击选项对话框中的【关闭】按钮，再单击绘图属性对话框中的【关闭】按钮，设置完成。

(9) 显示尺寸。

① 单击【注释】选项卡，系统弹出注释工具栏。

② 按住 Ctrl 键选择主、俯、左视图，然后单击【显示模型注释】图标，系统弹

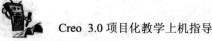

出显示模型注释对话框。

③ 单击对话框左下角的【确认】图标 ，则对话框中的【显示】下的矩形框均打上了对钩，而且【确定】按钮亮显，单击【确定】按钮，则生成了尺寸。

(10) 整理尺寸。

① 用矩形框在绘图区选取全部图形及尺寸，单击【注释】子工具栏的【清理尺寸】图标 清理尺寸，系统弹出【清除尺寸】对话框。

② 将对话框的【增量】后的数值 0.3755 改为 0.5。

③ 单击对话框中的【应用】按钮，再单击【关闭】按钮，结果如图 7-26 所示。

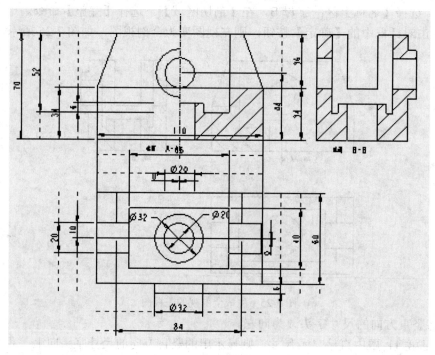

图 7-26　显示尺寸

(11) 编辑尺寸及图形。

① 选择不需要的尺寸，如俯视图上的 0、主视图上的 36、34 等，单击右键，在快捷菜单中选择【拭除】命令，拭除掉多余的尺寸。

② 选择不需要的元素(捕捉线——图中的虚线)，单击右键，选择【删除】命令，删除掉多余的元素。

③ 选择俯视图上φ20，单击右键，在快捷菜单中选择【移动到视图】命令，再选择左视图，则会将φ20 从俯视图上移动到左视图上。

同样，将主视图上的 6、俯视图上的 6、φ32、φ20、60 移动到左视图上，结果如图 7-27所示。

④ 选择位置不合适的尺寸，如主视图上的 52、34、70 等将其移到合适位置，结果如图 7-27 所示。

⑤ 选择剖视图的名称截面 A-A、截面 B-B，单击键盘上的 Delete 键，即删除，结果如图 7-17 所示。

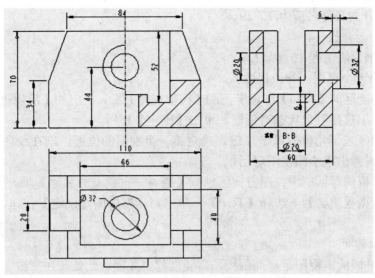

图 7-27 编辑后的尺寸

13. 根据图 7-169 所示的零件图，绘制支架实体图。调用该三维零件生成工程图，标注零件的尺寸公差、形位公差、表面粗糙度，并建立用文字说明的技术要求。

(教程中图 7-169 所示的零件图如本书图 7-28 所示。)

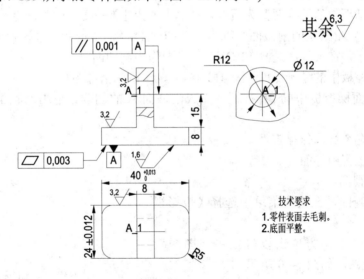

图 7-28 支架零件图

操作步骤：

(1) 绘制支架实体。

结果如图 7-29 所示，将其保存为 T7-29(具体过程略)(为了生成的工程图尺寸数值小数点后不带 2 个零，在创建第一个特征时，进入草绘界面后要修改尺寸值的小数位数为 0，并进行保存，具体操作见练习 12 题步骤(1)绘制座体的实体图)。

(2) 进入工程图模块。

步骤见本项目练习题 1，不过在第(2)步中文件名被修改，

图 7-29 支架实体

第(3)步中要打开的文件名应为 T7-29。

(3) 设置第一角投影。

步骤见本项目练习题 10 步骤(2)。

(4) 生成第一个视图——俯视图。

① 单击功能区的【布局】选项卡下的【模型视图】工具栏中的【常规视图】图标 。

② 系统弹出选择组合状态对话框，单击【确定】按钮。

③ 在绘图区左下角位置单击左键，确定第一个视图的位置，则在绘图区出现零件的三维视图，同时弹出了绘图视图对话框。

④ 在绘图视图对话框中视图方向区选择【查看来自模型的名称】项。

⑤ 在【模型视图名】下选择【TOP】，单击对话框中的【确定】按钮，俯视图完成，如图 7-30 所示。

(5) 创建剖截面。

由于此零件图的主视图是局部剖视，需要创建剖截面。此处，在三维零件上创建剖截面，在生成工程图时直接调用。

① 单击快速启动工具栏的【打开】图标 ，在弹出的打开对话框中选择 T7-29.prt，单击【打开】按钮，则支架实体图调入零件截面。

② 单击视图控制工具栏中的【视图管理器】图标 ，系统弹出视图管理器对话框。

③ 单击对话框中的【截面】选项卡，再单击【新建】→【平面】命令，在弹出的【名称】文本框中输入 A(默认的剖截面名称为 XSEC0001)，按 Enter 键，系统弹出截面操控板。

④ 根据提示，在设计区选择 FRONT 基准面作为剖切面。

⑤ 单击操控板中的【预览而不修剪】图标 得到全部图形。

⑥ 单击截面操控板中的 按钮，完成剖截面 A 的创建，单击对话框中的【关闭】按钮。

⑦ 单击保存图标，保存零件。

⑧ 切换到工程图界面。

(6) 生成主视图。

① 右击俯视图，在快捷菜单中选择【投影视图】命令。

② 在俯视图的上方单击以确定主视图的位置，则生成主视图，如图 7-30 所示。

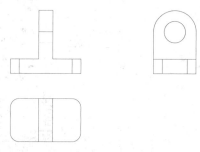

图 7-30　支架的三视图

(7) 生成左视图。

① 单击右键，在快捷菜单中选择【投影视图】命令。

② 在主视图的右方单击以确定左视图的位置，则生成左视图，如图 7-30 所示。

(8) 将主视图改成局部剖视图。

① 双击主视图，系统弹出绘图视图对话框。

② 在【类别】区选择【截面】选项，将【剖面选项】设置为【2D 横截面】，然后单击 按钮，选择【名称】区的字母 A，在【剖切区域】下选择【局部】命令。

③ 在主视图上孔的投影线上单击一点确定局剖的中心点，再用鼠标选择几个点绘制出一个样条线的圆，确定局剖的范围，单击中键结束。

④ 单击【应用】按钮确认，单击【取消】按钮，则主视图变为局部剖视图，如图 7-31 所示。

(9) 将左视图改成局部视图。

① 双击左视图，系统弹出绘图视图对话框。

② 在【类别】区选择【可见区域】选项，此时绘图视图对话框显示如图 7-32 所示。

③ 在对话框的【视图可见性】下选择【局部视图】选项。

④ 在左视图上孔的投影线上单击一点确定局部视图的中心点，再用鼠标选择几个点绘制出一个样条线的圆，确定局部视图的范围，单击中键结束。

⑤ 单击【确定】按钮，则左视图变为局部视图，如图 7-31 所示。

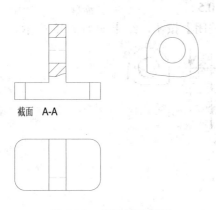

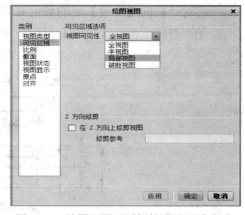

图 7-31　支架的剖视图　　　　　　图 7-32　绘图视图对话框的可见区域选项

(10) 去掉主视图上圆角的投影线。

① 双击主视图，系统弹出绘图视图对话框。

② 在【类别】区选择【视图显示】选项，此时绘图视图对话框显示如图 7-33 所示。

③ 在对话框的【相切边显示样式】下选择【无】命令。

④ 单击【确定】按钮，则主视图上的圆角相切部位的投影线取消，如图 7-34 所示。

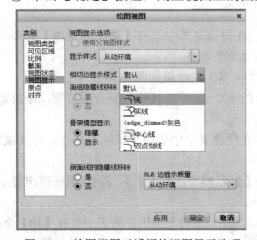

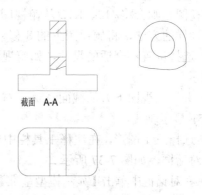

图 7-33　绘图视图对话框的视图显示选项　　　图 7-34　去掉圆角相切部位的投影线

(11) 将竖直方向的尺寸字头改为向左。

操作步骤见练习题 12 步骤(8)(此处省略)。

(12) 显示尺寸。

① 单击【注释】选项卡，系统弹出【注释】工具栏。

② 按住 Ctrl 键选择主、俯、左视图，然后单击【显示模型注释】图标 ，系统弹出显示模型注释对话框。

③ 单击对话框左下角的【确认】图标 ，则对话框中的【显示】下的矩形框均打上了对钩，单击【确定】按钮，则生成了尺寸。

(13) 整理尺寸。

① 用矩形框在绘图区选取全部图形及尺寸，单击【注释】子工具栏的【清理尺寸】图标 清理尺寸，系统弹出清理尺寸对话框。

② 将对话框的【增量】后的数值 0.3755 改为 0.5。

③ 单击对话框中的【应用】按钮，再单击【关闭】按钮，结果如图 7-35 所示。

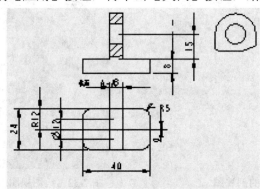

图 7-35　显示尺寸

(14) 编辑尺寸及图形。

① 选择不需要的尺寸，如俯视图上的 0，单击右键，在快捷菜单中选择【拭除】命令，拭除掉多余的尺寸。

② 选择不需要的元素(捕捉线——图中的虚线)，单击右键，选择【删除】命令，删除掉多余的元素。

③ 选择俯视图上 ϕ12、R12，单击右键，在快捷菜单中选择【移动到视图】命令，再选择左视图，则会将 ϕ12、R12 从俯视图上移动到左视图上。

用同样的方法，将俯视图上的 8 移动到主视图上，结果如图 7-36 所示。

④ 选择位置不合适的尺寸，如俯视图上的 40、24 等将其移到到合适位置，结果如图 7-36 所示

⑤ 选择主视图下方的截面 A-A，右击，在快捷菜单中选择【拭除】命令，将其拭除。

(15) 显示轴线。

① 选择三个图形，在注释工具栏中单击【显示模型注释】图标 ，系统弹出显示模型注释对话框，如图 7-37 所示。

② 在对话框中单击【显示模型基准】图标 ，在类型的下拉列表中选择【轴】命令。

③ 单击对话框左下角的【确认】图标 ，则对话框中的【显示】下的矩形框均打上了对钩，而且【应用】按钮亮显，单击【应用】按钮，则在各个视图上显示出轴线。

④ 单击【确定】按钮，完成轴线的显示，结果如图 7-38 所示。

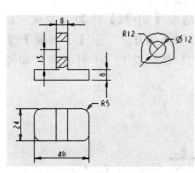

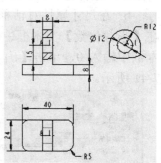

图 7-36　编辑后的尺寸　　　图 7-37　显示模型注释对话框　　　图 7-38　显示轴线

(16) 标注尺寸公差。

① 设置显示尺寸公差。Cero 3.0 系统默认的是不显示尺寸公差，要显示尺寸公差，就要进行参数设置。

a. 单击【文件】→【准备】→【绘图属性】命令，系统弹出绘图属性对话框。

b. 单击"详细信息选项"后的【更改】命令，系统弹出选项对话框，如图 7-39 所示。

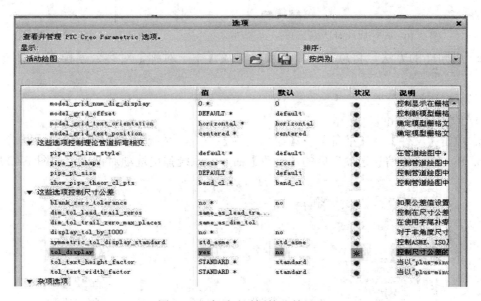

图 7-39　选项对话框的公差显示

c. 在选项对话框中的"这些选项控制尺寸公差"区，单击【tol_display】选项，则该选项添加到下边选项区的文本框中。

d. 单击"值"文本框中的下拉箭头，在下拉选项中单击【yes】命令。

e. 单击【添加/更改】按钮，则设置为 yes。

f. 单击选项对话框中的【关闭】按钮，再单击绘图属性对话框中的【关闭】按钮，设置完成。

② 标注尺寸公差。

a. 选择图中需要标注公差的尺寸(如总长 40)，在出现四向箭头时，右击并在弹出的快捷菜单中选择【属性】命令，系统弹出尺寸属性对话框，如图7-40所示。

b. 在尺寸属性对话框的【公差模式】下拉列表框中选取【加-减】作为公差模式，在【小数位数】文本框中输入3，在【上公差】文本框中输入0.013，在【下公差】文本框中输入0，单击【确定】按钮，即以上下偏差的形式标注出总长40的公差，如图7-41所示。

图7-40 尺寸属性对话框　　　　　　　　　　　图7-41 标注尺寸公差

c. 用同样的方法，将总宽尺寸公差标注成【＋－对称】对称公差模式，如图7-41所示。

(17) 标注形位公差。

① 设置显示基准。

a. 单击【文件】→【准备】→【绘图属性】命令，系统弹出绘图属性对话框。

b. 单击"详细信息选项"后的【更改】命令，系统弹出选项对话框，如图7-42所示。

图7-42 选项对话框的基准选项

c. 在选项对话框中的"这些选项控制几何公差信息"区，单击【gtol_datums】选项，则该选项添加到下边选项区的文本框中。

d. 单击"值"文本框中的下拉箭头，在下拉选项中单击【std_iso】命令。

e. 单击【添加/更改】按钮，则设置为 std_iso。单击选项对话框中的【关闭】按钮，再单击绘图属性对话框中的【关闭】按钮，设置完成。

② 建立基准平面。

在标注形位公差时，需要先在工程图上建立基准。有了基准，在标注形位公差时才能使用。

a. 单击【注释】选项卡下的注释子工具栏的【模型基准】图标 □ 模型基准 ▼，系统弹出基准对话框，如图 7-43 所示。

b. 在对话框的【名称】文本框中输入基准名称 A(如果不输入，则系统自动加入 DTM1)。

c. 单击 A◄ 图标，再单击【在曲面上】图标，然后在主视图上选取底面边线。

d. 单击【确定】按钮，则建立了基准 A，如图 7-44 所示。

图 7-43　基准对话框

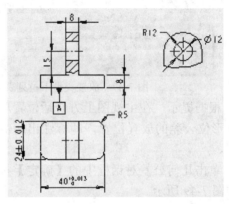

图 7-44　建立基准 A

③ 标注底面的平面度公差。

a. 单击【注释】子工具栏中的【几何公差】图标 ⌖|M，系统弹出几何公差对话框，如图 7-45 所示。

b. 在对话框中单击【平面度】图标 ▱。

c. 在参照区的【类型】下拉列表框中选取【曲面】选项，然后在主视图上选取底面。

d. 切换到【公差值】选项卡，在【总公差】文本框中输入 0.003，如图 7-46 所示。

图 7-45　几何公差对话框

图 7-46　公差值选项卡

e. 切换回【模型参考】选项卡，在放置区的【类型】下拉列表框中选择【带引线】选项，如图 7-47 所示。

f. 系统弹出【引线类型】菜单，如图 7-48 所示。选择【箭头】命令，然后在主视图上选择底面线，最后选择菜单中的【完成】命令。

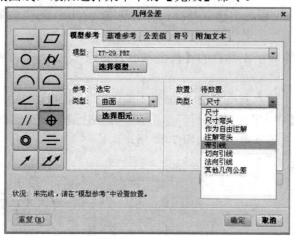

图 7-47　放置类型下拉列表

图 7-48　引线类型菜单

g. 根据提示，在主视图上方合适位置单击，以确定形位公差的放置位置，即标注出所需的形位公差。

h. 单击几何公差对话框中的【确定】按钮，结果如图 7-49 所示。

④ 标注 ϕ12 孔轴线对底面的平行度公差。

a. 单击注释子工具栏中的【几何公差】图标 ⊕|M，系统弹出几何公差对话框，如图 7-50 所示。

b. 在对话框中单击【平行度】图标 //。

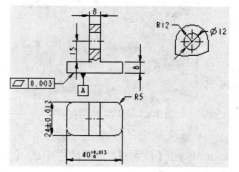

图 7-49　标注出的平面度公差

c. 在参照区的【类型】下拉列表框中选取【轴】选项，然后选取主视图 ϕ12 孔轴线。

d. 切换到【基准参考】选项卡，在【基本】下拉列表框中选取已建立的基准 A，如图 7-50 所示。

e. 切换到【公差值】选项卡，在【总公差】文本框中输入 0.001。

f. 切换回【模型参考】选项卡，在放置区的【类型】下拉列表框中选择【带引线】选项，如图 7-47 所示。

g. 系统弹出引线类型菜单，如图 7-48 所示。选择【箭头】命令，然后在主视图上选择 ϕ12 孔轴线，最后选择菜单中的【完成】命令。

h. 根据提示，在主视图上方合适位置单击，以确定形位公差的放置位置，即标注出所需的形位公差，结果如图 7-51 所示。

i. 单击对话框中的【移动】按钮，可以移动刚标注的形位公差的位置；单击对话框中的【重复】按钮，则确认形位公差的标注并继续下一个新形位公差的标注；单击【确定】按钮，则确认并退出标注。

图 7-50　基准参照选项卡

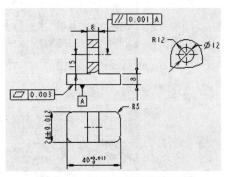

图 7-51　标注出的平行度公差

(18) 标注表面粗糙度。

① 单击注释子工具栏中的【表面粗糙度】图标 ³²√ 表面粗糙度，系统弹出打开对话框，并自动进入系统表面粗糙度符号库所在的目录中，如图 7-52 所示。

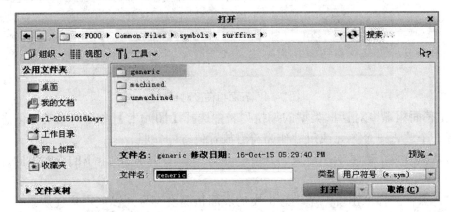

图 7-52　打开对话框

该目录下共有 3 个文件夹，每个文件夹内含两种表面粗糙度的形式：一种是无值的；一种是有值的。

② 双击 machined 文件夹，显示如图 7-53 所示。

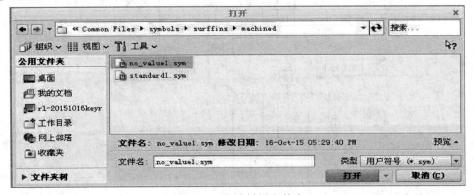

图 7-53　去除材料文件夹

③ 选择 standard1.sym，再单击【打开】按钮，系统弹出表面粗糙度对话框，如图 7-54 所示。

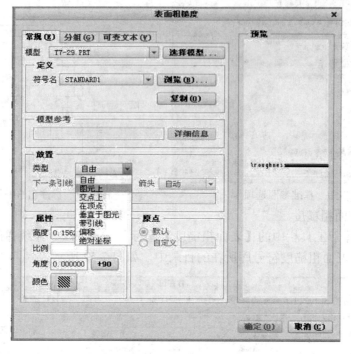

图 7-54　表面粗糙度对话框

④ 在表面粗糙度对话框类型的下拉列表中选择【图元上】命令，系统在信息区提示用户选择一个边、一个图元或尺寸作为符号放置位置的参照。

该对话框有三个选项卡：常规、分组、可变文本。不同选项卡下的内容不同，默认在常规选项下。

此时在鼠标光标上出现一个动态拖曳的表面粗糙度符号，以便用户使用。

⑤ 在主视图中选择底板上表面的投影线，即在图面上标注出表面粗糙度，如图 7-55 所示。

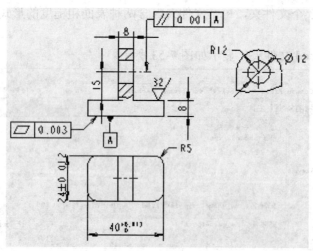

图 7-55　表面粗糙度的标注

⑥ 单击如图 7-54 所示对话框中的【可变文本】选项卡，对话框切换到可变文本选项卡下，如图 7-56 所示。

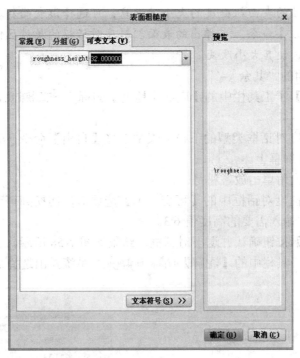

图 7-56 表面粗糙度的可变文本选项卡

⑦ 在粗糙度高度文本框中输入需要的高度值,如 3.2,单击中键确认,结果如图 7-57 所示。

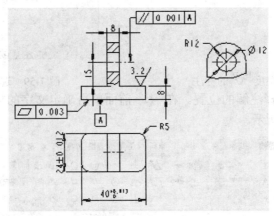

图 7-57 表面粗糙度修改数值后的标注

此时可继续选择其他图元以及标注类型标注同样的其他表面粗糙度。如果不再标注,则单击【确定】按钮确认并退出对话框。

⑧ 选择俯视图最上线段,单击中键确认。

⑨ 切换回【常规】选项卡,在类型的下拉列表中选择【垂直于图元】命令,选择主视图上立板左端面的投影竖线,

⑩ 在类型的下拉列表中选择【带引线】命令,选择主视图上最下横线,切换到可变文本选项卡下,在粗糙度高度文本框中输入需要的高度值 1.6,单击中键确认,单击【确定】按钮确认并退出对话框,结果如图 7-57 所示。

❖ **注意**：如果对标注的表面粗糙度的大小不满意，可选择该表面粗糙度，右击，在快捷菜单中选择【属性】命令，在弹出的表面粗糙度对话框的属性区修改高度值，最后单击【确定】按钮，使其大小改变。

(19) 标注右上角的"其余 $^{6.3}\!\!\sqrt{\,}$"。

① 单击【注释】子工具栏中的【表面粗糙度】图标 $^{32}\!\!\sqrt{}$ **表面粗糙度**，系统弹出【表面粗糙度】对话框。

② 在表面粗糙度对话框类型的下拉列表中选择【自由】命令，系统提示：单击鼠标左键，将符号放置在屏幕上。

③ 在设计区右上角单击放置符号。

④ 单击表面粗糙度对话框中的【可变文本】选项卡，切换到可变文本选项卡下，在粗糙度高度文本框中输入需要的高度值 6.3。

⑤ 单击【确定】按钮确认并退出对话框，结果如图 7-58 所示。

⑥ 单击注释子工具栏中的【注解】图标 **注解** ▾，系统弹出选择点对话框，如图 7-59 所示。

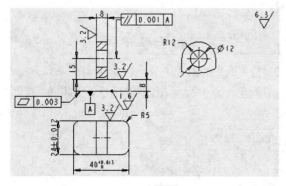

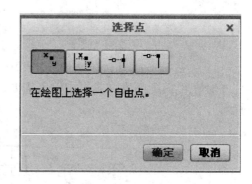

图 7-58 表面粗糙度 $^{12.5}\!\!\sqrt{}$ 的标注　　　　　　图 7-59 选择点对话框

⑦ 根据提示：选择注解的位置。在 $^{6.3}\!\!\sqrt{}$ 前面单击确定文字的放置位置，系统弹出格式选项卡，如图 7-60 所示。

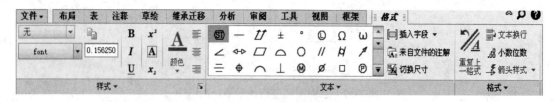

图 7-60 格式选项卡

⑧ 在格式选项卡中单击"文本"后的下拉箭头，系统弹出下拉选项，如图 7-61 所示。

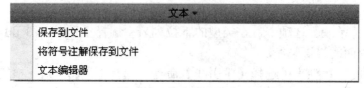

图 7-61 文本的下拉选项

⑨ 在其中选择【文本编辑器】命令，系统弹出记事本，如图 7-62 所示。

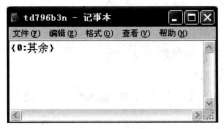

图 7-62 记事本

⑩ 根据提示，切换输入法，在【0】：后中输入注释文字"其余"，单击左上角 ⊠ 按钮，在弹出的提示对话框中单击【是】按钮进行保存，则"其余"二字注出，结果如图 7-63 所示。

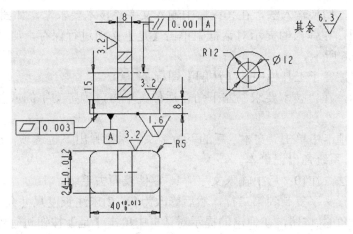

图 7-63 表面粗糙度的"其余"的标注

技巧：如果对文字的位置和大小不满意，可以通过以下操作改变文字的高度：

① 双击该文字，系统弹出如图 7-60 所示的格式选项卡，在四向箭头时可以移动文字的位置。

② 单击样式子工具栏中的斜箭头 ↘ ，系统弹出文本样式对话框，如图 7-64 所示。

图 7-64 文本样式对话框

③ 单击该对话框的【高度】后的默认选项(去掉对勾)，然后在文本框中输入新的文字高度值(如 0.3)。

④ 单击对话框的【确定】按钮即可。

(20) 标注用文字说明的技术要求。

① 单击注释子工具栏中的【注解】图标 **A≡注解** ，系统弹出选择点对话框，如图 7-59 所示。

② 根据提示，在右下角合适位置单击，确定文字的放置位置，系统弹出格式选项卡，如图 7-60 所示。

③ 在格式选项卡中单击文本后的下拉箭头，系统弹出下拉选项。

④ 在其中选择【文本编辑器】命令，系统弹出记事本。

⑤ 根据提示，切换输入法，在{0：后中输入文字"技术要求"，如图 7-65 所示，单击左上角 ✕ 按钮，在弹出的提示对话框中单击【是】按钮进行保存，则"技术要求"注出，结果如图 7-66 所示。

⑥ 再次单击注释子工具栏中的【注解】图标 **A≡注解** 。

⑦ 根据提示，在"技术要求"左下角合适位置单击，确定文字的放置位置，系统弹出格式选项卡。

⑧ 在格式选项卡中单击"文本"后的下拉箭头，系统弹出下拉选项，在其中选择【文本编辑器】命令，系统弹出记事本。

⑨ 切换输入法，在{0：后中输入文字"1. 零件表面去毛刺。"。

⑩ 将上面一行文字复制到第二行，然后修改为{0：2.未注长度尺寸允许偏差±0.5。}，

⑪ 单击左上角 ✕ 按钮，在弹出的提示对话框中单击【是】按钮进行保存，则结果如图 7-66 所示。

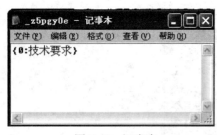

图 7-65　记事本

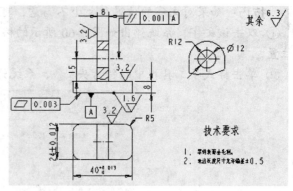

图 7-66　技术要求的标注

❖ 注意：

(1) 若要修改注释位置和大小，则可通过标注右上角的"其余 $^{6.3}\!\nabla$"的技巧那样进行操作。

(2) 若要修改注释内容，则按照以下操作进行：

① 双击文字，在弹出的格式选项卡中单击"文本"后的下拉箭头，在弹出的下拉选项中选择【文本编辑器】命令，系统回到记事本。

② 在记事本中编辑注释内容，

③ 然后进行保存、退出即可。

项目七　工程图

14．根据如图 7-170 所示的零件图，绘制底座实体图。调用该三维零件生成工程图，并标注有关的技术要求。

(教程中图 7-170 所示的零件图如本书图 7-67 所示。)

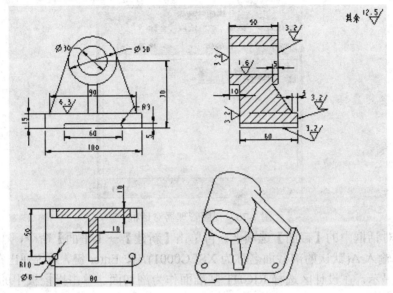

图 7-67　底座零件图

操作步骤：

(1) 绘制底座零件实体。

结果如图 7-68 所示，将其保存为 T7-68(过程略，注意为了生成工程图的尺寸数值小数点后不带 2 个零，在创建第一个特征时，进入草绘界面后要修改尺寸值的小数位数)。

(2) 进入工程图模块。

步骤见本项目练习题 1，不过在第(2)步中文件名被修改，第(3)步中要打开的文件名应为 T7-68。

(3) 设置第一角投影。

步骤见本项目练习题 10 步骤(2)。

(4) 创建剖截面。

图 7-68　底座实体

由于此零件图的俯、左视图都是全剖视，需要创建剖截面。此处，在三维零件上创建剖截面，在生成工程图时直接调用。

俯视图的全剖视还需创建基准平面。

① 单击快速启动工具栏的【打开】图标📂，在弹出的打开对话框中选择 T7-68.prt，单击【打开】按钮，则底座实体图调入零件界面。

② 单击基准工具栏的【平面】图标▱，系统弹出基准平面对话框，如图 7-69 所示。选择底座零件底板的顶面作为参考，在偏移区的【平移】文本框中输

图 7-69　基准平面对话框

- 203 -

入 20，单击对话框的【确定】按钮，则创建了基准平面 DTM3。

③ 单击视图控制工具栏中的【视图管理器】图标 🖼，系统弹出视图管理器对话框，如图 7-70 所示。

图 7-70　视图管理器对话框

④ 单击对话框中的【截面】选项卡，再单击【新建】→【平面】命令，在弹出的【名称】文本框中输入 A(默认的剖截面名称为 XSEC0001)，按 Enter 键，系统弹出截面操控板。

⑤ 根据提示，在设计区选择 RIGHT 基准面作为剖切面。单击操控板中的【预览而不修剪】图标 🔯 得到全部图形，单击截面操控板中的 ✔ 按钮，完成剖截面 A 的创建。

⑥ 再次单击【新建】→【平面】命令，在弹出的【名称】文本框中输入 B，按 Enter 键，系统弹出截面操控板。

⑦ 根据提示，在设计区选择 DTM3 基准面作为剖切面。单击操控板中的【预览而不修剪】图标 🔯 得到全部图形，单击截面操控板中的 ✔ 按钮，完成剖截面 B 的创建。

⑧ 单击视图管理器对话框中的【关闭】按钮。

⑨ 单击保存图标，保存零件。

⑩ 单击快速启动工具栏中【窗口】图标 🖵 ▼，选择 1 T7-67.DRW：1，切换到工程图界面。

(5) 生成第一个视图——主视图。

① 单击功能区的【布局】选项卡下的模型视图工具栏中的【常规视图】图标🗔。

② 系统弹出选择组合状态对话框，单击【确定】按钮。

③ 在绘图区左上角位置单击左键，确定第一个视图的位置，则在绘图区出现零件的三维视图，同时弹出了绘图视图对话框。

④ 在绘图视图对话框中视图方向区选择【查看来自模型的名称】项。

⑤ 在【模型视图名】下选择【FRONT】选项，单击对话框中的【确定】按钮，主视图完成，如图 7-71 所示。

(6) 生成全剖的左视图。

① 右击主视图，在快捷菜单中选择【投影视图】命令。

② 在主视图的右方单击以确定视图放置位置，则生成左视图。

③ 双击左视图，系统弹出绘图视图对话框。

④ 在【类别】区选择【截面】选项，将【剖面选项】设置为【2D 横截面】，然后单

击✚按钮。

　　⑤ 选择剖面名称 A，在【剖切区域】下选择【完整】选项。

　　⑥ 单击【确定】按钮，则左视图变为全剖视图，如图 7-71 所示。

❖ **注意：** *全剖的左视图上生成的筋板，不符合我国制图标准，需要另行处理。由于篇幅有限，此处不做介绍。读者可按照教材 7.3 任务 49：各种截面图生成的内容进行操作，生成符合我国制图标准的筋板。*

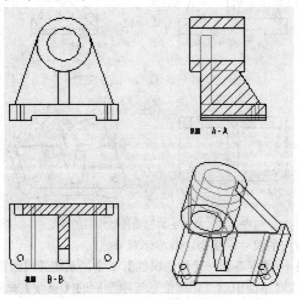

图 7-71　底座的视图

　　(7) 生成全剖的俯视图。

　　① 右击主视图，在快捷菜单中选择【投影视图】命令。

　　② 在主视图的下方单击以确定视图放置位置，则生成俯视图。

　　③ 双击俯视图，系统弹出绘图视图对话框。

　　④ 在【类别】区选择【截面】选项，将【剖面选项】设置为【2D 横截面】，然后单击✚按钮。

　　⑤ 选择剖面名称 B，在【剖切区域】下选择【全部】。

　　⑥ 单击【确定】按钮，则俯视图变为全剖视图，如图 7-71 所示。

　　(8) 生成轴测图。

　　① 单击模型视图工具栏中的【常规视图】图标 ▱。

　　② 系统弹出选择组合状态对话框，单击【确定】按钮。

　　③ 根据系统提示，在绘图区右下角单击，再单击对话框中的【确定】按钮，即生成轴测图，结果如图 7-71 所示。

　　(9) 去掉主、左视图上圆角的投影线。

　　① 双击主视图，系统弹出绘图视图对话框。

　　② 在【类别】区选择【视图显示】命令。

　　③ 在对话框的【相切边显示样式】选项下选择【无】。

　　④ 分别单击【应用】按钮及【取消】按钮，则主视图上的圆角相切部位的投影线

取消。

用同样的方法去掉左视图、轴测图上圆角的投影线，结果如图 7-72 所示。

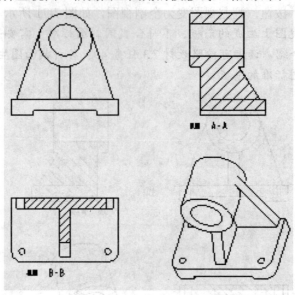

图 7-72　底座去掉圆角投影线后的视图

(10) 设置竖直方向的尺寸字头为左并显示尺寸。

① 单击【文件】→【准备】→【绘图属性】命令，系统弹出绘图属性对话框。

② 单击绘图属性对话框中的"详细信息选项"后的【更改】命令，系统弹出选项对话框。

③ 在选项对话框中的"这些选项控制尺寸"区，单击【default_lindim_text_orientation】选项，则该选项添加到下边选项区的文本框中。

④ 单击"值"文本框中的下拉箭头，在下拉选项中单击【parallel_to_and_above_leader】命令。

⑤ 单击【添加/更改】按钮。

⑥ 单击选项对话框中的【关闭】按钮，再单击绘图属性对话框中的【关闭】按钮，设置完成。

⑦ 单击【注释】选项卡，系统弹出注释工具栏。

⑧ 按住 Ctrl 键选择主、俯、左视图，然后单击【显示模型注释】图标 ，系统弹出显示模型注释对话框。

⑨ 单击对话框左下角的【确认】图标 ，则对话框中的【显示】下的矩形框均打上了对勾，而且【确定】按钮亮显，单击【确定】按钮，则生成了尺寸。

(11) 整理尺寸。

① 用矩形框在绘图区选取全部图形及尺寸，单击注释子工具栏的【清理尺寸】图标 清理尺寸，系统弹出清理尺寸对话框。

② 将对话框的【增量】后的数值 0.3755 改为 0.5。

③ 单击对话框中的【应用】按钮，再单击【关闭】按钮，结果如图 7-73 所示。

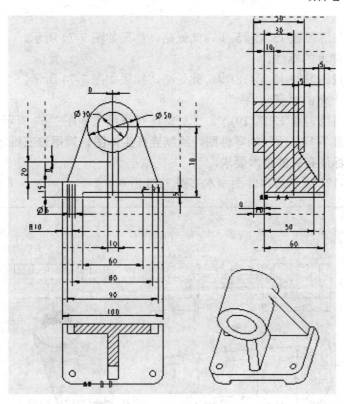

图 7-73　整理后的尺寸

(12) 编辑尺寸及图形。

步骤见本项目练习题 13 第(14)步，此处略，结果如图 7-74 所示。

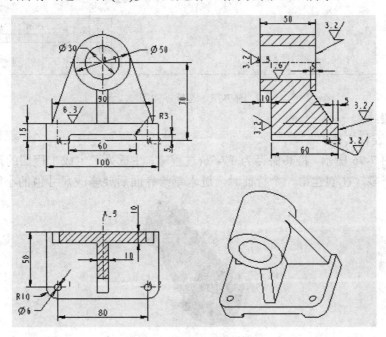

图 7-74　编辑后的图形及尺寸

(13) 显示轴线。

步骤见本项目练习题 13 第(15)步，此处略，结果如图 7-74 所示。

(14) 表面粗糙度的标注。

步骤见本项目练习题 13 第(18)步，此处略，结果如图 7-74 所示。

(15) 标注右上角的"其余 $^{12.5}\sqrt{}$"。

步骤见本项目练习题 13 第(19)步，此处略，最终结果如图 7-67 所示。

15. 根据如图 7-171 所示的零件图，绘制连杆实体图。调用该三维零件在 **A3** 图幅中生成工程图，并标注有关的技术要求。

(教程中图 7-171 所示的零件图如本书图 7-75 所示。)

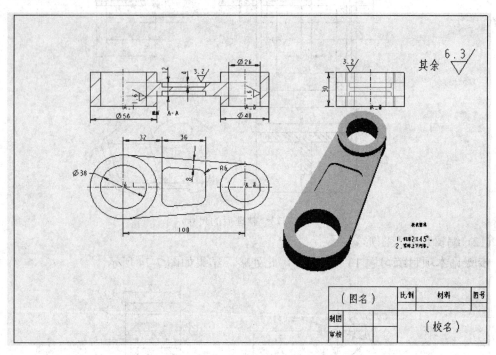

图 7-75 连杆零件图

操作步骤：

(1) 绘制连杆实体。

结果如图 7-76 所示，将其保存为 T7-76(过程略，注意为了生成工程图的尺寸数值小数点后不带 2 个零，在创建第一个特征时，进入草绘界面后要修改尺寸值的小数位数)。

图 7-76 连杆实体

(2) 进入工程图模块。

① 单击【新建】图标 ⧠，系统弹出新建对话框。

② 在【类型】选项组中选中【绘图】单选按钮，在【名称】文本框内输入工程图的文件名(如 T7-75)，取消 ☑ 使用默认模板 前的对钩，单击【确定】按钮，系统弹出新建绘图对话框。

③ 在对话框中单击【缺省模型】选项组中的【浏览】按钮，在打开对话框中选择要生成工程图的零件文件名 T7-76.prt，单击【打开】按钮。

④ 在对话框中的【指定模板】选项组中选中【格式为空】单选按钮，单击【格式】选项组中的【浏览】按钮，系统弹出打开对话框。

⑤ 单击对话框中【系统格式】前的箭头 ▸，选择你的计算机名(如 pc201308291921)，然后选择保存格式文件的盘符、文件夹及文件(如 D:\Creo 教材\LX7\A3_frm.frm)，单击【打开】按钮，则将保存的 A3 图框标题栏文件加载到文本框中。

⑥ 单击新建绘图对话框中的【确定】按钮，则将 A3 图框标题栏调到当前界面，如图 7-77 所示。

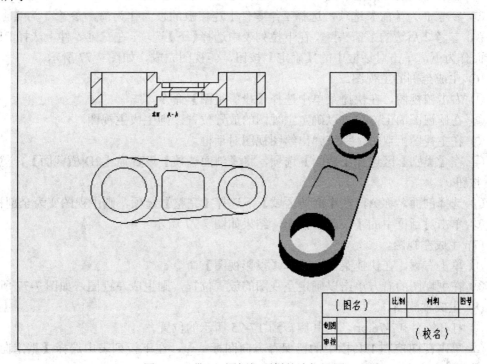

图 7-77　带 A3 图框标题栏的连杆视图

(3) 设置第一角投影。

步骤见本项目练习题 10 步骤(2)。

(4) 创建剖截面。

由于此零件图的主视图是全剖视，需要创建剖截面。此处，在三维零件上创建剖截面，在生成工程图时直接调用。

① 单击快速启动工具栏的【打开】图标 ⌂，在弹出的打开对话框中选择 T7-76.prt，单击【打开】按钮，则底座实体图调入零件界面。

② 单击视图控制工具栏中的【视图管理器】图标 ，系统弹出视图管理器对话框。

③ 单击对话框中的【截面】选项卡，再单击【新建】→【平面】命令，在弹出的【名称】文本框中输入 A，按 Enter 键，系统弹出截面操控板。

④ 根据提示，在设计区选择 RIGHT 基准面作为剖切面。单击操控板中的【预览而不修剪】图标 得到全部图形，单击截面操控板中的 按钮，完成剖截面 A 的创建。

⑤ 单击视图管理器对话框中的【关闭】按钮。

⑥ 单击保存图标，保存零件。

⑦ 单击快速启动工具栏中【窗口】图标 ，选择1 T7-75.DRW:1 ，切换到工程图界面。

(5) 生成第一个视图——俯视图。

① 单击功能区的【布局】选项卡下的模型视图工具栏中的【常规视图】图标 。

② 系统弹出选择组合状态对话框，单击【确定】按钮。

③ 在绘图区左下角位置单击左键，确定第一个视图的位置，则在绘图区出现零件的三维视图，同时弹出了绘图视图对话框。

④ 在绘图视图对话框中视图方向区选择【几何参考】项。

⑤ 参考 1 为【前】选项，选择三维零件上连接板的顶面作为前，参考 2 为【上】选项，单击参考 2 后边的下箭头 ，在下拉列表中选择【下】选项，在三维零件上选择 RIGHT 基准面作为下，单击对话框中的【确定】按钮，俯视图完成，如图 7-77 所示。

(6) 生成全剖的主视图。

① 右击俯视图，在快捷菜单中选择【投影视图】命令。

② 在俯视图的上方单击以确定主视图的放置位置，则生成主视图。

③ 在主视图上双击，系统弹出绘图视图对话框。

④ 在【类别】区选择【截面】选项，将【剖面选项】设置为【2D 横截面】，然后单击 按钮。

⑤ 选择剖面名称 A，在【剖切区域】下选择【完整】选项，则主视图变为全剖视图。

⑥ 单击对话框中的【关闭】按钮，结果如图 7-77 所示。

(7) 生成左视图。

① 单击右键，在快捷菜单中选择【投影视图】命令。

② 在主视图的右方单击以确定左视图的放置位置，则生成左视图，如图 7-77 所示。

(8) 生成轴测图。

① 打开零件 T7-76.prt，将其旋转到 T7-75 所示的位置。

② 单击视图控制工具栏中的已保存方向图标 ，在下拉列表中选择【重定向】命令，系统弹出方向对话框。

③ 在对话框单击【已保存方向】命令，在展开后的【名称】文本框中输入名字(如 1)，然后单击【保存】→【确定】按钮。

④ 再单击快速启动工具栏的【保存】图标 ，保存零件。

⑤ 单击快速启动工具栏中【窗口】图标 ，选择1 T7-75.DRW:1 ，切换到工程图界面。

⑥ 单击模型视图工具栏中的【常规视图】图标 。

⑦ 系统弹出选择组合状态对话框，单击【确定】按钮。

⑧ 在设计区右下方单击，系统弹出绘图视图对话框，在【模型视图名】下拉列表区选择 1，单击【应用】按钮。

⑨ 在绘图视图对话框的【类别】区选择【视图显示】选项，单击【显示样式】后的下拉箭头，选择【着色】命令，单击【确定】按钮，则生成轴测图，并将轴测图按照保存的方向着色显示，如图 7-77 所示。

(9) 设置竖直方向的尺寸字头为左并显示尺寸。

步骤见本项目练习题 14 第(10)步，此处略。

(10) 整理尺寸。

步骤见本项目练习题 13 第(13)步，此处略，结果如图 7-78 所示。

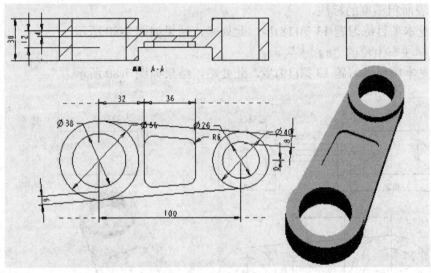

图 7-78　显示、整理后的尺寸

(11) 编辑尺寸及图形。

步骤见本项目练习题 13 第(14)步，此处略，结果如图 7-79 所示。

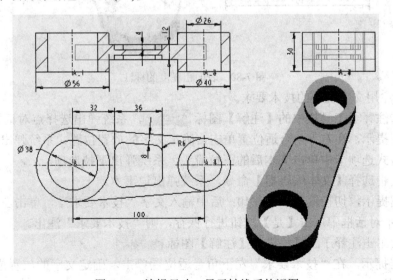

图 7-79　编辑尺寸、显示轴线后的视图

(12) 显示轴线。

步骤见本项目练习题 13 第(15)步，此处略，结果如图 7-79 所示。

(13) 去掉主、左视图上圆角的投影线。

① 双击主视图，系统弹出绘图视图对话框。

② 在【类别】区选择【视图显示】命令。

③ 在对话框的【相切边显示样式】选项下选择【无】。

④ 分别单击【应用】按钮及【取消】按钮，则主视图上的圆角相切部位的投影线取消。

用同样的方法去掉左视图、轴测图上圆角的投影线，结果如图 7-80 所示。

(14) 表面粗糙度的标注。

步骤见本项目练习题 13 第(18)步，此处略，结果如图 7-80 所示。

(15) 标注右上角的"其余 $\sqrt[6.3]{}$"。

步骤见本项目练习题 13 第(19)步，此处略，结果如图 7-80 所示。

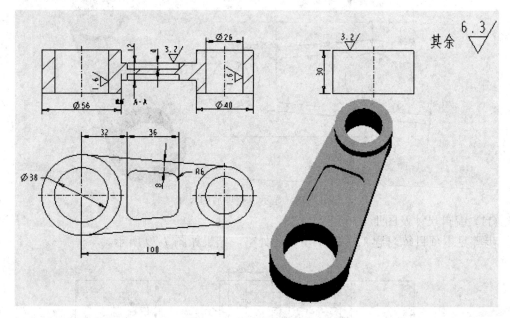

图 7-80　表面粗糙度的标注

(16) 标注用文字说明的技术要求。

① 单击注释子工具栏中的【注解】图标 A≣注解 ▼，系统弹出选择点对话框。

② 根据提示，在右下角合适位置单击，确定文字的放置位置，系统弹出格式选项卡。

③ 在格式选项卡中单击文本后的下拉箭头，系统弹出下拉选项。

④ 在其中选择【文本编辑器】命令，系统弹出记事本。

⑤ 根据提示，切换输入法，在{0:后中输入文字"技术要求"，单击左上角 ✕ 按钮，在弹出的提示对话框中单击【是】按钮进行保存，则"技术要求"注出。

⑥ 再次单击注释子工具栏中的【注解】图标 A≣注解 ▼。

⑦ 根据提示，在"技术要求"左下角合适位置单击，确定文字的放置位置，系统弹出格式选项卡。

项目七 工程图

⑧ 在格式选项卡中单击"文本"后的下拉箭头，系统弹出下拉选项，在其中选择【文本编辑器】命令，系统弹出记事本

⑨ 切换输入法，在{0：后中输入文字"1.倒角2X45°"。

⑩ 将上面一行文字复制到第二行，然后修改为{0：2.零件上下对称。}，

⑪ 单击左上角 ⊠ 按钮，在弹出的提示对话框中单击【是】按钮进行保存，则结果如图7-75所示。

16. 根据如图7-172所示的零件图，绘制机座实体图。调用该零件在A3图幅中生成工程图，并标注有关的技术要求。

提示：此题要修改3个作图比例。

(教程中图7-172所示的零件图如本书图7-81所示。)

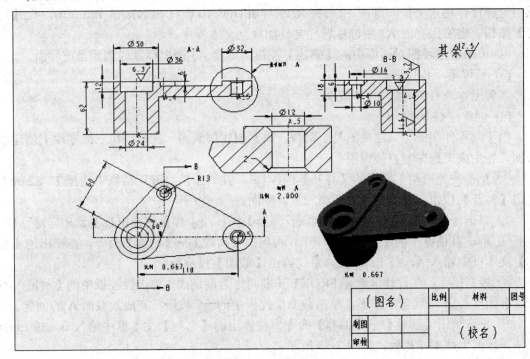

图7-81 机座的零件图

操作步骤：

(1) 绘制机座实体。

结果如图7-82所示，将其保存为T7-82(过程略，注意为了生成工程图的尺寸数值小数点后不带2个零，在创建第一个特征时，进入草绘界面后要修改尺寸值的小数位数)。

图7-82 机座实体

-213-

(2) 进入工程图模块。

① 单击【新建】图标 ▢，系统弹出新建对话框。

② 在【类型】选项组中选中【绘图】单选按钮，在【名称】文本框内输入工程图的文件名 T7-81，取消 ☑ 使用默认模板 前的对钩，单击【确定】按钮，系统弹出【新建绘图】对话框。

③ 在对话框中单击【缺省模型】选项组中的【浏览】按钮，在打开对话框中选择要生成工程图的零件文件名 T7-82.prt，单击【打开】按钮。

④ 在对话框中的【指定模板】选项组中选中【格式为空】单选按钮，单击【格式】选项组中的【浏览】按钮，系统弹出打开对话框。

⑤ 单击对话框中【系统格式】前的箭头 ▸，选择你的计算机名(如 pc201308291921)，然后选择保存格式文件的盘符、文件夹及文件(如 D:\Creo 教材 \LX7\A3_frm.frm)，单击【打开】按钮，则将保存的 A3 图框标题栏文件加载到文本框中。

⑥ 单击新建绘图对话框中的【确定】按钮，则将 A3 图框标题栏调到当前界面。

(3) 设置第一角投影。

步骤见本项目练习题 10 步骤(2)。

(4) 创建剖截面。

由于此零件图的主、左视图是全剖视，需要创建剖截面。此处，在三维零件上创建剖截面，在生成工程图时直接调用。

① 单击快速启动工具栏的【打开】图标 ▢，在弹出的打开对话框中选择 T7-82.prt，单击【打开】按钮，则底座实体图调入零件界面。

② 单击视图控制工具栏中的【视图管理器】图标 ▢，系统弹出视图管理器对话框。

③ 单击对话框中的【截面】选项卡，再单击【新建】→【平面】命令，在弹出的【名称】文本框中输入 A，按 Enter 键，系统弹出【截面】操控板。

④ 根据提示，在设计区选择 FRONT 基准面作为剖切面。单击操控板中的【预览而不修剪】图标 ▢▢ 得到全部图形，单击截面操控板中的 ✔ 按钮，完成剖截面 A 的创建。

⑤ 再次单击【新建】→【偏移】命令，在弹出的【名称】文本框中输入 B，按 Enter 键，系统弹出截面操控板，如图 7-83 所示。

图 7-83 截面的操控板

⑥ 单击【草绘】→【定义】按钮，系统弹出草绘对话框。选择零件的顶面作为草绘平面，单击草绘对话框中的【草绘】按钮，系统弹出草绘操控板，如图 7-84 所示。

图 7-84 草绘的操控板

⑦ 单击设置子工具栏的【草绘视图】图标 ▢，进入绘制草图的平面显示状态。单击

草绘子工具栏的【线】图标 ╲ 线，绘制如图 7-85 所示的三条线。单击操控板中的【预览而不修剪】图标 🗐 得到全部图形。单击草绘操控板中的 ✔ 按钮，单击截面操控板中的 ✔ 按钮，完成剖截面 B 的创建。

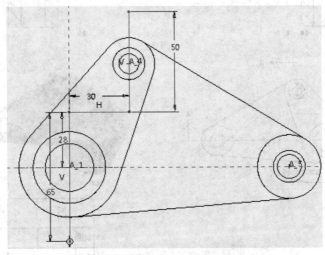

图 7-85　草绘的三条截面线

⑧ 单击视图管理器对话框中的【关闭】按钮，创建了剖截面 A、B。

⑨ 单击保存图标，保存零件。

⑩ 单击快速启动工具栏中【窗口】图标 ▤ ▾，选择 1 T7-81.DRW:1，切换到工程图界面。

(5) 生成第一个视图——俯视图。

① 单击功能区的【布局】选项卡下的模型视图工具栏中的【常规视图】图标 ▱。

② 系统弹出选择组合状态对话框，单击【确定】按钮。

③ 在绘图区左下角位置单击左键，确定第一个视图的位置，则在绘图区出现零件的三维视图，同时弹出了【绘图视图】对话框。

④ 在绘图视图对话框中视图方向区选择【查看来自模型的名称】选项。

⑤ 在【模型视图名】下选择【TOP】选项，单击对话框中的【应用】按钮。

⑥ 单击对话框中类别区【比例】命令，选择【自定义比例】选项，在其文本框中输入 2/3，按 Enter 键，单击对话框中的【确定】按钮，俯视图完成，如图 7-86 所示。

(6) 生成全剖的主视图。

① 右击俯视图，在快捷菜单中选择【投影视图】命令。

② 在俯视图的上方单击以确定主视图的放置位置，则生成主视图。

③ 在主视图上双击，系统弹出绘图视图对话框。

④ 在【类别】区选择【截面】选项，将【剖面选项】设置为【2D 横截面】，然后单击 ✚ 按钮。

⑤ 选择剖面名称 A，在【剖切区域】下选择【完整】选项，则主视图变为全剖视图。

⑥ 单击对话框中的【关闭】按钮，

⑦ 右击主视图，在弹出的快捷菜单中单击【添加箭头】命令，然后选择俯视图，则在俯视图上标注出剖视图的剖切位置及箭头，结果如图 7-86 所示。

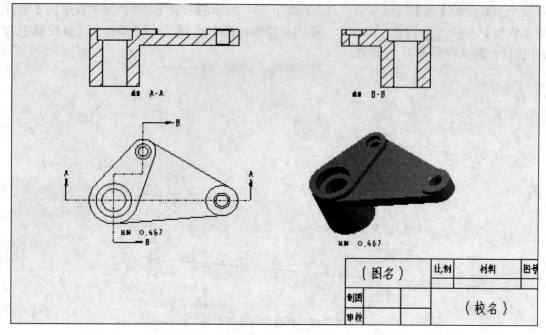

图 7-86　带 A3 图框标题栏的机座三视图

(7) 生成阶梯剖的左视图。

① 单击右键，在快捷菜单中选择【投影视图】命令。

② 在主视图的右方单击以确定左视图的放置位置，则生成左视图。

③ 在左视图上双击，系统弹出绘图视图对话框。

④ 在【类别】区选择【截面】选项，将【剖面选项】设置为【2D 横截面】，然后单击 ✚ 按钮。

⑤ 选择剖面名称 B，在【剖切区域】下选择【完整】选项，则左视图变为全剖视图。

⑥ 单击对话框中的【关闭】按钮，

⑦ 右击左视图，在弹出的快捷菜单中单击【添加箭头】命令，然后选择俯视图，则在俯视图上标注出剖视图的剖切位置及箭头，结果如图 7-86 所示。

(8) 生成轴测图。

① 单击模型视图工具栏中的【常规视图】图标 ▱。

② 系统弹出选择组合状态对话框，单击【确定】按钮。

③ 在设计区右下方单击，系统弹出绘图视图对话框。

④ 在绘图视图对话框的类别区选择【视图显示】选项，单击【显示样式】后的下拉箭头，选择【着色】命令。

⑤ 单击对话框中类别区【比例】命令，选择【自定义比例】选项，在其文本框中输入 2/3，按 Enter 键，单击【确定】按钮，则生成轴测图，并将轴测图着色显示，如图 7-86 所示。

(9) 生成局部放大图。

① 单击模型视图工具栏的【详细】图标 ☌ 详细视图 。

② 根据系统提示，在主视图右部孔的投影线上单击选择放大的中心点，出现绿色的 X 号。

③ 根据系统提示，草绘样条线，绘制出一个圆，将放大部位圈住，单击中键结束绘制。

④ 根据系统提示，在绘图区合适位置单击左键，确定局部放大图的放置位置，即完成细节 A(局部放大图)的创建。

⑤ 双击局放大图，系统弹出绘图视图对话框。

⑥ 单击对话框中类别区【比例】命令，选择【自定义比例】选项，在其文本框中输入 2，单击【确定】按钮，结果如图 7-87 所示。

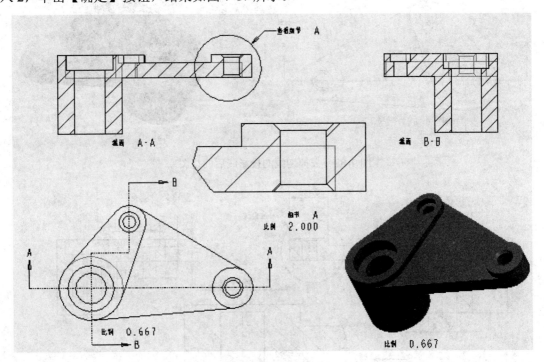

图 7-87 局部放大图

(10) 去掉主视图上切线的投影线。

① 双击主视图，系统弹出绘图视图对话框。

② 在【类别】区选择【视图显示】命令。

③ 在对话框的【相切边显示样式】选项下选择【无】命令。

④ 单击【应用】按钮，则主视图上步中间的切线相切部位的投影线取消。

⑤ 用同样方法，去掉左视图和局部放大图上的切线的投影线，结果如图 7-88 所示。

(11) 设置竖直方向的尺寸字头为左并显示尺寸。

步骤见本项目练习题 14 第(10)步，此处略。

(12) 整理尺寸。

步骤见本项目练习题 13 第(13)步，此处略。

(13) 编辑尺寸及图形。

步骤见本项目练习题 13 第(14)步，此处略，结果如图 7-89 所示。

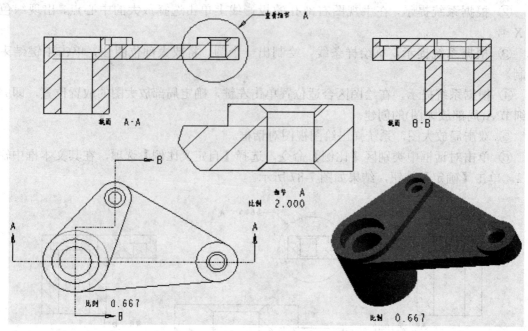

图 7-88　去掉切线的投影线后的视图

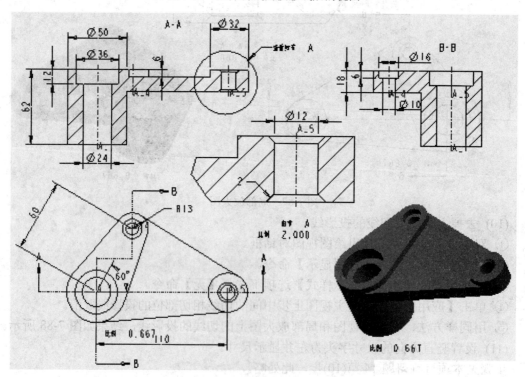

图 7-89　编辑、显示轴线后的图形

(14) 显示轴线。

步骤见本项目练习题 13 第(15)步，此处略，结果如图 7-89 所示。

(15) 表面粗糙度的标注。

步骤见本项目练习题 13 第(18)步，此处略，结果如图 7-90 所示。

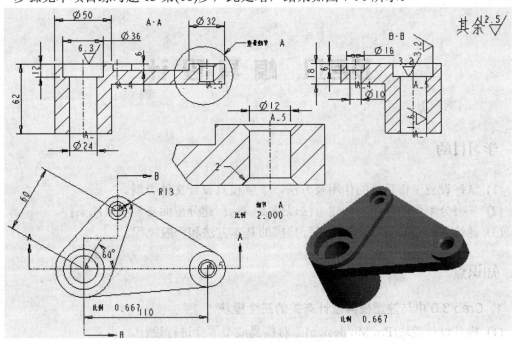

图 7-90 表面粗度的标注

(16) 标注右上角的"其余$^{12.5}\sqrt{}$"。

步骤见本项目练习题 13 第(19)步，此处略，结果如图 7-90 所示。

项目八 模具设计

一、学习目的

(1) 掌握设置工作目录的作用及方法，了解模具设计文件类型。

(2) 掌握分型面的作用、创建方法以及要成功创建分型面必须满足的条件。

(3) 熟练掌握用 Creo 3.0 软件进行分模的基本方法和一般流程。

二、知识点

1. Creo 3.0 中与注塑模具设计有关的三个模块

(1) 模具设计模块(Pro/Moldesign)：对模具成型零件进行设计。

(2) 塑料顾问(Plastic Advisor)：进行注塑成型的模流分析，可进行浇口位置分析、塑料填充、冷却质量、缩痕分析等。

(3) 模架设计专家系统(Expert Moldbase Extension，EMX)：将模具成型零件装配到标准模架中，对整个模具进行完全详细的设计，该系统为选购的外挂软件，不包括在 Creo 3.0 软件中。

2. 模具设计一般流程

设置工作目录→加入参考模型→创建工件→设置收缩率→设计浇注系统→创建分型面→用分型面将工件分割成若干个单独的模具体积块→抽取模具体积块，以生成模具元件(成型零件)→创建模拟注塑件→定义开模步骤→模拟开模动作。

三、练习题参考答案

1. 在模具设计过程开始时，设置工作目录有什么好处？

在模具设计过程中产生的文件较多，主要有两大类：一是图标为 ▨ 、后缀为 .asm 的模具装配文件，二是图标为 ▨ 、后缀为 .prt 的实体文件，如设计模型文件、参考模型文件、工件文件、型腔文件、型芯文件、模拟注塑成型件文件等。为方便使用、修改和管理等操作，使所有相关文件能保存在同一文件夹中，应该为每套模具单独设置文件夹，并将系统工作目录设置为此文件夹。因此，在模具设计过程开始时，要设置工作目录以方便管理。

2. 分型面的创建有哪些常用的方法？要成功创建分型面，必须满足什么条件？

打开模具取出制品的界面叫分型面，分型面是一种曲面特征，用来将工件分割为各种模具元件。

(1) 分型面的创建方法有如下几种：

① 阴影法：通过阴影曲面产生分型面。阴影法是利用光线投射会产生阴影的原理，迅速创建分型面的一种方法。在确定了光线投影方向后，系统在参考模型上沿着光线照射一侧产生阴影的最大曲面，然后将该曲面延伸到工件的四周表面，最后得到分型面。沿光线投影方向上，在设计模型或参考模型的侧面要具有一定的拔模斜度，才能正确创建阴影曲面。如配套教材中任务 56 中的分型面。

② 裙边法：通过裙边曲面产生分型面。裙边法是一种沿着参考模型的轮廓线来建立分型面的方法。首先使用【轮廓曲线】命令找出参考模型的轮廓线(即分型线)，再使用【裙边曲面】命令，系统会自动将参考模型的外部轮廓线延伸至工件的四周表面及填充内部环路来产生分型面。如配套教程任务 56 中的分型面的第二种创建方法。

采用裙边法创建的分型面是一个不包括参考模型表面的非完整曲面，它有别于用阴影法(任务 56 中分型面的第一种创建方法)及复制法(任务 57 中用到)创建覆盖型分型面，但它们分模的结果是一样的。

③ 通过一般曲面创建方法创建分型面。

通过复制参考零件上的曲面产生分型面。如配套教程任务 57 中的型芯分型面。

通过拉伸、旋转、扫描、填充曲面等产生分型面。如配套教程任务 57 中的哈夫分型面。

阴影法和裙边法是自动创建分型面的方法，其特点是高效快速。

(2) 创建分型面必须满足三个条件：

① 工件不能遮蔽。

② 分型面与工件或模具体积块间必须完全相交，这样才能进行后续的拆模。

③ 分型面不能自交。

3. 拆模是以分型面为界将工件拆分成数个模具体积块，模具体积块与模具元件(零件)是否是一回事？怎样将模具体积块转换为模具元件(零件)？

(1) 模具体积块与模具元件(零件)不是一回事，模具体积块是没有质量的封闭曲面，不是 3D 实体，而模具元件(零件)是 3D 实体零件。将工件以分型面为界进行分割产生模具体积块，但原来的工件仍然存在。

(2) 通过【型腔镶块】命令，可以将模具体积块转化为相应的模具元件(零件)。其操作过程如下：

① 在【模具】选项卡的元件子工具栏中的 模具元件 下，单击【型腔镶块】图标 型腔镶块 。

② 在弹出的创建模具元件对话框中，单击【全选】按钮 ，即选中型芯和型腔等模具体积块，再单击【确定】按钮，则完成将模具体积块转化为模具零件(三维实体)。

4. 设计项目三练习题 27 中(图 3-212)烟灰缸的注塑模具。

(教程中图 3-212 所示的烟灰缸如本书图 8-1 所示。)

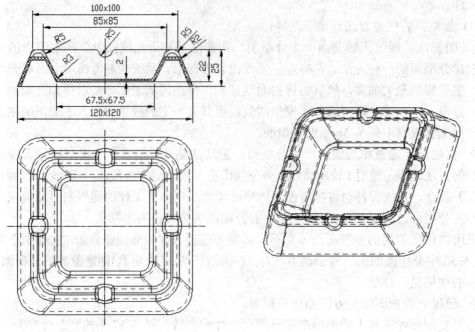

图 8-1　烟灰缸

操作步骤：

(1) 设置工作目录。

① 打开【我的电脑】窗口，在硬盘(如 D:)上建立文件夹"MOLD-ASHTRAY"。

② 将项目三练习 27 题中已建立的烟灰缸文件 T3-212 复制到 D：\MOLD-ASHTRAY 文件夹中并改名为"ashtray.prt"。

③ 在 Creo 3.0 中，单击下拉菜单【文件】 文件▾ →【管理会话】 管理会话(M) →【选择工作目录】 选择工作目录(W) 更改工作目录. 命令，在打开的选择工作目录对话框中，选择 D:\MOLD-ASHTRAY，单击【确定】按钮。

(2) 创建新的模具模型文件。

① 单击【新建】图标 ，系统弹出新建对话框。在【类型】选项组中选中【制造】选项，在【子类型】选项组中选中【模具型腔】选项。

② 在【名称】文本框中输入文件名"ASHTRAY-MOLD"，取消选中【使用缺省模板】复选框，单击【确定】按钮。

③ 在新文件选项对话框中，选用 mmns_mfg_mold 模板，单击【确定】按钮。

(3) 加入参考模型。

① 在模具选项卡中，单击参考模型和工件子工具栏中的【参考模型】 参考模型 下的图标 组装参考模型 。

② 在弹出的打开对话框中选择零件 ashtray.prt，单击【打开】按钮。

③ 在元件放置操控板中，选择约束类型为【默认】，单击 ✔ 按钮，将原型零件加入到模具模型系统中。

④ 系统弹出创建参照模型对话框，选中【按参照合并】单选按钮，并且使用默认的名称 ASHTRAY-MOLD_REF，单击【确定】按钮，如图 8-2 所示。加入的参考模型如图

8-3 所示，此时同时显示默认模具模型基准和参考模型基准。

图 8-2　创建参考模型对话框　　　　图 8-3　加入的参考模型

⑤ 在屏幕左侧导航区单击【显示】图标 ，在下拉菜单中选择【层树】命令，如图 8-4(a)所示。在【活动层对象选择】 ⟨ASHTRAY-MOLD.ASM(顶级模型)⟩ 下拉列表框中选取参考模型层 ASHTRAY-MOLD_REF.PRT，如图 8-4(b)所示，则在导航区中列出了参考模型的所有图层；右击 ⟨图⟩，在弹出的快捷菜单中选择【隐藏】命令，将参考模型所有图层隐藏起来，再单击工具栏中的【重画】图标 ⟨⟩。隐藏参考模型所有图层后，仅显示默认模具模型的参考基准面和坐标系，如图 8-4(c)所示。

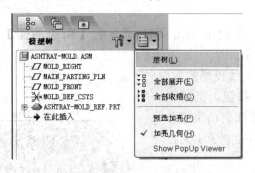

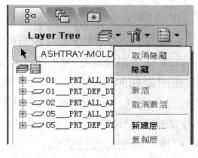

(a) 导航区中选择层树　　　　　　　(b) 隐藏参考模型的所有图层

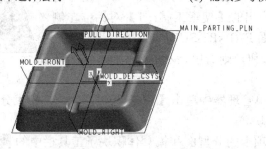

(c) 仅显示模具模型参考基准面和坐标系

图 8-4　隐藏参考模型的基准面和坐标系

⑥ 再在导航区单击【显示】图标 ⟨⟩，在下拉菜单中选择【模型树】命令，返回模型树显示界面。

(4) 创建工件。

① 单击参考模型和工件子工具栏中的【创建工件】图标 工件 下的 自动工件 图标，系统弹出自动工件对话框。

② 系统提示选取用于模具原点的坐标系，在图形窗口中选取 MOLD_DEF_CSYS 坐标系为模具原点。

③ 在自动工件对话框中，在【形状】区域中单击【创建矩形工件】图标 □，在【统一偏移】文本框中输入偏移值 20，单击【确定】按钮，创建的工件如图 8-5 所示。

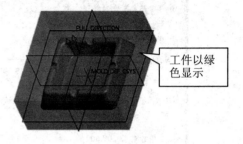

图 8-5　自动创建的工件

至此，模具模型已经创建好，包括参考模型和工件。

(5) 设置收缩率。

① 单击修饰符子工具栏中的【收缩】 收缩 下的【按尺寸收缩】图标 按尺寸收缩，系统弹出按尺寸收缩对话框。

② 在按尺寸收缩对话框中，选择默认公式 1+S，在【比率】框中输入收缩率 0.008，单击 ✔ 按钮，完成收缩率的设置。

(6) 使用阴影法创建分型面。

① 在【模具】选项卡的分型面和模具体积块子工具栏中单击【分型面】图标 分型，弹出分型面操控板。

② 在分型面操控板的曲面设计子工具栏中单击 曲面设计 下的【阴影曲面】命令 阴影曲面，在屏幕右上角出现阴影曲面对话框。

③ 在工件中出现红色向下箭头，表示光线投影的方向向下。

④ 在阴影曲面对话框中单击【确定】按钮，接受系统默认的投影方向。系统根据参考模型的特征自动生成分型面，生成的分型面以蓝色突出显示。单击控制子工具栏中的 ✔ 图标，分型面创建完成。

⑤ 在【视图】选项卡的可见性子工具栏中单击【着色】图标 着色，在弹出的【搜索工具：1】对话框左侧的【项】栏中选择分型面 F7(PART-SURF-1)，单击 ＞＞ 按钮，再单击【关闭】按钮，则着色显示的分型面如图 8-6 所示。

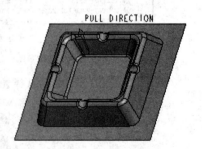

图 8-6　创建的分型面

⑥ 在右上角的菜单管理器中单击【完成/返回】命令，结束分型面的显示。

(7) 创建模具体积块。

① 在【模具】选项卡的分型面和模具体积块子工具栏中的 模具体积块 下，单击【体积块分割】图标 体积块分割，弹出分割体积块菜单，在菜单中选择【两个体积块/所有工件/完成】命令，系统弹出分割对话框。

② 选取分型面 PART_SURF_1，在弹出的【选择】菜单中单击【确定】按钮，并在屏幕右上角的分割对话框中单击【确定】按钮。

③ 在弹出的体积块属性对话框中,单击【着色】按钮,该体积块的着色效果如图 8-7 所示,在【名称】文本框中输入 CORE(型芯),单击【确定】按钮,生成型芯体积块;在另外弹出的属性对话框中,单击【着色】按钮,该体积块的着色效果如图 8-8 所示,输入名称 CAVITY(型腔),再单击【确定】按钮,生成型腔体积块,体积块分割完毕。

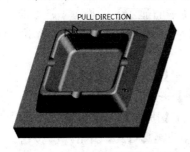
图 8-7　着色显示的型芯体积块

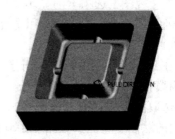
图 8-8　着色显示的型腔体积块

(8) 生成模具成型零件。

① 在【模具】选项卡的元件子工具栏中的 【模具元件】 下,单击【型腔镶块】图标 【型腔镶块】。

② 在弹出的创建模具元件对话框中,单击【选择所有体积块】按钮 ,即选中 CAVITY 和 CORE,再单击【确定】按钮,模具的型芯、型腔生成完毕。此时在模型树中多了两个文件:型芯 CORE.PRT 和型腔 CAVITY.PRT,即刚才拆分出来的型芯和型腔。

(9) 创建模拟件。

① 在【模具】选项卡的元件子工具栏中,单击【创建铸模】图标 【创建铸模】。

② 在绘图区上方弹出的【输入零件名称】文本框中输入注塑件名称 MOLDING,单击右侧的 按钮。此时系统弹出【输入模具零件公用名称】文本框,接受注塑件默认的公用名称,并单击右侧的 按钮,完成模拟注塑件的创建。

再次查看模型树,可以看到新生成的模拟注塑件 MOLDING.PRT。

(10) 开模仿真。

① 在【视图】选项卡的可见性子工具栏中,单击【模具显示】图标 【模具显示】,打开遮蔽和取消遮蔽对话框,如图 8-9 所示。

(a) 隐藏参考模型和工件

(b) 隐藏分型面

图 8-9　遮蔽和取消遮蔽对话框

② 在【过滤】区域中单击【元件】按钮，按 Ctrl 键，同时选择参考模型 ASHTRAY-MOLD_REF 和工件 ASHTRAY-MOLD_WRK，单击【遮蔽】按钮将其隐藏，如图 8-9(a)所示。

③ 单击【分型面】按钮，选择 PART_SURF_1，单击【遮蔽】按钮将其隐藏，如图 8-9(b)所示。再单击对话框的【确定】按钮，关闭遮蔽和取消遮蔽对话框。

④ 在【视图】选项卡的显示子工具栏中单击【平面显示】图标 ￼、【轴显示】图标 ￼、【坐标系显示】图标 ￼ 和【旋转中心显示】图标 ￼，使基准面、基准轴、基准坐标系和旋转中心都处于关闭状态。

⑤ 在【模具】选项卡的分析子工具栏中，单击【模具开模】图标 ￼，则在屏幕右上角弹出模具开模菜单，在菜单中单击【定义步骤】→【定义移动】命令。

⑥ 选取型腔为移动件，在【选择】菜单中单击【确定】按钮。选取型腔上表面作为移动方向的法向垂直面，如图 8-10(a)所示。输入移动距离 120，单击 ￼ 按钮。在菜单中选择【完成】命令，型腔按指定方向及输入的距离移动，如图 8-10(b)所示。

(a) 选取移动件及移动方向   (b) 型腔按指定方向及输入的距离移动

图 8-10 设置型腔移动

⑦ 重复上面的操作，移动件选取型芯，选定型芯的侧棱为移动方向，如图 8-11(a)所示。输入移动距离 –120，单击 ￼ 按钮。在模具菜单中选择【完成】命令，型芯向下移动如图 8-11(b)所示。

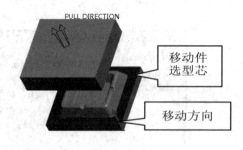
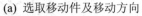

(a) 选取移动件及移动方向   (b) 型芯按指定方向及输入距离移动

图 8-11 设置型芯移动

⑧ 在菜单中选择【完成/返回】命令，模具恢复闭合，完成开模定义。

⑨ 在【模具】选项卡的分析子工具栏中，单击【模具开模】图标 ￼，在【模具开模】菜单中单击【分解】→【全部用动画演示】命令，此时可以在屏幕中看到用动画演示的模具型芯型腔打开过程。

⑩ 连续两次单击菜单中的【完成/返回】命令，模具设计完毕。

(11) 存盘。单击【保存】图标 ▉，在打开的保存对象对话框中单击【确定】按钮，完成图形的保存，至此，烟灰缸模具设计完毕。

5．设计如图 8-75 所示的花钮的注塑模具。

(教程中图 8-75 所示的零件如本书图 8-12 所示。)

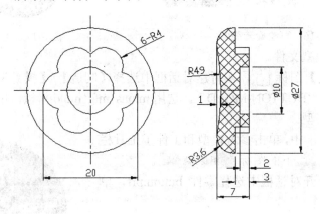

图 8-12　花钮

操作步骤：

(1) 设置工作目录。

① 打开【我的电脑】窗口，在硬盘(如 D:)上建立文件夹"MOLD-BUTTON"。

② 在 Creo 3.0 中，单击下拉菜单【文件】 文件 ▾ →【管理会话】 管理会话⑩ →【选择工作目录】 选择工作目录⑩ 更改工作目录。 命令，在打开的选择工作目录对话框中，选择 D：\MOLD-BUTTON，单击【确定】按钮。

(2) 创建花钮模型。

① 单击【新建】图标 ▢，输入文件名"BUTTON"，选择 mmns_part_solid 模板。

② 用拉伸的方法，草绘平面选择 TOP，截面如图 8-13 所示，拉伸深度为 3，生成花瓣如图 8-14 所示。

③ 用【轴】阵列方式，创建以 FRONT 和 RIGHT 基准面交线生成的基准轴 A_1，以 A_1 为阵列轴，阵列数量 6，阵列角度为 60°，生成阵列六朵花瓣如图 8-15 所示。

图 8-13　拉伸截面　　　　　图 8-14　生成拉伸花瓣　　　　图 8-15　生成阵列

④ 用旋转的方法，草绘平面选 FRONT，截面如图 8-16 所示，旋转 360°生成的旋转花钮如图 8-17 所示。

⑤ 单击【保存】图标 ▉，在保存对象对话框中单击【确定】按钮，保存花钮模型。

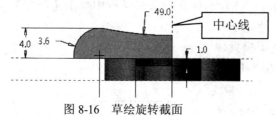

图 8-16　草绘旋转截面　　　　　　　图 8-17　生成旋转花钮

(3) 创建模具模型文件。

① 单击【新建】图标 □，在新建对话框中选择【制造】/【模具型腔】选项。

② 输入文件名"BUTTON-MOLD"，选用 mmns_mfg_mold 模板，单击【确定】按钮。

(4) 加入参考模型。

① 在模具选项卡中，单击参考模型和工件子工具栏中的【参考模型】 参考模型 下的图标 组装参考模型 。

② 在弹出的打开对话框中选择零件 button.prt，单击【打开】按钮。

③ 在元件放置操控板中，选择约束类型为【默认】，单击 ✓ 按钮，将原型零件加入到模具模型系统中。

④ 系统弹出创建参考模型对话框，选中【按参考合并】单选按钮，并且使用默认的名称 BUTTON-MOLD_REF，单击【确定】按钮。加入的参考模型如图 8-18 所示，此时同时显示默认模具模型基准和参考模型基准。

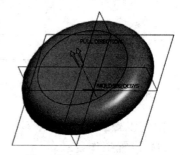

图 8-18　加入的参考模型

⑤ 在屏幕左侧导航区单击【显示】图标 ≣▾，在下拉菜单中选择【层树】命令，在【活动层对象选择】 ▷ BUTTON-MOLD.ASM（顶级模型，活动的）▾ 下拉列表框中选取参考模型层 BUTTON-MOLD_REF.PRT，则在导航区中列出了参考模型的所有图层；右击图标 ⊜▥，在弹出

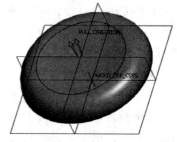

图 8-19　隐藏参考模型的所有图层

的快捷菜单中选择【隐藏】命令，将参考模型所有图层隐藏起来，再单击工具栏中的【重画】图标 ◿。隐藏参考模型所有图层后，仅显示默认模具模型的参考基准面和坐标系，如图 8-19 所示。

⑥ 在导航区再次单击【显示】图标 ≣▾，在下拉菜单中选择【模型树】命令，返回模型树显示界面。

(5) 创建工件。

① 单击参考模型和工件子工具栏中的【创建工件】 工件 下的 自动工件 图标，系统弹出自动工件对话框。

② 系统提示选取用于模具原点的坐标系，在图形窗口中选取 MOLD_DEF_CSYS 坐标系为模具原点。

③ 在自动工件对话框中，单击【形状】选项中的【创建圆形工件】图标 ◯，在【统一偏移】文本框中输入偏移值 10，单击【确定】按钮，创建的工件如图 8-20 所示。

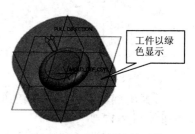

图 8-20　自动创建的工件

(6) 设置收缩率。

① 单击修饰符子工具栏中的【收缩】 ![收缩] 下的【按尺寸收缩】图标 ![按尺寸收缩]，系统弹出按尺寸收缩对话框。

② 在对话框中选择默认公式 1+S，在【比率】框中输入收缩率 0.005，单击 ![勾] 按钮，完成收缩率的设置。

(7) 使用裙边法创建分型面。

① 在【模具】选项卡的设计特征子工具栏中，单击【轮廓曲线】图标 ![轮廓曲线]，系统弹出轮廓曲线对话框。

② 在绘图区指定光线投影的方向，系统默认为"开模方向"的反方向。

③ 在轮廓曲线对话框中单击【确定】按钮，生成的轮廓曲线如图 8-21 所示。

图 8-21　生成轮廓曲线

④ 在【模具】选项卡的分型面和模具体积块子工具栏中单击【分型面】图标 ![分型]。

⑤ 在【分型面】选项卡的曲面设计子工具栏中单击【裙边曲面】图标 ![裙边曲面]，系统弹出裙边曲面对话框。

⑥ 选取如图 8-21 所示刚创建的轮廓曲线，在弹出的【链】菜单中单击【完成】命令。在屏幕右上角的菜单中选择【完成/返回】命令。

⑦ 在【分型面】选项卡中单击 ![勾] 图标，生成的裙边曲面如图 8-22 所示，该曲面是轮廓曲线向外延伸生成的环状曲面。分型面创建完成。

图 8-22　生成裙边曲面

(8) 创建模具体积块。

① 在【模具】选项卡的分型面和模具体积块子工具栏中的 ![模具体积块] 下，单击【体积块分割】图标 ![体积块分割]，弹出分割体积块菜单，选择【两个体积块/所有工件/完成】命令。

② 选取刚才创建的分型面 PART_SURF_1，在弹出的【选择】菜单中单击【确定】按钮，并在屏幕右上角弹出的分割对话框中单击【确定】按钮，用分型面对工件进行分割。

③ 在弹出的体积块属性对话框中，单击【着色】按钮，该体积块的着色效果如图 8-23 所示，在【名称】文本框中输入 CORE(型芯)，单击【确定】按钮，生成型芯体积块；在弹出的另一属性对话框中，单击【着色】按钮，该体积块的着色效果如图 8-24 所示，输入名称 CAVITY(型腔)，再单击【确定】按钮，生成型腔体积块。

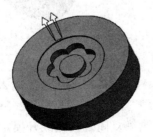

图 8-23　着色显示的型芯体积块

图 8-24　着色显示的型腔体积块

Creo 3.0 项目化教学上机指导

(9) 生成模具成型零件。

① 在【模具】选项卡的元件子工具栏中的 模具元件 下，单击【型腔镶块】图标 型腔镶块。

② 在弹出的创建模具元件对话框中，单击【选择所有体积块】按钮 ，即选中 CAVITY 和 CORE，再单击【确定】按钮，生成型芯及型腔两个零件。从模型树中可以看出多了型芯零件" CORE.PRT "、型腔零件" CAVITY.PRT "。

(10) 创建模拟件。

① 在【模具】选项卡的元件子工具栏中，单击【创建铸模】图标 创建铸模。

② 在绘图区上方的【输入零件名称】文本框中输入注塑件名称 MOLDING，两次单击右侧的 按钮则在模型树中多了一个" MOLDING.PRT "文件，完成模拟注塑件的创建。

(11) 开模。

① 在【视图】选项卡的可见性子工具栏中，单击【模具显示】图标 模具显示，打开遮蔽和取消遮蔽对话框。

② 在【过滤】区域中单击【元件】按钮，按 Ctrl 键，同时选择参考模型 BUTTON-MOLD_REF 和工件模型 BUTTON-MOLD_WRK，单击【遮蔽】按钮，隐藏参考模型和工件。

③ 单击【分型面】按钮，选择 PART_SURF_1，单击【遮蔽】按钮，隐藏分型面，单击【确定】按钮，关闭遮蔽和取消遮蔽对话框。

④ 在【视图】选项卡的显示子工具栏中单击【平面显示】 、【轴显示】 、【坐标系显示】 和【旋转中心显示】 图标，使基准面、基准轴、基准坐标系和旋转中心都处于关闭状态。

⑤ 在【模具】选项卡的分析子工具栏中，单击【模具开模】图标 开模，在屏幕右上角弹出模具开模菜单，在菜单中单击【定义步骤】→【定义移动】命令。

⑥ 选取型腔为移动件，在弹出的【选择】菜单中单击【确定】按钮。选取型腔上表面作为移动方向的法向垂直面，如图 8-25(a)所示。输入移动距离 25，单击 按钮，在模具菜单中选择【完成】命令，型腔按指定方向及距离移动，如图 8-25(b)所示。

(a) 选取移动件及移动方向

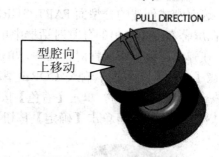
(b) 型腔按指定方向及输入距离移动

图 8-25 定义型腔移动

⑦ 重复上面操作，移动件选型芯并指定移动方向，如图 8-26(a)所示。输入移动距离 25，单击 按钮，在模具菜单中选择【完成】命令，型芯向下移动如图 8-26(b)所示。

⑧ 在模具开模菜单中选择【完成/返回】命令，模具恢复闭合，完成开模定义。

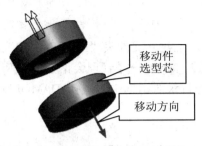

(a) 选取移动件及移动方向

(b) 型芯按指定方向及输入距离移动

图 8-26 定义型芯移动

(12) 存盘。

单击快速访问工具栏中的【保存】图标 ，在打开的保存对象对话框中单击【确定】按钮，完成图形保存。

6. 创建如图 8-76(a)所示杯子的实体模型，尺寸如图 8-76(b)和(c)所示，壁厚为 2，杯口端面内外均倒圆角 R1，并设计杯子的注塑模具，如图 8-76(d)所示。

(教程中图 8-76 所示的零件如本书图 8-27 所示。)

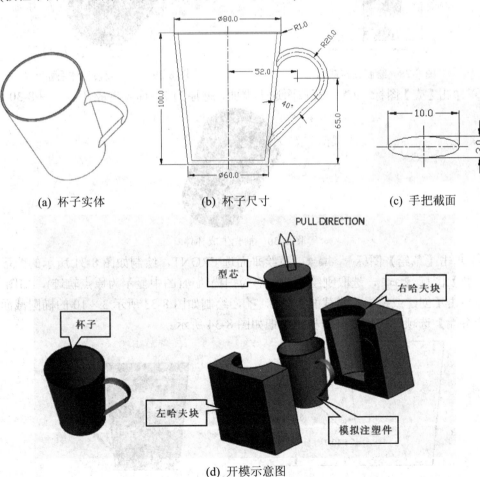

(a) 杯子实体   (b) 杯子尺寸   (c) 手把截面

(d) 开模示意图

图 8-27 杯子及其开模示意图

操作步骤:

(1) 设置工作目录。

① 打开【我的电脑】窗口，在硬盘(如 D:)上建立文件夹 "MOLD-CUP"。

② 在 Creo 3.0 中，单击下拉菜单【文件】 文件▾ →【管理会话】 管理会话(M) →【选择工作目录】 选择工作目录(W) 更改工作目录. 命令，在打开选择工作目录对话框中，选择 D:\MOLD-CUP，单击【确定】按钮。

(2) 创建杯子模型。

① 单击【新建】图标 📄，输入文件名 "CUP"，选择 mmns_part_solid 模板。

② 在【模型】选项卡中，单击【旋转】图标 旋转，草绘平面选 FRONT，绘制如图 8-28 所示的旋转截面，旋转 360°，生成的旋转杯体毛坯如图 8-29 所示。

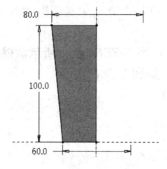

图 8-28　绘制旋转截面

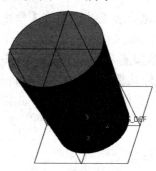

图 8-29　生成旋转杯体毛坯

③ 单击【壳】图标 壳，开口面选大端面，壁厚为 2，抽壳生成杯体如图 8-30 所示。

图 8-30　抽壳生成杯体

④ 单击【草绘】图标 草绘，草绘平面选 FRONT，绘制如图 8-31 所示的图形。单击【扫描】图标 扫描，选取刚绘制的图形为扫描轨迹(图中显示为原点轨迹)，如图 8-32 所示。单击【创建或编辑扫描截面】图标 ✎，绘制如图 8-33 所示 3×10 的椭圆截面。选择【合并端】选项，扫描生成的杯子手把如图 8-34 所示。

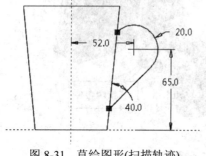

图 8-31　草绘图形(扫描轨迹)

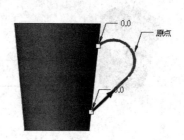

图 8-32　选取扫描轨迹

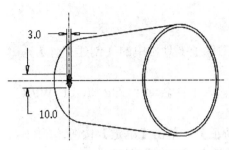

图 8-33　绘制扫描截面　　　　　　　　图 8-34　生成扫描手把

⑤ 单击【倒圆角】图标 ，对杯口内外边线倒 R1 的圆角，最终完成杯子造型。

⑥ 单击【保存】图标 ，在保存对象对话框中单击【确定】按钮。

(3) 创建模具模型文件。

① 单击【新建】图标 ，在新建对话框中选【制造】/【模具型腔】选项。

② 输入文件名"CUP-MOLD"，选用 mmns_mfg_mold 模板。

(4) 加入参考模型。

① 在【模具】选项卡中，单击参考模型和工件子工具栏中的【参考模型】 下的图标 组装参考模型 。

② 在弹出的打开对话框中选择零件 cup.prt，单击【打开】按钮。

③ 在元件放置操控板中，选择约束类型为【默认】，单击 按钮，将杯子原型加入到模具模型系统中。

④ 系统弹出创建参考模型对话框，选中【按参考合并】，并且使用默认的名称 CUP-MOLD_REF，单击【确定】按钮，加入的参考模型如图 8-35 所示，此时同时显示默认模具模型基准和参考模型基准。

⑤ 在屏幕左侧导航区单击【显示】图标 ，在下拉菜单中选择【层树】命令，在【活动层对象选择】 CUP-MOLD.ASM (顶级模型，活动 下拉列表框中选取参考模型层 CUP-MOLD_REF.PRT；右击 ，在弹出的快捷菜单中选择【隐藏】命令，再单击【重画】图标 。隐藏参考模型所有图层后，仅显示默认模具模型的参考基准面和坐标系，如图 8-36 所示。

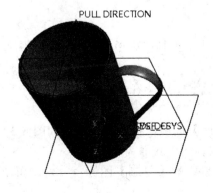

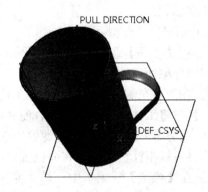

图 8-35　加入的参考模型　　　　　　　图 8-36　隐藏参考模型的所有图层

⑥ 再在导航区单击【显示】图标 ▦▾，在下拉菜单中选择【模型树】命令，返回模型树显示。

(5) 创建工件。

① 在【模具】选项卡中，单击参考模型和工件子工具栏中的【创建工件】 ⚡ 下的图标 ☐ 创建工件，系统弹出创建元件对话框。

② 在对话框中，选中【零件】/【实体】，输入工件名称"CUP-MOLD-WRK"，单击【确定】按钮。

③ 在弹出的创建选项对话框中选中【创建特征】，单击【确定】按钮。

④ 在【模具】选项卡中，单击形状子工具栏中的【拉伸】图标 🗗。

⑤ 选择基准面 MOLD-FRONT 为草绘平面，出现参考对话框，分别选择 MOLD-RIGHT 和 MAIN-PARTING-PLN 基准面作为水平和竖直参考，单击【关闭】按钮。

⑥ 绘制如图 8-37 所示的 140×140 的矩形为拉伸截面，用对称方式，拉伸深度 120，完成后单击 ☑ 按钮。

⑦ 在操控板单击 ☑ 按钮，工件创建完成。在左侧的模型树中选择工件 CUP-MOLD-WRK 右击，在快捷菜单中单击【打开】命令，再单击右上角的【关闭】按钮 ✖，创建好的工件如图 8-38 所示。模具模型已经创建完毕，包括参考模型和工件。

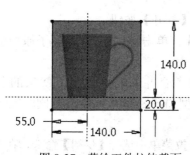

图 8-37　草绘工件拉伸截面

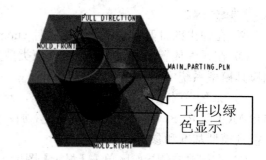

图 8-38　创建好的工件

(6) 设置收缩率。

单击【按比例收缩】图标 🔩，弹出【按比例收缩】对话框，分别按要求在绘图区选取基准坐标系，输入收缩率数值 0.02，单击 ☑ 按钮。在收缩菜单中选择【完成/返回】命令，完成设置。

(7) 创建型芯分型面。

① 在【模具】选项卡的分型面和模具体积块子工具栏中单击【分型面】图标 📐，系统弹出分型面操控板。

② 在屏幕左侧的模型树中右击工件 ☐ CUP-MOLD-WRK.PRT，在弹出的快捷菜单中选【遮蔽】命令，暂时将工件遮蔽起来，以方便杯子表面的选取。

③ 在屏幕右下角的选择过滤器中选择【几何】选项，将模型调整到如图 8-39 所示的方位，将鼠标指针移至杯子底面位置单击，选取杯子内底面为种子面。

④ 在【模型】选项卡中，单击操作子工具栏中的【复制】图标 📋 复制，再单击【粘贴】图标 📋 粘贴▾，弹出曲面：复制操控板。

⑤ 按住 Shift 键，选取杯子的口部外侧倒圆角面作为边界曲面，如图 8-40 所示。

图 8-39 选杯子内底面为种子面　　　图 8-40 选择杯口外侧倒圆角面为边界面

⑥ 在操控板中单击 ✓ 按钮，杯子内及口部端面复制完成，在【视图】选项卡的可见性子工具栏中，单击【着色】图标 着色，则着色显示的复制杯子内表面及口部端面如图8-41 所示。在屏幕右上角的菜单管理器中单击【完成/返回】命令。

⑦ 在屏幕左侧的模型树中右击工件 CUP-MOLD-WRK.PRT，在弹出的快捷菜单中选【取消遮蔽】，将工件重新显示。选取刚复制曲面的边缘线(先选一半，按 Shift 键再选另一半)，如图 8-42 所示。

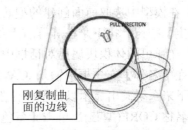

图 8-41 复制的杯子内表面及口部端面　　　图 8-42 选择刚复制曲面的外侧边线

⑧ 在【模型】选项卡中，单击修饰符子工具栏中的【延伸】图标 延伸，系统弹出延伸操控板。

⑨ 单击【将曲面延伸到参考平面】图标，在绘图区选取工件的顶面为延伸终止面，如图 8-43 所示。

⑩ 在操控板中单击 ✓ 按钮，曲面延伸完成，结果如图 8-44 所示。在分型面操控板中单击 ✓ 按钮，型芯分型面(默认名：延伸 1【PART_SURF_1-分型面】)创建完成，为刚复制曲面加上延伸曲面。

图 8-43 选择工件上表面为曲面延伸终止面　　　图 8-44 曲面延伸成功

(8) 创建哈夫分型面。

① 在【模具】选项卡的分型面和模具体积块子工具栏中单击【分型面】图标，系统弹出分型面操控板。

② 在分型面操控板的曲面设计子工具栏中单击【填充】图标 ，弹出填充操控板。

③ 在绘图区选择基准面 MOLD_FRONT 为草绘平面，单击【投影】图标 ，分别选择工件的 4 条边作为截面，如图 8-45 所示，完成后单击 按钮。

④ 在填充操控板中单击 按钮，最后在分型面操控板单击 按钮，生成的主(哈夫)分型面(默认名：填充 1【PART_SURF_2-分型面】)如图 8-46 所示。

图 8-45　绘制填充截面

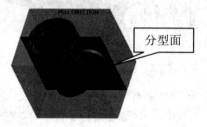

图 8-46　生成的哈夫分型面

(9) 创建型芯体积块。

① 在【模具】选项卡的分型面和模具体积块子工具栏中，单击 下的【体积块分割】图标 ，弹出分割体积块菜单，选择【两个体积块/所有工件/完成】命令。

② 在模型中选取前面创建的型芯分型面 PART_SURF_1，在弹出的【选择】菜单中单击【确定】按钮。接下来在屏幕右上角弹出的分割对话框中单击【确定】按钮。

③ 在弹出的体积块属性对话框中，单击【着色】按钮，该体积块的着色效果如图 8-47 所示，在【名称】文本框中输入 CAVITY(型腔)，最后单击【确定】按钮，生成型腔体积块；接下来系统突出显示以分型面分割的工件另一侧，并弹出属性对话框，在其中输入该体积块名称 CORE(型芯)，单击【着色】按钮，该体积块的着色效果如图 8-48 所示，最后单击【确定】按钮，生成型芯体积块。

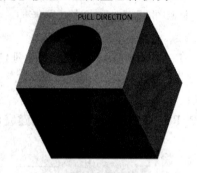

图 8-47　型腔体积块

图 8-48　型芯体积块

(10) 创建哈夫体积块。

① 再次单击 下的【体积块分割】图标 ，弹出分割体积块菜单，选择【两个体积块/模具体积块/完成】命令。

② 选择要进行分割的体积块，在弹出的【搜索工具：1】对话框左侧的【项目】栏中选择型腔体积块—面组 F11(CAVITY)，单击 按钮，再单击【关闭】按钮。

③ 在模型中用列表法选取哈夫分型面，以其对刚选定的型腔体积块进行分割，选取方法如图 8-49 所示。选取完成后在【选取】菜单中单击【确定】按钮，并在分割对话框单击【确定】按钮。

图 8-49 在模型中用列表法选取哈夫分型面

④ 系统弹出体积块属性对话框，单击【着色】按钮，屏幕显示用哈夫分型面分割的型腔体积块 1，输入体积块名称 HALF-1，单击【确定】按钮；接下来系统再次弹出属性对话框，输入另一体积块名称 HALF-2，单击【确定】按钮，生成的哈夫体积块分别如图 8-50 和图 8-51 所示。

图 8-50 哈夫体积块 1

图 8-51 哈夫体积块 2

(11) 由模具体积块生成模具元件。

① 在【模具】选项卡的元件子工具栏中，单击 【模具元件】 下的【型腔镶块】图标 型腔镶块。

② 在弹出的创建模具元件对话框中，单击【选择所有体积块】按钮 ，再单击【确定】按钮，则模具的型芯、2 个哈夫块已经产生。此时在模型树中多了 3 个文件： CORE.PRT、 HALF-1.PRT 和 HALF-2.PRT。

(12) 创建模拟件。

① 在【模具】选项卡的元件子工具栏中，单击【创建铸模】图标 创建铸模。

② 在绘图区上方的【输入零件名称】文本框中输入注塑件名称 MOLDING，连续两次单击右侧的 按钮，完成模拟注塑件的创建。再查看模型树，可以看到新生成的模拟注塑件 MOLDING.PRT。

(13) 定义开模。

① 在【视图】选项卡的可见性子工具栏中，单击【模具显示】图标，弹出遮蔽和取消遮蔽对话框。

② 在【过滤】区域中单击【元件】按钮，按 Ctrl 键，在【可见元件】列表中同时选择参考模型 CUP-MOLD_REF 和工件 CUP-MOLD-WRK，单击【遮蔽】按钮，将其隐藏。

③ 在【过滤】区域中单击【分型面】按钮，在【可见曲面】列表中同时出现型芯分型面 PART_SURF_1 和主(哈夫)分型面 PART_SURF_2，全部选取后单击【遮蔽】按钮，隐藏 2 个分型面。单击【确定】按钮，关闭遮蔽和取消遮蔽对话框。

④ 在【视图】选项卡的显示子工具栏中，单击【平面显示】 、【轴显示】 、【坐标系显示】 和【旋转中心显示】 图标，使基准面、基准轴、基准坐标系和旋转中心都处于关闭状态。

⑤ 在【模具】选项卡的分析子工具栏中，单击【模具开模】图标，在屏幕右上角弹出模具开模菜单。在菜单中单击【定义步骤】→【定义移动】命令。

⑥ 选取型芯为移动件，在弹出的【选择】菜单中单击【确定】按钮。选取型芯上表面作为移动方向的法向垂直面，如图 8-52(a)所示，输入移动距离 120，单击按钮。在【模具】菜单中选择【完成】命令，型芯按指定方向及距离移动，如图 8-52(b)所示。

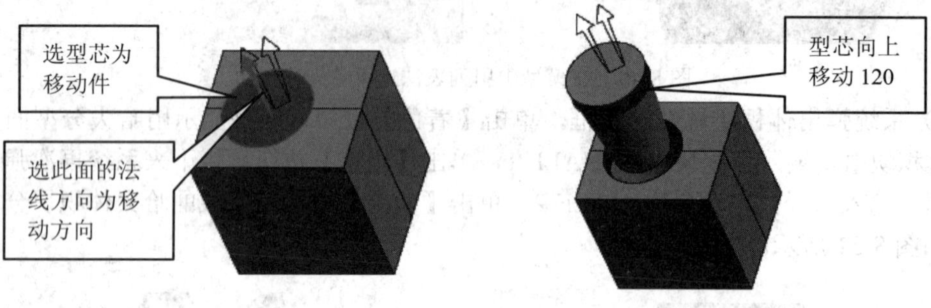

(a) 选取移动件及移动方向　　(b) 型芯向上移动

图 8-52　定义型芯移动

⑦ 用同样方法，移动件选哈夫块 1，指定移动方向，如图 8-53(a)所示，输入移动距离 -100，单击按钮，在【模具】菜单中选择【完成】命令，则哈夫块 1 按指定方向及距离移动，如图 8-53(b)所示。

(a) 选取哈夫块 1 为移动件并指定移动方向　　(b) 哈夫块 1 水平向外移动

图 8-53　定义哈夫块 1 移动

⑧ 同样设置哈夫块 2 如图 8-54(a)所示，移动距离 100，哈夫块 2 按指定方向及距离移动如图 8-54(b)所示。

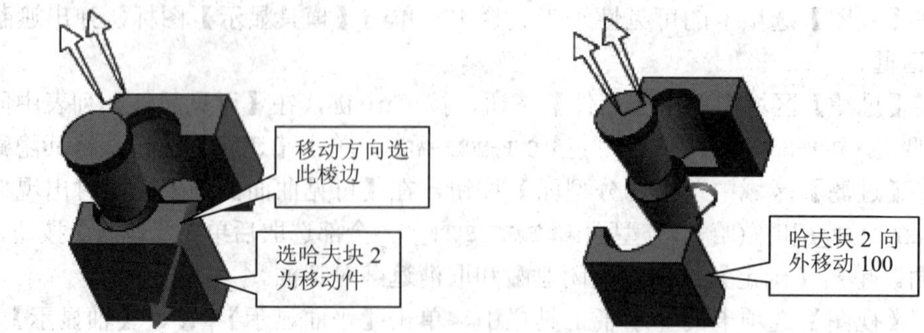

(a) 选取哈夫块 2 为移动件并指定移动方向　　(b) 哈夫块 2 水平向外移动

图 8-54　定义哈夫块 2 移动

⑨ 在菜单中选择【完成/返回】命令，模具恢复闭合状态，完成开模定义。

⑩ 在【模具】选项卡的分析子工具栏中，单击【模具开模】图标 ，在模具开模菜单中单击【分解】→【全部用动画演示】命令，此时可以在屏幕中看到用动画演示的模具型芯型腔打开过程。连续两次在菜单中单击【完成/返回】命令，关闭菜单管理器，模具设计完毕。

(14) 存盘。

单击快速访问工具栏中的【保存】图标 ，在打开的保存对象对话框中单击【确定】按钮，完成图形保存。

7．设计如图 8-77(a)所示的旋钮实体，并对旋钮模型进行注塑模具设计(一模四腔)，如图 8-77(b)所示。

(教程中图 8-77 所示的旋钮及其开模图如本书图 8-55 所示。)

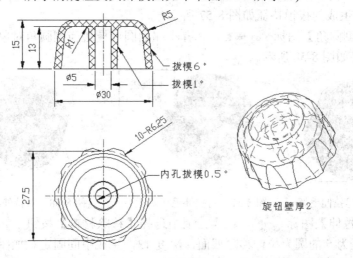

(a) 旋钮实体

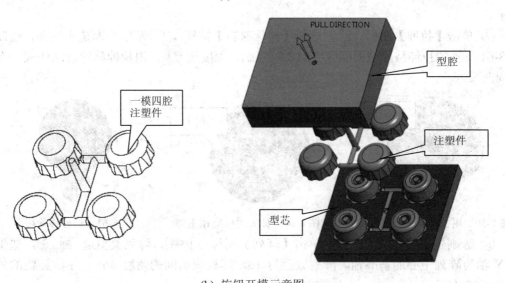

(b) 旋钮开模示意图

图 8-55　旋钮及其开模示意图

操作步骤:

(1) 设置工作目录。

① 打开【我的电脑】窗口，在硬盘(如 D:)上建立文件夹"MOLD-KNOB"。

② 在 Creo 3.0 中，单击下拉菜单【文件】 文件▼ →【管理会话】 管理会话(M)▶ →【选择工作目录】 选择工作目录(W)更改工作目录. 命令，在打开的选择工作目录对话框中，选择 D:\MOLD-KNOB，单击【确定】按钮。

(2) 创建旋钮模型。

① 单击【新建】图标 ，输入文件名"KNOB"，选择 mmns_part_solid 模板。

② 在【模型】选项卡中，单击【拉伸】图标 拉伸，草绘平面选 TOP，绘制直径 30 的圆为拉伸截面，深度 15，生成的拉伸毛坯如图 8-56 所示。

③ 单击【拔模】图标 拔模，选圆周侧表面作为拔模对象，选下端面为拔模枢轴，拔模角为 6°，生成的拔模特征如图 8-57 所示。

④ 单击【倒圆角】图标 倒圆角，选择小端面圆周棱边为倒圆角对象，创建半径 R5 的倒圆角，结果如图 8-58 所示。

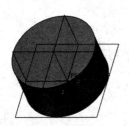
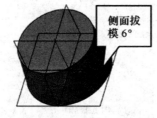

图 8-56　创建拉伸毛坯　　　图 8-57　对拉伸毛坯拔模　　　图 8-58　对拉伸毛坯倒圆角

⑤ 单击【拉伸】图标 拉伸，在操控板中选择【移除材料】按钮 ，草绘平面选大端面，绘制直径为 5 的圆为拉伸移除截面，深度 13，生成中间固定孔如图 8-59 所示。

⑥ 单击【壳】图标 壳，开口面选大端面，壁厚为 2，抽壳生成旋钮主体如图 8-60 所示。

⑦ 单击【拉伸】图标 拉伸，选择【移除材料】按钮 ，草绘平面选小端面，绘制如图 8-61 所示的拉伸移除截面(直径为 12.5 的圆)，深度选 ，用拉伸移除方法生成一个外圆周凹弧。

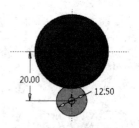

图 8-59　用拉伸移除创建固定孔　　图 8-60　抽壳生成旋钮主体　　图 8-61　拉伸移除截面

⑧ 选刚生成的外圆周凹弧，单击【阵列】图标 阵列，阵列类型选 轴 ▼，选坐标系 Y 轴为阵列中心的基准轴，阵列数量为 10，阵列成员间的角度 36°，生成旋钮的外圆周凹弧 10 个。

⑨ 单击【拔模】图标 拔模，分别对固定柱的外侧实施拔模 1°，固定柱的内孔实施

拔模 0.5°，结果如图 8-63 所示。

⑩ 单击【倒圆角】图标 ，选择固定柱的外侧底棱边为倒圆角对象，输入倒圆角半径 R1，结果如图 8-64 所示。

⑪ 单击【保存】图标 💾，在保存对象对话框中单击【确定】按钮，保存旋钮模型。

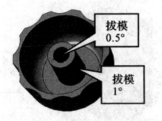
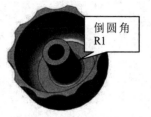

图 8-62 阵列圆周凹弧　　图 8-63 对固定柱内外侧分别拔模　　图 8-64 对固定柱底端倒圆角

(3) 创建模具模型文件。

① 单击【新建】图标 ▯，在新建对话框中选【制造】/【模具型腔】选项。

② 输入文件名"KNOB-MOLD"，选用 mmns_mfg_mold 模板。

(4) 加入参考模型。

① 在模具选项卡中，单击参考模型和工件子工具栏中的【定位参考模型】图标 📥 定位参考模型。

② 在打开对话框中选取旋钮零件"knob.prt"，单击【打开】按钮。

③ 系统弹出创建参考模型对话框，选中【按参考合并】单选按钮，并且接受默认的名称 KNOB-MOLD_REF，单击【确定】按钮。

④ 按一模四腔布局参考模型，在如图 8-65 所示的布局对话框中单击【矩形】选项，在【矩形】栏中输入 X 方向型腔数为 2，增量为 50，Y 方向型腔数为 2，增量为 40。单击【预览】按钮，参考模型在图形窗口中的位置如图 8-66 所示，从图中可以看出该零件的放置方向与开模方向不一致，需要重新调整。

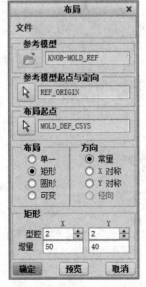
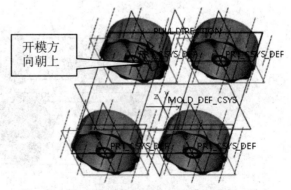

图 8-65 布局对话框　　　　图 8-66 参考模型放置方向与开模方向不一致

⑤ 单击布局对话框中的【参考模型起点与定向】选项中的 按钮，则系统打开如图 8-67 所示的另外一个窗口(单独显示参考模型)。观察其中 Z 轴方向指向读者，与开模方向不一致(开模方向一般朝上)。

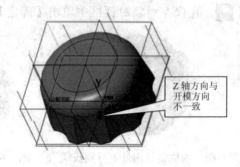

图 8-67　打开另外一个窗口

⑥ 在如图 8-68 所示获得坐标系类型菜单中选【动态】命令，打开如图 8-69 所示的参考模型方向对话框，在【值】中输入"90"，即把参考模型沿 X 轴旋转 90°，单击【确定】按钮。

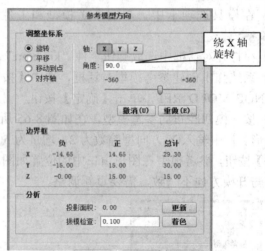

图 8-68　坐标系类型菜单　　　　　图 8-69　参考模型方向对话框

⑦ 在布局对话框中单击【确定】按钮，则加入的参考模型如图 8-70 所示。

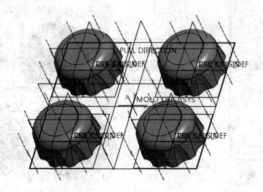

图 8-70　加入的参考模型(1 模 4 腔)

⑧ 在如图 8-71 所示的型腔布置菜单中单击【完成/返回】命令，完成参考模型加入，此时同时显示默认模具模型基准和参考模型基准。

⑨ 在屏幕左侧导航区单击【显示】图标 ，在下拉菜单中选择【层树】命令，在【活动层对象选择】 KNOB-MOLD.ASM（顶级模型，活动的） 下拉列表框中选取参考模型层 KNOB-MOLD_REF.PRT，则在导航区中列出了参考模型的所有图层；右击 ，在弹出的快捷菜单中选择【隐藏】命令，将参考模型所有图层隐藏起来，再单击【重画】图标 。隐藏参考模型所有图层后，仅显示默认模具模型的参考基准面和坐标系，如图 8-72 所示。

⑩ 再在导航区单击【显示】图标 ，在下拉菜单中选择【模型树】命令，返回模型树显示。

图 8-71　型腔布置菜单

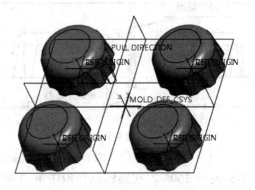

图 8-72　隐藏参考模型所有图层

(5) 加入工件。

① 单击参考模型和工件子工具栏中的【创建工件】 下的 自动工件 图标，系统弹出自动工件对话框。

② 系统提示选取用于模具原点的坐标系，在图形窗口中选取 MOLD_DEF_CSYS 坐标系为模具原点。

③ 在自动工件对话框中，在【形状】区域单击【创建矩形工件】图标 ，在【统一偏移】文本框中输入偏移值 10，单击【确定】按钮，创建的工件如图 8-73 所示。

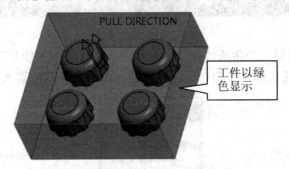

工件以绿色显示

图 8-73　自动创建的工件

(6) 设置收缩率。

① 单击修饰符子工具栏中的【收缩】 收缩 下的【按尺寸收缩】图标 按尺寸收缩，系统弹出按尺寸收缩对话框。

② 在四个参考模型中任选一个(因四个参考模型实际上是同一个模型，故只设置一个，

其他三个不再需要设置)，在按尺寸收缩对话框中，选择默认公式 1+S，在【比率】框中输入收缩率 0.005，单击 ✔ 按钮，完成收缩率的设置。

(7) 设计浇注系统。

① 在【模型】选项卡的切口和曲面子工具栏中单击【旋转】图标 ⬥ 旋转。

② 选择基准面 MOLD_FRONT 作为草绘平面，单击【草绘视图】图标 🔁，绘制如图 8-74 所示的旋转截面，单击 确定 按钮，结束草图绘制。

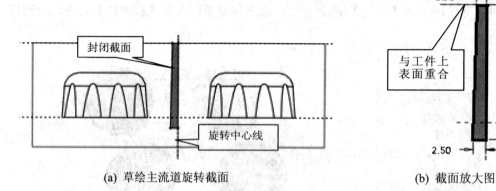

(a) 草绘主流道旋转截面   (b) 截面放大图

图 8-74 绘制主流道旋转截面

③ 默认旋转 360°，在旋转操控板中单击 ✔ 按钮，生成的浇注系统主流道如图 8-75 所示。

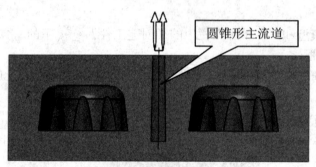

图 8-75 生成主流道

④ 在【模型】选项卡的生成特征子工具栏中单击【流道】图标 ⚒ 流道。在如图 8-76 所示的形状菜单中选【倒圆角】命令，在弹出的文本框中输入流道直径 4，单击 ✔ 按钮。

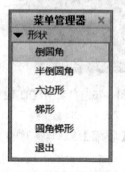

图 8-76 形状菜单

⑤ 选择 ⟋ MAIN_PARTING_PLN 基准面为草绘平面，在右侧的菜单中单击【草绘路径/新设置/确定】→【默认】命令，再单击【草绘视图】图标 ，草绘分流道路径如图 8-77 所示，为"工"字形，上下左右对称，单击 ✔确定 按钮。

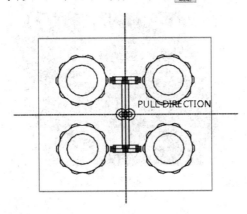
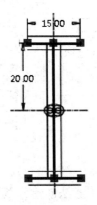

(a) 绘制分流道路径　　　　　　　　　(b) 分流道路径放大图

图 8-77　草绘分流道路径

⑥ 在如图 8-78 所示的相交元件对话框中，单击【自动添加】按钮及【确定】按钮。在如图 8-79 所示的流道对话框中单击【确定】按钮，则生成分流道如图 8-80 所示。

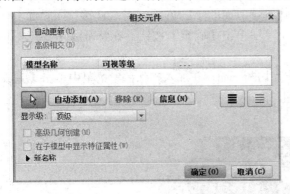

图 8-78　相交元件对话框　　　　　　　　　图 8-79　流道对话框

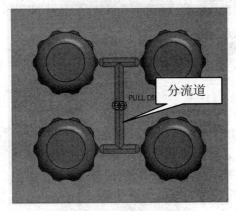

图 8-80　生成分流道

⑦ 在【模型】选项卡中，单击【拉伸】图标 拉伸，草绘平面选 ⟋ MOLD_RIGHT，绘制

如图 8-81 所示的 2 个直径为 1 的圆为拉伸截面，对称拉伸深度 22，生成浇口如图 8-82 所示。浇注系统创建完毕，由主流道、分流道、浇口组成。

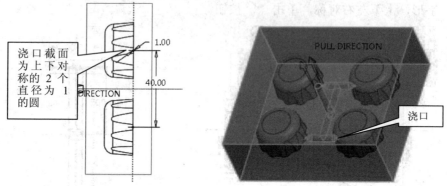

图 8-81　绘制浇口拉伸截面　　　　　图 8-82　生成浇口

(8) 使用阴影法创建分型面。

① 在【模具】选项卡的分型面和模具体积块子工具栏中单击【分型面】图标 ，弹出分型面操控板。

② 在分型面操控板的曲面设计子工具栏中单击 曲面设计▼ 下的【阴影曲面】命令 阴影曲面 ，在屏幕右上角出现阴影曲面对话框。

③ 在模型树中单击 ▶ ⊞阵列(KNOB-MOLD_REF.PRT) 前的小三角 ▶ ，按 Ctrl 键，同时选取四个参考模型为做阴影的零件，在【选择】菜单中单击【确定】按钮，在特征参考菜单中单击【完成参考】命令。

④ 选取 MAIN-PARTING-PLN 面作为切断平面，在加入删除参考菜单中单击【完成/返回】。在阴影曲面对话框中单击【确定】按钮，单击 ✔ 图标，分型面 🔍阴影曲面 标识261 [PART_SURF_1 - 分型面] 创建完成，如图 8-83 所示。

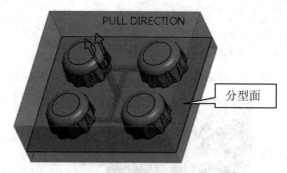

图 8-83　创建的分型面

(9) 分割模具体积块。

① 在【模具】选项卡的分型面和模具体积块子工具栏中的 模具体积块 下，单击【体积块分割】图标 📄体积块分割 ，弹出分割体积块菜单，选择【两个体积块/所有工件/完成】命令。

② 选取刚才创建的分型面 PART_SURF_1，在弹出的【选择】菜单中单击【确定】按钮。在屏幕右上角弹出的分割对话框中单击【确定】按钮。

③ 系统弹出体积块属性对话框，单击【着色】按钮，该体积块的着色效果如图 8-84 所示，在【名称】文本框中输入 CORE(型芯)，单击【确定】按钮，生成型芯体积块；接

下来系统弹出另一属性对话框，输入该体积块名称 CAVITY(型腔)，单击【着色】按钮，该体积块的着色效果如图 8-85 所示，再单击【确定】按钮，生成型腔体积块，体积块分割完毕。

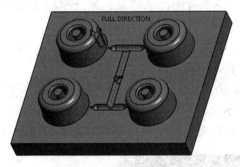

图 8-84　型芯体积块　　　　　　　　　　　图 8-85　型腔体积块

(10) 由模具体积块生成模具元件。

① 在【模具】选项卡的元件子工具栏中的 模具元件 下，单击【型腔镶块】图标 型腔镶块 。

② 在弹出的【创建模具元件】对话框中，单击【选择所有体积块】按钮 ，即选中 CAVITY 和 CORE，再单击【确定】按钮，模具的型芯、型腔已经产生。此时在模型树中多了两个文件：型芯零件" CORE.PRT "、型腔零件" CAVITY.PRT "。

(11) 创建模拟注塑件。

① 在【模具】选项卡的元件子工具栏中，单击【创建铸模】图标 创建铸模 。

② 在绘图区上方的【输入零件名称】文本框中输入注塑件名称 MOLDING，连续两次单击右侧的 按钮，完成模拟注塑件的创建。在模型树中多了一个" MOLDING.PRT "文件。

③ 在模型树中右击新生成的 MOLDING.PRT，在弹出的快捷菜单中选择【打开】命令，则会在另一个弹出窗口中显示出模拟的注塑件，如图 8-86 所示。

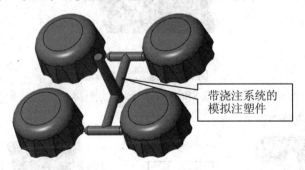

带浇注系统的模拟注塑件

图 8-86　在另一窗口中打开模拟注塑件

④ 单击屏幕右上角的【关闭】图标 ，关闭模拟注塑件。

(12) 定义开模。

① 在【视图】选项卡的可见性子工具栏中，单击【模具显示】图标 模具显示，打开遮蔽和取消遮蔽对话框。

② 在【过滤】区域中单击【元件】按钮，按 Ctrl 键，在【可见元件】列表中同时选择 4 个参考模型 KNOB-MOLD_REF 和 1 个工件 KNOB-MOLD_WRK，单击【遮蔽】按钮，隐藏

参考模型和工件；在【过滤】区域中单击【分型面】按钮，在【可见曲面】列表中选择 PART_SURF_1 选项，最后单击【遮蔽】按钮，隐藏分型面，最后单击【关闭】按钮。

③ 在【视图】选项卡的显示子工具栏中单击【平面显示】 、【轴显示】 、【坐标系显示】 和【旋转中心显示】 图标，使基准面、基准轴、基准坐标系和旋转中心都处于关闭状态。

④ 在【模具】选项卡的分析子工具栏中，单击【模具开模】图标 ，在屏幕右上角弹出模具开模菜单，在菜单中单击【定义步骤】→【定义移动】命令。

⑤ 选取型腔为移动件，在弹出的【选择】菜单中单击【确定】按钮。选取型腔上表面作为移动方向的法向垂直面，如图 8-87(a)所示，输入移动距离 80，单击 按钮。在模具菜单中选择【完成】命令，型腔按指定的方向及输入的距离移动，如图 8-87(b)所示。

选此面的法线方向为移动方向

选型腔为移动件

(a) 选取型腔为移动件并指定移动方向

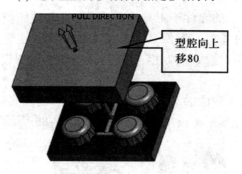

型腔向上移 80

(b) 型腔向上移动

图 8-87　定义型腔移动

⑥ 用同样方法设置型芯如图 8-88(a)所示，移动距离值 –80，则型芯按指定方向及距离移动，如图 8-88(b)所示。

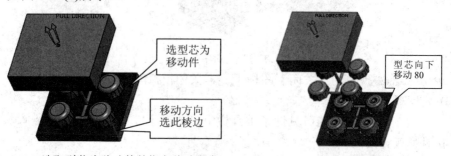

选型芯为移动件

移动方向选此棱边

型芯向下移 80

(a) 选取型芯为移动件并指定移动方向　　　　(b) 型芯向下移动

图 8-88　定义型芯移动

⑦ 在模具开模菜单中选择【完成/返回】命令，模具恢复闭合状态，完成开模定义。

⑧ 单击【模具开模】图标 ，在模具开模菜单中单击【分解】→【全部用动画演示】命令，此时可以在屏幕中看到用动画演示的模具型芯型腔打开过程。连续两次在菜单中单击【完成/返回】命令，关闭菜单管理器，模具设计完毕。

(13) 存盘。

单击快速访问工具栏中的【保存】图标 ，在打开的保存对象对话框中单击【确定】按钮，完成图形保存。

项目九 数控加工

一、学习目的

(1) 掌握进入 NC 用户界面的操作步骤。

(2) 了解 NC 模块数控加工的基本过程。

(3) 掌握设计模型、工件、制造模型三者的区别。

(4) 掌握常用数控加工方法的基本使用和参数设置。

(5) 掌握工件坐标系、退刀平面、数控加工工艺参数的设置。

(6) 掌握数控加工程序的生成过程。

二、知识点

1. 制造模型

制造模型也称为加工模型,是设计模型与工件装配在一起的装配体。

2. 工件坐标系

工件坐标系就是加工工作时使用的坐标系,通常在加工模型上选取或创建。

3. 数控加工方法

数控加工方法比较多,教材任务涉及的加工方法有粗加工、精加工、体积块加工、轮廓铣削加工、孔加工、平面铣削加工、雕刻铣削加工等。

4. 数控加工刀具路径的后置处理

选择不同的后置处理器,可将 CL(刀具位置)数据处理成可供数控机床使用的 NC 程序。

5. 数控加工的基本过程

首先建立制造模型,其次建立制造数据库,再次定义操作和 NC 序列,最后校验及生成 NC 代码文件。

三、练习题参考答案

1. 制造模型和设计模型有何不同?

(1) 定义不同。制造模型也称为加工模型,常规的制造模型由一个设计模型和一个工件装配在一起所组成。设计模型也称为参考模型,即事先设计的零件模型,设计模型的几何形状表示数控加工最终完成时的零件形状。

(2) 零件个数不同。常规的制造模型由两个零件组成,而设计模型只有一个零件。

(3) 模型文件的扩展名不同。制造模型的扩展名是 *.mfg,设计模型的扩展名是 *.prt。

2. 制造模型创建后，通常包含几种类型的文件，扩展名各是什么？

制造模型通常包含两种类型、三个文件，分别是：

(1) 制造模型文件，扩展名是 *.mfg；

(2) 设计模型文件，扩展名是 *.prt；

(3) 工件模型文件，扩展名是 *.prt。

3. 试列出进入 NC 制造用户界面的操作过程。

进入 NC 制造用户界面的操作步骤如下：

(1) 启动 Creo 3.0 软件，进入初始界面。

(2) 单击【新建】图标 🗋，在打开的新建对话框中选择类型【制造】、子类型【NC 装配】，在对话框中输入文件名(例如：EX1)，取消使用默认模板，单击【确定】按钮，

(3) 在打开的新文件选项对话框中选择 mmns_mfg_nc 模板，单击【确定】按钮，系统进入 NC 制造用户界面。

4. 试列出创建制造模型并进行装配的操作过程。

(1) 工件模型没有创建时：

① 进入 NC 用户界面(参照第 3 题步骤)。

② 在【制造】选项卡中选择元件子工具栏中的【工件】→【创建工件】图标 ▱ 创建工件，在弹出的创建工件名称文本框中输入名称(例如：gongjian)，单击该文本框的 ✔ 按钮，系统弹出特征类菜单。

③ 在该特征类菜单中选择【实体】→【伸出项】→【拉伸/实体/完成】命令(其创建方法与项目三中的零件设计命令操作过程一样)，系统弹出特征操控板。

④ 在工作区中选择一个基准面为草绘平面，系统进入二维草绘界面。

⑤ 绘制二维草图，在【草绘】选项卡中单击【确定】图标 ✔，系统返回到拉伸操控板，在该操控文本框中输入拉伸深度值，回车，单击该操控板右侧的 ✔ 按钮，完成工件的创建。此时设计模型与工件模型自动装配在一起，同时制造模型也创建完成。

(2) 自动创建工件模型时：

① 进入 NC 用户界面(参照第 3 题步骤)。

② 在【制造】选项卡中选择元件子工具栏中的【元件】→【自动工件】图标 ⚡ 自动工件，系统弹出创建自动工件操控板，直接单击该操控板中右侧的 ✔ 按钮，则设计模型与工件模型装配在一起，同时制造模型也创建完成。

(3) 工件模型已经创建时：

① 进入 NC 用户界面(参照第 3 题步骤)。

② 在【制造】选项卡中选择元件子工具栏中的【元件】→【组装工件】图标 📇 组装工件，系统弹出打开对话框。选取工件模型(如 maopi.prt)，单击该对话框中的【打开】按钮，系统弹出元件放置操控板，在该操控板中选择约束类型为【默认】选项 ⊥ 默认，单击该操控板右侧的 ✔ 按钮，完成工件模型的组装，同时制造模型也创建完成。

5. 试列出建立工件坐标系的操作过程。

(1) 在【制造】选项卡中选择基准子工具栏中的【坐标系】图标 ⣿，系统弹出坐标系对话框。

(2) 按住 Ctrl 键，选择基准平面或工件表面用于创建坐标系，可以在【方向】选项卡

中单击【反向】按钮 反向 ，对方向进行调整，保证该坐标系的 Z 轴正方向向上。最后单击坐标系对话框中的【确定】按钮，即创建基准坐标系 ACS0。

6. 试列出刀具路径模拟演示的操作过程。

模拟演示刀具路径有两种方法：

第一种：生成刀具轨迹后，在【制造】选项卡中选择校验子工具栏中的【播放路径】→【播放路径】图标 播放路径 ，系统弹出播放路径对话框，单击【向前播放】按钮 ▶ ，系统进行数控加工仿真。

第二种：生成刀具轨迹后，在左侧的模型树中选择 XXX[OP010]选项(例：2.精加工 1 [OP010])，单击右键，在快捷菜单中选择【播放路径】命令 播放路径 ，系统弹出播放路径对话框，单击【向前播放】按钮 ▶ ，系统进行数控加工仿真。

7. 试列出刀具轨迹演示完成后产生加工程序代码的操作过程。

(1) 在【制造】选项卡中选择输出子工具栏中的【保存 CL 文件】→【保存 CL 文件】图标 保存CL文件 ，系统弹出特征类菜单。选择【NC 序列】命令，在 NC 序列列表菜单中选择需生成加工程序代码的操作。

(2) 在路径菜单中选择【文件】→【MCD 文件】→【完成】命令，系统弹出保存副本对话框，单击该对话框中的【确定】按钮。

(3) 单击后置期处理选项菜单中的【完成】按钮，系统弹出后置处理列表菜单，选取其中一个后置处理配置文件，系统弹出信息窗口对话框，此时 NC 文件生成。

(4) 在信息窗口对话框显示后置处理器的版本、CL 数据文件名、后置处理器文件名、文件生成的时间等数据。

8. 如何操作才能看到已产生的加工程序代码文件？

(1) 当 CL 文件后置处理完成后，产生加工程序代码的文件夹中出现两个文件：一个是 *.ncl 文件，另一个是 *.tap 文件。

(2) 选中 *.tap 文件，单击右键，在快捷菜单中选择【记事本】程序，即可打开已产生的 NC 加工程序代码文件。

9. 绘制如图 9-142 所示的底座零件模型，仿照配套教程任务 58 创建加工模型，并设置有关的加工参数，进行模拟加工，最后生成加工程序代码。

(教程中图 9-142 所示的零件图如本书图 9-1 所示。)

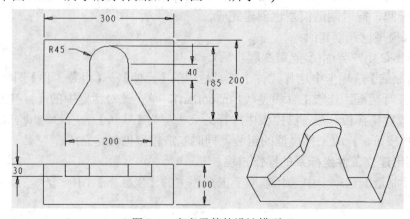

图 9-1 底座零件的设计模型

操作步骤：

(1) 进入零件设计模块。单击【新建】图标 🗋，在新建对话框中输入文件名 lx1，取消使用默认模板，单击该对话框中的【确定】按钮。在新文件选项对话框中选择 mmns_part_solid 模板，单击该对话框中的【确定】按钮。

(2) 创建设计模型。

① 单击【拉伸】图标 🔷，系统弹出拉伸操控板。以 TOP 基准面为草绘平面，单击【草绘视图】图标 🔳，绘制二维草绘图，如图 9-2 所示，单击【确定】图标 ✔。系统返回到拉伸操控板，输入拉伸深度值 100，回车，单击该操控板的 ✔ 按钮。

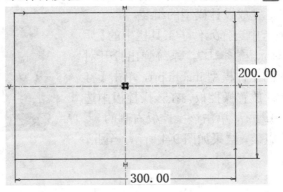

图 9-2　二维草绘图

② 选择【文件】主菜单中的【另存为】→【保存副本】命令，系统弹出保存副本对话框，在文件名中输入新的名称 maopi，单击该对话框中的【确定】按钮。

③ 单击【拉伸】图标 🔷，选取三维实体的上表面为草绘平面，单击【草绘视图】图标 🔳，绘制二维图形如图 9-3 所示，单击【确定】图标 ✔。输入拉伸深度值 30，选择【移除材料】图标 ◿，方向反向，单击该操控板右侧的 ✔ 按钮。

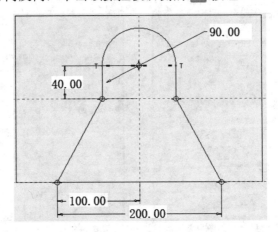

图 9-3　切槽特征的二维草绘

④ 单击【保存】图标 📷，系统弹出保存对象对话框，单击【确定】按钮，完成设计模型的保存。

⑤ 选取【文件】主菜单中的【关闭】命令 📷关闭(C)，关闭设计模型界面。

(3) 进入 NC 制造用户界面。

① 单击【新建】图标 📄，系统弹出新建对话框，在该对话框中选择类型【制造】、子类型为【NC 装配】，输入文件名 T9-1，取消使用默认模板，单击【确定】按钮。

② 在打开的新文件选项对话框中选择 mmns_mfg_nc 模板，单击【确定】按钮，系统进入 NC 制造用户界面。

(4) 创建制造模型。

① 在【制造】选项卡中选择元件子工具栏中的【参考模型】→【组装参考模型】图标 ⊡ 组装参考模型，系统弹出打开对话框，选取该对话框中的设计模型 lx1.prt，单击【打开】按钮。系统弹出元件放置操控板，在该操控板中选择约束类型为【默认】 ⊡ 默认，单击该操控板右侧的 ✓ 按钮，完成设计模型的组装。

② 在【制造】选项卡中选择元件子工具栏中的【元件】→【组装工件】图标 ⊡ 组装工件，系统弹出打开对话框，选取该对话框中的工件模型 maopi.prt，单击【打开】按钮，系统弹出元件放置操控板，在该操控板中选择约束类型为【默认】 ⊡ 默认，单击该操控板右侧的 ✓ 按钮，完成工件模型的组装，结果如图 9-4 所示。至此，模型创建完成。

图 9-4　制造模型

(5) 制造设置。

① 在【制造】选项卡中选择机床设置子工具栏中的【工作中心】→【铣削】图标 🗗 铣削，系统弹出铣削工作中心对话框，如图 9-5 所示，使用默认的参数。

② 在铣削工作中心对话框中选择【刀具】选项卡，单击【刀具】按钮 刀具...，系统弹出刀具设定对话框。设置参数如下：名称为 T0001，类型为端铣削，刀具直径为 $\phi20$，刀具长度为 100，其余参数使用默认值，结果如图 9-6 所示。单击【应用】按钮，再单击【确定】按钮，最后单击铣削工作中心对话框中的【确定】按钮。

图 9-5　铣削工作中心对话框

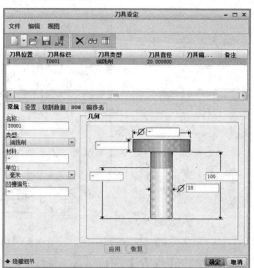

图 9-6　刀具设定对话框

③ 在【制造】选项卡中选择工艺子工具栏中的【操作】图标 ⨆⨆，系统弹出操作操控板，如图 9-7 所示。此时需选取一个坐标系，该坐标系为工件坐标系。

图 9-7　操作操控板

④ 单击该操控板右侧的【基准】→【坐标系】图标 ，系统弹出坐标系对话框。按住 Ctrl 键，依次选择 NC_ASM_RIGHT 基准面、NC_ASM_FRONT 基准面和工件上表面创建坐标系，在该对话框中选择【方向】选项卡，单击投影 Y【反向】按钮，调整该坐标系 Z 轴正方向向上，结果如图 9-8 所示。然后单击该对话框中的【确定】按钮。最后将该坐标系 ACS0 添加到操作操控板中。

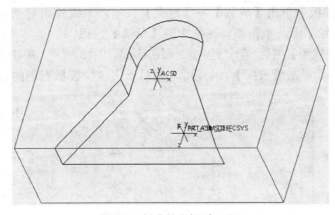

图 9-8　创建的坐标系 ACS0

⑤ 在操作操控板中单击【间隙】选项卡，如图 9-9 所示。设置参数如下：类型为平面，参考为设计模型上表面，值为 20，其余参数采用默认值，如图 9-10 所示，最后单击该操控板右侧的 按钮。

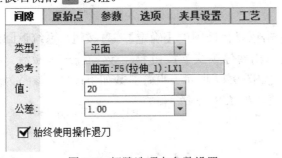

图 9-9　间隙选项卡参数设置

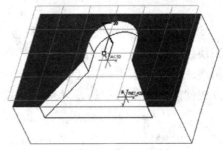

图 9-10　选取的参考平面

(6) 体积块加工程序设计。

① 在【铣削】选项卡中选择铣削子工具栏中的【粗加工】→【体积块粗加工】图标 体积块粗加工，系统弹出体积块铣削操控板，设置刀具 01：T0001，如图 9-11 所示。

再单击该操控板右侧的【几何】图标 →【铣削体积块】图标 ，系统弹出【铣削体积块】选项卡，如图 9-12 所示。在铣削体积块选项卡中单击形状子工具栏中的【拉伸】图标 ，系统弹出拉伸操控板。

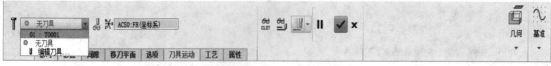

图 9-11　体积块铣削操控板

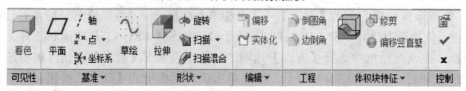

图 9-12　铣削体积块选项卡

② 在拉伸操控板中单击【放置】→【定义】按钮，系统弹出草绘对话框，选取制造模型的上表面为草绘平面，单击该对话框中的【草绘】按钮。

③ 单击【草绘视图】图标 ，绘制二维图形如图 9-13 所示，单击【确定】图标 。输入拉伸深度值 30，单击【方向】图标 ，最后单击该操控板右侧的 按钮。

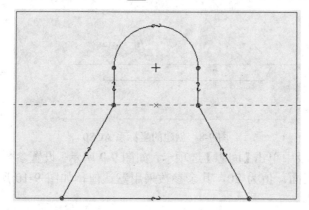

图 9-13　绘制二维图形

④ 系统返回到铣削体积块操控板，单击该操控板中的【确定】 按钮，系统返回到体积块铣削操控板，单击该操控板中的【退出暂停模式】按钮 ，该操控板被激活。在体积块铣削操控板中单击【参考】选项卡，如图 9-14 所示。设置参数如下：加工参考为拉伸方式创建的铣削体积块，其余采用默认值，如图 9-15 所示。

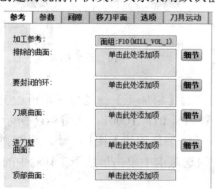

图 9-14　参考选项卡的参数设置

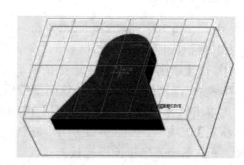

图 9-15　选取的铣削体积块

⑤ 在体积块铣削操控板中单击【参数】选项卡，设置参数如图 9-16 所示，再单击【间

项目九　数控加工

隙】选项卡，设置参数如图 9-17 所示，最后单击该操控板右侧的 按钮。

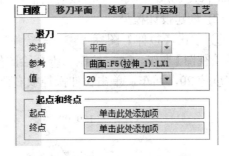

图 9-16　参数选项卡中的参数设置　　　　图 9-17　间隙选项卡的参数设置

（7）体积块铣削加工程序模拟仿真。在【制造】选项卡中选择校验子工具栏中的【播放路径】→【播放路径】图标 播放路径，系统弹出播放路径对话框，单击【向前播放】按钮 ▶ ，系统进行数控加工仿真。完成后，单击播放路径对话框中的【完成】按钮。

（8）生成 G 代码程序。

① 在【制造】选项卡中选择输出子工具栏中的【保存 CL 文件】→【保存 CL 文件】图标 保存 CL文件，系统弹出选择特征菜单，选择【NC 序列】→【1：体积块铣削 1，操作：OP010】，再选择【文件】→【MCD 文件】→【完成】命令。系统弹出保存副本对话框，单击该对话框中的【确定】按钮。

② 单击后置期处理选项菜单中的【完成】按钮，系统弹出后置处理列表菜单，选择其中的 UNCX01.P20 选项，系统弹出信息窗口对话框，单击该对话框中的【关闭】按钮，再单击路径菜单中的【完成输出】命令，此时 NC 程序文件生成。

③ 单击【保存】图标 ，系统弹出保存对象对话框，单击【确定】按钮对文件进行保存。

10．绘制如图 9-143 所示的槽轮零件模型，仿照配套教程任务 59 创建加工模型，并设置有关的加工参数，进行模拟加工，最后生成加工程序代码。

（教程中图 9-143 所示的零件图如本书图 9-18 所示。）

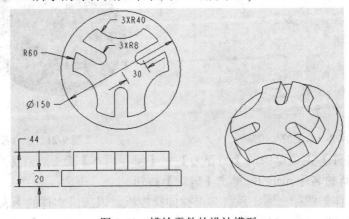

图 9-18　槽轮零件的设计模型

操作步骤：

(1) 进入零件设计模块。单击【新建】图标 📄，在打开的新建对话框中输入文件名 lx2，取消使用默认模板，单击该对话框中的【确定】按钮。在打开的新文件选项对话框中选择 mmns_part_solid 模板，单击该对话框中的【确定】按钮。

(2) 创建设计模型。

① 单击【拉伸】图标 🔷，系统弹出拉伸操控板，以 TOP 基准面为草绘平面，单击【草绘视图】图标 🔲，绘制二维草绘图如图 9-19 所示，单击【确定】图标 ✔。输入拉伸深度值 20，回车，单击拉伸操控板右侧的 ✔ 按钮。

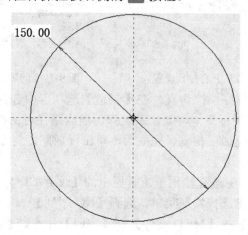

图 9-19 二维草绘图

② 单击【拉伸】图标 🔷，系统弹出拉伸操控板。以三维实体的上表面为草绘平面，单击【草绘视图】图标 🔲，绘制二维草绘图如图 9-20 所示，单击【确定】图标 ✔。输入拉伸深度值 24，回车，单击该操控板右侧的 ✔ 按钮，生成工件模型，结果如图 9-21 所示。

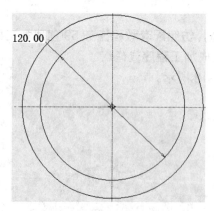

图 9-20 绘制的二维草绘

图 9-21 工件模型

③ 选取【文件】主菜单中的【另存为】→【保存副本】命令，在系统弹出的保存副本对话框中输入新的名称 maopi，单击【确定】按钮。

④ 单击【拉伸】图标 🔷，系统弹出拉伸操控板。以三维实体的上表面为草绘平面，单击【草绘视图】图标 🔲，绘制二维草绘图如图 9-22 所示，单击【确定】图标 ✔。输

入拉伸深度值24，选择【移除材料】图标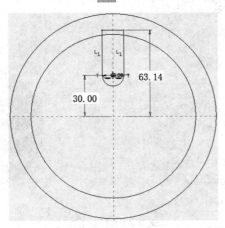，单击该操控板右侧的 ✔ 按钮。

图 9-22 绘制的二维草图

⑤ 选取切除特征，在【模型】选项卡中选择编辑子工具栏中的【阵列】图标 ▦，系统弹出阵列操控板，如图 9-23 所示。在阵列操控板中选择【轴】方式，再在图形上选择 A_2 轴，接着输入个数 3，输入角度 120，回车。最后单击操控板右侧的【确定】按钮 ✔，结果如图 9-24 所示。

图 9-23 阵列操控板

图 9-24 切槽特征的阵列

⑥ 单击【拉伸】图标 ▣，系统弹出拉伸操控板，以三维实体的上表面为草绘平面，单击【草绘视图】图标 ▨，绘制二维草绘图如图 9-25(a)所示，单击【确定】图标 ✔。输入拉伸深度值 24，选择【移除材料】图标 ▨，单击该操控板右侧的 ✔ 按钮。

⑦ 采用与第⑤步相同的方式，对切除特征进行阵列，最终生成设计模型，结果如图 9-25(b)所示。

⑧ 单击【保存】图标 ▣，在保存对象对话框中单击【确定】按钮，保存设计模型。

⑨ 选取【文件】主菜单中的【关闭】命令 ▢关闭(C)，关闭设计模型界面。

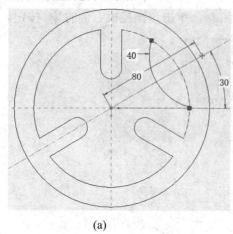
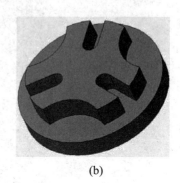

(a)   (b)

图 9-25　设计模型

(3) 进入 NC 制造用户界面。

① 单击【新建】图标 📄，在新建对话框中选择类型【制造】、子类型为【NC 装配】，输入文件名 T9-2，取消使用默认模板，单击【确定】按钮。

② 在打开的新文件选项对话框中选择 mmns_mfg_nc 模板，单击【确定】按钮，系统进入 NC 制造用户界面。

(4) 创建制造模型。

① 在【制造】选项卡中选择元件子工具栏中的【参考模型】→【组装参考模型】图标 📂 组装参考模型，系统弹出打开对话框。选取设计模型 lx2.prt，单击【打开】按钮，系统弹出元件放置操控板。在该操控板中选择约束类型为【默认】 🔲 默认，单击该操控板右侧的 ✔ 按钮，完成设计模型的组装。

② 在【制造】选项卡中选择元件子工具栏中的【元件】→【组装工件】图标 📂 组装工件，系统弹出打开对话框。选取设计模型 maopi.prt，单击该对话框中的【打开】按钮，系统弹出元件放置操控板。在该操控板中选择约束类型为【默认】 🔲 默认，单击该操控板右侧的 ✔ 按钮，结果如图 9-26 所示。完成工件模型的组装，同时完成制造模型的创建。

图 9-26　制造模型

(5) 制造设置。

① 在【制造】选项卡中选择机床设置子工具栏中的【工作中心】→【铣削】图标 📇 铣削，系统弹出铣削工作中心对话框，如图 9-27 所示，使用默认的参数。

② 在该对话框中选择【刀具】选项卡，单击【刀具】图标 刀具...，系统弹出刀具设

定对话框，设置参数如下：名称为 T0001，类型选择为端铣削，刀具直径为 $\phi16$，刀具长度为 100，结果如图 9-28 所示。单击【应用】按钮，再单击【确定】按钮，最后单击铣削工作中心对话框中的【确定】按钮。

图 9-27　铣削工作中心对话框

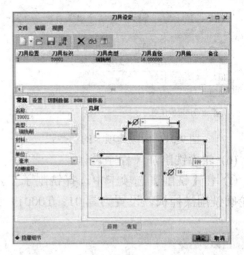

图 9-28　刀具设定对话框

③ 在【制造】选项卡中选择工艺子工具栏中的【操作】图标 ，系统弹出操作操控板，如图 9-29 所示。此时需要一个坐标系，该坐标系作为工件坐标系。

图 9-29　操作操控板

④ 单击该操控板右侧的【基准】→【坐标系】图标 ，系统弹出坐标系对话框。按住 Ctrl 键，依次选择 NC_ASM_RIGHT 基准面、NC_ASM_FRONT 基准面和工件上表面创建坐标系，在坐标系对话框中选择【方向】选项卡，单击投影 Y【反向】按钮，调整坐标系的 Z 轴方向，保证该坐标系 Z 轴正方向向上，单击【确定】按钮，结果如图 9-30 所示。将该坐标系 ACS0 添加到操作操控板中。

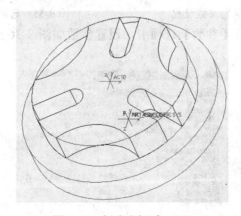

图 9-30　创建坐标系 ACS0

⑤ 在操作操控板中单击【间隙】选项卡，如图 9-31 所示。设置参数如下：类型为平

面，参考为设计模型的上表面，如图 9-32 所示，值为 20，其余参数采用默认，单击该操控板右侧的 ☑ 按钮。

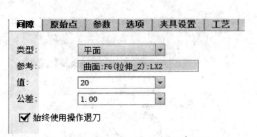

图 9-31　间隙选项卡的参数设置

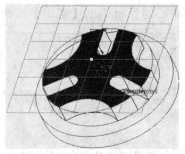

图 9-32　选取的参考曲面

(6) 轮廓铣削加工程序设计。

① 在【铣削】选项卡中选择铣削子工具栏中的【轮廓铣削】图标 ▟轮廓铣削，系统弹出轮廓铣削操控板，设置刀具 01：T0001，结果如图 9-33 所示。

图 9-33　轮廓铣削操控板

② 在轮廓铣削操控板中单击【参考】选项卡，如图 9-34 所示。设置参数如下：类型为曲面，加工参考为设计模型槽特征的侧面，按着 Ctrl 键依次选取轮廓曲面，结果如图 9-35 所示。

图 9-34　参考选项卡的参数设置

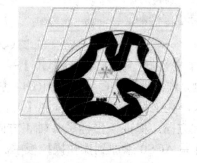

图 9-35　选取的轮廓曲面

③ 在该操控板中单击【参数】选项卡，设置参数如图 9-36 所示。最后单击轮廓铣削操控板中右侧的 ☑ 按钮。

参数	间隙	检查曲面	选项	刀具运动	工艺

切削进给	500
弧形进给	—
自由进给	—
退刀进给	—
切入进给量	—
步长深度	3
公差	0.01
轮廓允许余量	0
检查曲面允许余量	—
壁刀痕高度	0
切割类型	顺铣
安全距离	20
主轴速度	3000
冷却液选项	关

图 9-36　参数选项卡的参数设置

(7) 轮廓铣削加工程序模拟仿真。

在【制造】选项卡中选择校验子工具栏中的【播放路径】→【播放路径】图标 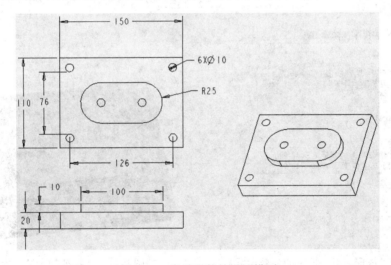，系统弹出播放路径对话框，单击【向前播放】按钮 ▶，系统进行数控加工仿真。完成后，单击该对话框中的【完成】按钮。

(8) 生成 NC 程序代码。

① 在【制造】选项卡中选择输出子工具栏中的【保存 CL 文件】→【保存 CL 文件】图标 ，系统弹出选择特征菜单，选择【NC 序列】→【1：轮廓铣削 1，操作：OP010】，再选择【文件】→【MCD 文件】→【完成】命令。系统弹出保存副本对话框，单击该对话框中的【确定】按钮。

② 再单击后置期处理选项菜单中的【完成】按钮，系统弹出后置处理列表菜单，选择 UNCX01.P20 选项，系统弹出信息窗口对话框，单击该对话框中的【关闭】按钮。再单击路径菜单中的【完成输出】命令，此时 NC 程序文件生成。

③ 单击【保存】图标 ，单击保存对话框中的【确定】按钮，对文件进行保存。

11．绘制如图 9-144 所示的盘盖零件模型，仿照配套教程任务 59 创建加工模型，并设置有关的加工参数，进行模拟加工，最后生成加工程序代码。

(教程中图 9-144 所示的零件图如本书图 9-37 所示。)

图 9-37　盘盖零件的设计模型

操作步骤：

(1) 进入零件设计模块。

单击【新建】图标 ，在新建对话框中输入文件名 lx3，取消使用默认模板，单击【确定】按钮。在新文件选项对话框中选择 mmns_part_solid 模板，单击【确定】按钮。

(2) 创建设计模型。

① 单击【拉伸】图标 ，系统弹出拉伸操控板，以 TOP 基准面为草绘平面，单击【草绘视图】图标 ，绘制二维草绘图如图 9-38 所示，单击【确定】图标 ✔。输入拉伸深度值 20，单击该操控板右侧的 ✔ 按钮。

② 单击【拉伸】图标 ，系统弹出拉伸操控板。以模型的上表面为草绘平面，单

击【草绘视图】图标 ，绘制二维草绘图如图 9-39 所示，单击【确定】图标 ✔。输入拉伸深度值 20，单击该操控板右侧的 ✔ 按钮。

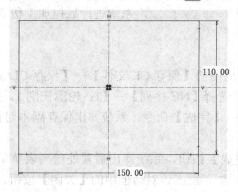

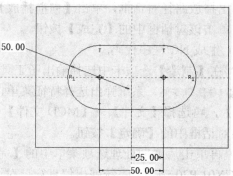

图 9-38　绘制的二维草图　　　　　　　　　图 9-39　绘制凸台的二维草图

③ 选取【文件】主菜单中的【另存为】→【保存副本】命令，在保存副本对话框中输入新的名称 maopi，单击【确定】按钮。

④ 单击【孔】图标 🔩 孔，在孔操控板中设置孔的大小为 φ10、深度为穿透，再单击【放置】选项卡，设置参数如图 9-40 所示。最后单击该操控板右侧的 ✔ 按钮，结果如图 9-41 所示。

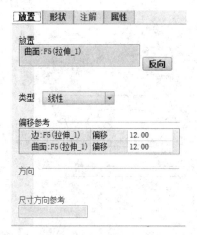

图 9-40　放置下滑面板中的参数设置　　　　　图 9-41　孔特征的参数设置

⑤ 采用与第④步相同的方法创建其余的孔特征。

⑥ 单击【保存】图标 💾，在保存对象对话框中单击【确定】按钮，保存设计模型。

⑦ 选取【文件】主菜单中的【关闭】命令 📁 关闭(C)，关闭设计模型界面。

(3) 进入 NC 制造用户界面。

单击【新建】图标 📄，在新建对话框中选择类型【制造】、子类型为【NC 装配】，输入文件名 T9-3，取消使用默认模板，单击【确定】按钮。在新文件选项对话框中选择 mmns_mfg_nc 模板，单击【确定】按钮，系统进入 NC 制造用户界面。

(4) 创建制造模型。

① 在【制造】选项卡中选择元件子工具栏中的【参考模型】→【组装参考模型】图标 📁 组装参考模型，系统弹出打开对话框。选取设计模型 lx3.prt，单击该对话框中的【打开】

按钮，系统弹出元件放置操控板，在该操控板中选择约束类型为【默认】 　默认，单击该操控板右侧的 ✓ 按钮，完成设计模型的组装。

② 在【制造】选项卡中选择元件子工具栏中的【元件】→【组装工件】图标 　组装工件，系统弹出打开对话框，选取工件模型 maopi.prt，单击该对话框中的【打开】按钮。在元件放置操控板中选择约束类型为【默认】 　默认，单击 ✓ 按钮，完成工件模型的组装，如图 9-42 所示，同时制造模型创建完成。

图 9-42　制造模型

(5) 制造设置。

① 在【制造】选项卡中选择机床设置子工具栏中的【工作中心】→【铣削】图标 　铣削，系统弹出铣削工作中心对话框，如图 9-43 所示，使用默认的参数。

图 9-43　铣削工作中心对话框

② 在该对话框中单击【刀具】选项卡→【刀具】图标 刀具...，系统弹出刀具设定对话框，设置参数如下：名称为 T0001，类型为基本钻头，刀具直径为φ10，刀具长度为100，其余参数使用默认值，结果如图 9-44 所示。先单击【应用】按钮，再单击【确定】按钮，最后单击铣削工作中心对话框中的【确定】按钮。

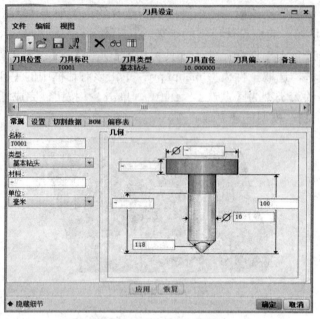

图 9-44 刀具设定对话框

③ 在【制造】选项卡中选择工艺子工具栏中的【操作】图标 ，系统弹出操作操控板，如图 9-45 所示。此时需要一个坐标系，该坐标系作为工件坐标系。

图 9-45 操作操控板

④ 单击操作操控板右侧的【基准】→【坐标系】图标 ，系统弹出坐标系对话框。按住 Ctrl 键，依次选择 NC_ASM_RIGHT 基准面、NC_ASM_FRONT 基准面和工件上表面创建坐标系，在坐标系对话框中选择【方向】选项卡，单击投影 Y【反向】按钮，保证该坐标系 Z 轴正方向向上，结果如图 9-46 所示。在坐标系对话框中单击【确定】按钮，将该坐标系 ACS0 添加到操作操控板中。

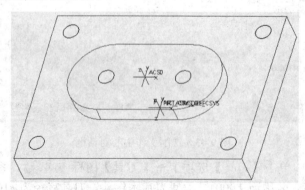

图 9-46 创建的坐标系 ACS0

⑤ 在操作操控板中单击【间隙】选项卡，如图 9-47 所示。设置参数如下：类型为平面，参考为设计模型上表面，如图 9-48 所示，值为 5，其余参数采用默认，单击操控板右

侧的 按钮。

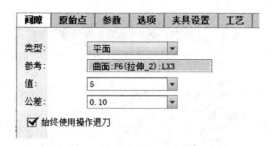

图 9-47　间隙选项卡的参数设置

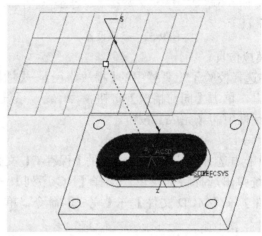

图 9-48　选取的模型上表面

(6) 钻孔加工程序设计。

① 在【铣削】选项卡选择孔加工循环子工具栏中的【标准】图标，系统弹出钻孔操控板，设置刀具 01：T0001，如图 9-49 所示。

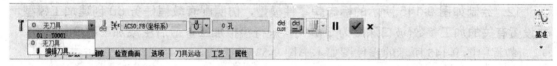

图 9-49　钻孔操控板

② 在钻孔操控板中单击【参考】选项卡，设置参数如图 9-50 所示，按着 Ctrl 键选取 6 个孔的轴线，结果如图 9-51 所示。

图 9-50　参考选项卡参数设置

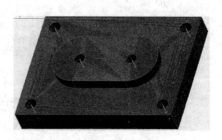

图 9-51　选取的孔轴线

③ 在钻孔操控板中单击【参数】选项卡，参数设置如图 9-52 所示。单击钻孔操控板中右侧的 ✓ 按钮。

图 9-52　参数设置

(7) 钻孔加工程序模拟仿真。

在【制造】选项卡中选择校验子工具栏中的【播放路径】→【播放路径】图标 ⊪ 播放路径，系统弹出播放路径对话框，单击【向前播放】按钮 ▶ ，系统进行数控加工仿真。完成后，单击播放路径对话框中的【完成】按钮。

(8) 生成 NC 程序代码。

① 在【制造】选项卡中选择输出子工具栏中的【保存 CL 文件】→【保存 CL 文件】图标 保存 CL 文件，系统弹出选择特征菜单，选择【NC 序列】→【1：钻孔 1，操作：OP010】，再选择【文件】→【MCD 文件】→【完成】命令，单击保存副本对话框中的【确定】按钮。

② 再单击后置期处理选项菜单中的【完成】按钮，系统弹出后置处理列表菜单，选择 UNCX01.P20 选项，系统弹出信息窗口对话框，单击该对话框中的【关闭】按钮。再单击路径菜单中的【完成输出】命令，此时 NC 程序文件生成。

③ 单击【保存】图标 💾，单击保存对象对话框中的【确定】按钮，对文件进行保存。

12．绘制如图 9-145 所示的标志牌零件模型，仿照配套教程任务 60 创建加工模型，并设置有关的加工参数(坡口深度为 5 mm)，进行模拟加工，最后生成加工程序代码。

(教程中图 9-145 所示的零件图如本书图 9-53 所示。)

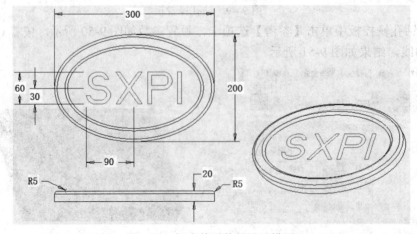

图 9-53　标志牌零件的设计模型

操作步骤：

(1) 进入零件设计模块。

单击【新建】图标 □，在新建对话框中输入文件名 lx4，取消使用默认模板，单击【确定】按钮。在新文件选项对话框中选择 mmns_part_solid 模板，单击【确定】按钮。

(2) 创建设计模型。

① 单击【拉伸】图标 ，系统弹出拉伸操控板，以 TOP 基准面为草绘平面，单击【草绘视图】图标 ，绘制二维草绘图如图 9-54 所示，单击【确定】图标 ✔。输入拉伸深度值 20，单击该操控板右侧的 ✔ 按钮。

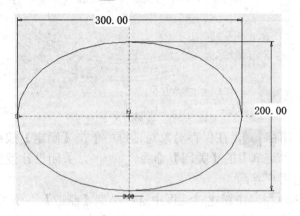

图 9-54　绘制的二维图形

② 单击【拉伸】图标 ，以三维模型的上表面为草绘平面，单击【草绘视图】图标 ，绘制二维草绘图如图 9-55 所示，单击【确定】图标 ✔。输入拉伸深度值 5，选择【去除材料】图标 ，单击该操控板右侧的 ✔ 按钮，生成拉伸切除特征，使设计模型上表面内凹。

③ 单击【倒圆角】图标 倒圆角，输入圆角半径值为 5。在设计模型上选取模型上表面的内、外轮廓边，如图 9-56 所示。单击倒圆角操控板右侧的 ✔ 按钮，生成倒圆角特征。

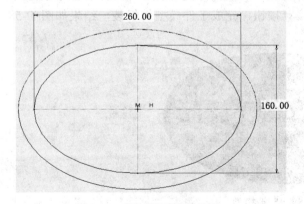

图 9-55　绘制的凹槽草绘图

图 9-56　倒圆角特征

④ 选择【文件】主菜单中的【另存为】→【保存副本】命令，在保存副本对话框中输入新的名称 maopi，单击【确定】按钮。

⑤ 在【模型】选项卡中选择基准子工具栏中的【草绘】图标 $\mathcal{N}$，选取三维模型上表面(内凹特征的底面)为草绘平面，在草绘对话框中单击【草绘】按钮。单击【草绘视图】图标 ，绘制如图 9-57 所示的二维图形，单击【确定】图标 ✔。

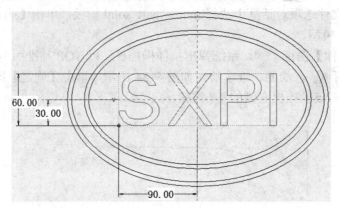

图 9-57　绘制的文字

⑥ 单击【保存】图标 ，在保存对象对话框中单击【确定】按钮，保存设计模型。

⑦ 选取【文件】主菜单中的【关闭】命令 ，关闭设计模型界面。

(2) 进入 NC 制造用户界面。

单击【新建】图标 ，在新建对话框中选择类型【制造】、子类型为【NC 装配】，输入文件名 T9-4，取消使用默认模板，单击【确定】按钮。在新文件选项对话框中选择 mmns_mfg_nc 模板，单击【确定】按钮，系统进入 NC 制造用户界面。

(3) 创建制造模型。

① 在【制造】选项卡中选择元件子工具栏中的【参考模型】→【组装参考模型】图标 组装参考模型，在打开对话框中选取设计模型 lx4.prt，单击【打开】按钮。在元件放置操控板中选择约束类型为【默认】 默认，单击 ✔ 按钮，完成设计模型的组装。

② 在【制造】选项卡中选择元件子工具栏中的【元件】→【组装工件】图标 组装工件，系统弹出打开对话框，选取工件模型 maopi.prt，单击【打开】按钮。在元件放置操控板中选择约束类型为【默认】 默认，单击 ✔ 按钮，完成工件模型的组装，结果如图 9-58 所示。同时制造模型也创建完成。

图 9-58　制造模型

(4) 制造设置。

① 在【制造】选项卡中选择机床设置子工具栏中的【工作中心】→【铣削】图标 铣削，系统弹出铣削工作中心对话框，如图 9-59 所示，使用默认的参数。

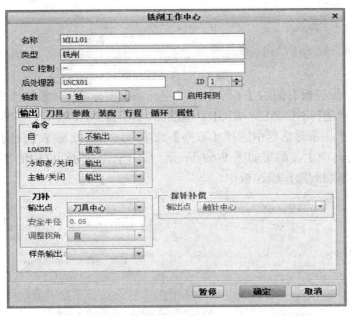

图 9-59 铣削工作中心对话框

② 在该对话框中选择【刀具】选项卡，单击【刀具】图标 刀具... ，系统弹出刀具设定对话框，设置参数如下：名称为 T0001，类型选择为端铣削，刀具直径为 $\phi3$，刀具长度为 20，其余采用默认值，如图 9-60 所示。先单击【应用】按钮，再单击【确定】按钮，最后单击铣削工作中心对话框中的【确定】按钮。

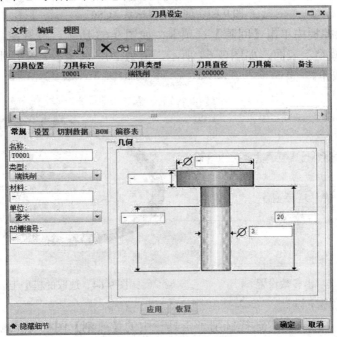

图 9-60 刀具设定对话框

③ 在【制造】选项卡中选择工艺子工具栏中的【操作】图标 ，系统弹出操作操控板，如图 9-61 所示。此时需要一个坐标系，该坐标系为工件坐标系。

图 9-61　操作操控板

④ 单击操作操控板右侧的【基准】→【坐标系】图标 ，系统弹出坐标系对话框。按住 Ctrl 键，依次选择 NC_ASM_RIGHT 基准面、NC_ASM_FRONT 基准面和工件上表面创建坐标系，在坐标系对话框中选择【方向】选项卡，单击投影 Y【反向】按钮，保证该坐标系 Z 轴正方向向上，结果如图 9-62 所示。单击坐标系对话框中的【确定】按钮，将该坐标系 ACS0 添加到操作操控板中。

图 9-62　创建的坐标系 ACS0

⑤ 在操作操控板中单击【间隙】选项卡，如图 9-63 所示。设置参数如下：类型为平面，参考为设计模型上表面，如图 9-64 所示，值为 20，其余参数采用默认值。单击该操控板右侧的 按钮。

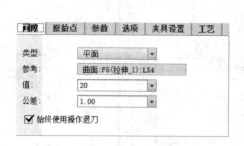

图 9-63　间隙选项卡参数设置　　　　图 9-64　选取的模型上表面

(5) 雕刻加工程序设计。

① 在【铣削】选项卡中选择铣削子工具栏中的【雕刻】图标 雕刻，系统弹出雕刻操控板，设置刀具 01：T0001，如图 9-65 所示。

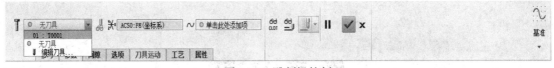

图 9-65　雕刻操控板

② 在雕刻操控板中单击【参考】选项卡，选取绘制的文字特征"SXPI"。再单击【参数】选项卡，设置参数如图 9-66 所示，最后单击操控板右侧的 ✔ 按钮，

图 9-66　参数选项卡参数设置

③ 在【制造】选项卡中选择校验子工具栏中的【播放路径】→【播放路径】图标 ，系统弹出播放路径对话框，单击【向前播放】按钮 ，系统进行数控加工仿真。完成后，单击播放路径对话框中的【完成】按钮。

(6) 生成 NC 程序代码。

① 在【制造】选项卡中选择输出子工具栏中的【保存 CL 文件】→【保存 CL 文件】图标 ，系统弹出选择特征菜单，选择【NC 序列】→【1：雕刻 1，操作：OP010】，再选择【文件】→【MCD 文件】→【完成】命令。系统弹出保存副本对话框，单击对话框中的【确定】按钮。

② 再单击后置期处理选项菜单中的【完成】命令，系统弹出后置处理列表菜单，选择 UNCX01.P20 选项，系统弹出信息窗口对话框，单击该对话框中的【关闭】按钮。再单击路径菜单中的【完成输出】命令，此时 NC 程序文件生成。

③ 单击【保存】图标 ，单击保存对象对话框中的【确定】按钮，对文件进行保存。

参 考 文 献

[1] 白柳，郭松. Pro/ENGINEER 实例教程. 北京：北京理工大学出版社，2008

[2] 吴勤保，南欢. Pro/ENGINEER 实例教程. 北京：清华大学出版社，2009

[3] 吴勤保，南欢. Pro/ENGINEER Wildfire 5.0 项目化教学上机指导书. 西安：西安电子科技大学出版社，2013

[4] 詹友刚. Creo 3.0 工程图教程. 北京：机械工业出版社，2014

[5] 二代龙震工作室. Pro/ENGINEER 野火 5.0 工程图设计. 北京：清华大学出版社，2010

[6] 许尤立. Pro/ENGINEER 教程与范例. 北京：国防工业出版社，2011

[7] 支保军，胡静，李绍勇. Pro/ENGINEER Wildfire 5.0 中文版入门与提高. 北京：清华大学出版社，2011

[8] 常旭睿，等. Pro/ENGINEER Wildfire 5.0 模具设计基础与应用实例. 北京：机械工业出版社，2012

[9] 詹友刚. Creo 3.0 模具设计实例精解. 北京：机械工业出版社，2014

[10] 胡仁喜，刘昌丽. Creo Parametric 2.0 中文版机械设计案例实战. 北京：机械工业出版社，2013